學校沒教，但你必須學的八堂職場先修課

張雪松，蔡賢隆 著

年輕的你安於現狀嗎？

沒有野心，沒有抱負是錯嗎？

當升遷機會到來時你能及時抓住嗎？

二十到三十歲，既美好珍貴，又關鍵重要

從現在起，牢牢把握寶貴的黃金十年吧！

崧燁文化

目錄

目錄

前言

二十到三十歲是人生中的黃金十年，因為它既美好珍貴，又很關鍵重要，是廣大青年獲取知識和工作鍛鍊的最佳時期。

二十歲已經成年，二十歲的年輕人中有的尚在繼續學習，有的已經踏入社會工作。不論哪種情形，大家都希望在事業上做出一番成績來，因為事業是生活的基礎。年輕人沒有事業，就如同遼闊的天空沒有太陽一樣。如果說黃金十年是一條浩浩蕩蕩的大河的話，事業就是寬闊堅實的河床。事業是人生理想與目標的具體體現，也是通往幸福的重要途徑。因此廣大的年輕朋友必須牢牢的把握自己寶貴的黃金十年，在職場生涯中不斷探索、拚搏，爭取在三十歲到來時努力成就一番事業。本書總結了大量前人的經驗與教訓，並結合當今社會發展的實際情況，希望能助大家一臂之力，令年輕的你至少奮鬥五年。

本書第一章會告訴廣大年輕人進入職場前應做的必要準備，初入職場後該注意的事項，以及如何盡快進入工作狀態等經驗與祕訣，能幫你加速實現由稚氣未脫的學生向成熟職業人士的角色轉變。

第二章主要針對已初步適應了職場新環境的年輕朋友。本章透過對工作與人際等方面的詳細分析為大家講解，使大家能夠再接再厲，在職場中迅速站穩腳跟，擺脫新人的地位，在不斷的進取中做到事半功倍。

當你正式成為了一名「老」員工之後，你還需要在拚搏的路上不斷完善自己，提高自身籌碼，進一步贏得大家的認可與尊重，也為今後朝著更高更好的方向發展奠定基礎。第三章會助你順利走好這一步。

第四章的內容應該是很多年輕朋友所關心和感興趣的，因為如果贏得了上司賞識，在很大程度上就意味著將獲得升遷或加薪。我們將告訴大家一些實用的方法與技巧幫你實現這點。

職場是一個複雜的環境，其中的機關重重，因此遇到挫折與打擊在所難免。不過年輕的你不必擔心，第五章會幫你一一化解，讓你信心十足的繼續前行。

人人都渴望升遷，但你是該獲得升遷的人嗎？當升遷機會到來時你能及時抓住嗎？如果升遷失敗，你又該如何應對？第六章會告訴你答案。

年輕的你安於現狀嗎？即使你安於現狀，但你能洞察到現狀背後暗藏的危機嗎？你是否也想獲得新的突破，尋求更好的發展機會，充分實現自己的價值，不給人生留有遺憾？讀完第七章，你將會更理智成熟的去面對這一切。

第八章會專門告訴你職場中的一些經典禁忌，也算是對前七章的補充與提示。它可以避免廣大年輕朋友因小失大，甚至前功盡棄。

本書的內容深入淺出，書中配有大量的案例分析，對廣大年輕朋友的職場生涯具有很實際的指導意義。相信大家看過之後會受益匪淺，從而更好的把握自己的黃金十年。

第一章　青春的未來有備而戰 ——
初入職場必備

　　告別青澀單純的學生時代，年輕的你即將踏入社會，去面對日益激烈的就業競爭，走上嶄新的工作職位，與形形色色的人正式接觸並逐漸進入工作角色。此時的你準備好了嗎？這也許是你人生轉變中最重要的一步，也許會對你此後的一生都有著決定性影響。因此，每一位年輕朋友都必須有備而戰，努力走好這一步，這樣才能加速自己由稚氣未脫的學生向成熟職場人士的轉變。

第一節　二十歲就要做好職業規劃

　　世界著名職業規劃大師卡森・凱寧說過:「一個人的生命中,最好的部分就是工作中具有創造力的部分。相信我,我喜歡成功。但是,真正使我的心靈與情緒飛揚激動的卻是工作的過程。」

　　要想真正擁有卡森・凱寧所說的這種感受,年輕的你就必須在二十歲左右時做好自己的職業規劃。

二十歲時不規劃找工作時困難多

　　玉霖指考結束後,在父母的建議下填報了中興大學的財務金融學系,理由就是因為它比較熱門。玉霖自己對這個科系也多少有些興趣,打算以後進入銀行工作。進入大學校園後,由於大學生活相對比較自由,玉霖在高中階段壓抑許久的心情一下得到了釋放,便和許多同學一樣,在學習上得過且過,考試六十分萬歲,課餘時間不是打球就是上網打遊戲、看電影。對於畢業後找工作的事,玉霖一直沒有放在心上,以為讀了個熱門學系就可以高枕無憂了。

　　轉眼間大學四年即將過去,玉霖這時才開始關注找工作的事。沒想到昔日的熱門科系造成同屆的畢業人數如此之多,競爭空前的激烈。大四下學期一開始,他就開始去多家銀行求職,在網上也投了不少履歷,結果一無所獲。在求職過程中,他逐漸發現銀行的門檻相對較高,而自己總是達不到對方的標準。於是,他把目光鎖定到了銀行以外的企業上。之後,玉霖不知道參加了多少次就業博覽會,投遞了多少份履歷,但效果依舊不理想。大一點的公司都因他沒有工作經驗或突出成績等原因而將其拒之門外。有些小公司倒是看中了他,不過玉霖又嫌公司太小、薪水太低、沒什麼發展前途而不願「屈尊」。一直到畢業四個月了,他也沒有找到合適的工作。最後,心灰意

冷、備受打擊的他，回鄉下老家找了份出納的工作。

像玉霖這樣的大學生在目前的眾多大學中比比皆是，玉霖遇到的問題也是廣大青年朋友普遍所遇到的。之所以會這樣，關鍵在於他們都沒有在二十歲左右時做好自己的職業規劃。

科系不等於職業

很多年輕的學子們在選擇科系時，一般都會在老師和父母的指導下，結合自己的興趣去填報，但很多人都容易產生一個誤解，就是他們認為所選擇的科系就等於自己未來的職業。但事實上並非如此。

例如，以為學中文的今後的目標就是要當作家；學財務會計的將來就是會計師等等。結果，很多同學畢業後紛紛失望了，因為他們發現自己的科系和預期的職業理想有很大距離，甚至大相徑庭。這是為什麼呢？因為許多職業所要求的客觀條件並不是單靠自己所學的專業知識就能滿足的。

如今當律師或法官一個必要的條件是通過國家司法考試，而能夠參加該考試的資格並不限定在法律系內，只要是大學以上學歷都能報考。因此，法律系的學生畢業後並不能馬上從事這個職業。有些人一直堅持考試，有些人考上了也沒有去從事律師或法官職業，有些人甚至直接轉行做起了與法律無關的職業。

再看看學中文的也是如此，雖然本科系與想要從事的職業關係相對比較密切，但成為作家並不是學完中文，或在校時發表一些文章就能如願的。許多出名作家都不是中文系畢業的，有些甚至只有國小學歷，但照樣成了作家。

一個科系本身就有很多個職業選擇，這可能會使該科系的學生在學習過程中就自發的改變了原先的職業目標。還有些同學可能在學習中直接轉了科系，從而走上另一條職業之路。

因此，學生們在選擇自己的科系時不能本末倒置，不能像案例中的玉霖一樣，當初先是覺得科系熱門，然後才考慮到以後可能可以成為銀行職員，而是應該先確定職業目標，然後再考慮選擇哪個科系更便於實現這個目標。那如何確定職業目標呢？這就又需要考慮其他因素了。

好的職業規劃需要「三結合」

　　要確定自己的職業目標，首先要結合自己的興趣。

　　人力資源專家把興趣分為三個階段：第一個階段叫有趣；第二個階段叫樂趣；第三個階段叫志趣。這三種興趣有深層次的興趣，有淺層次的興趣。

　　年輕人的興趣往往飄浮不定，而且比較感性。今天看到電影明星風光，就想當明星，明天看到將軍威風就想當軍人，後天看到記者採訪暢銷書作者又想當作家。有個女孩想學土木工程，原因是她看某韓劇時，劇中一個男明星戴著安全帽巡視工地的鏡頭打動了她。這些都是非常淺的興趣層次，憑這樣的興趣去選科系顯然是比較幼稚感性的，就算以後從事了相關職業說不定還會後悔終生。

　　較深層次的興趣應該是比較持久和理智的。例如你平時就喜歡上歷史課，看古裝劇和看電影都能將歷史知識融入其中，還能夠做出一些點評，甚至還主動上網查有關資料，發表一些自身見解。這樣層次的樂趣就比前面那些要理智成熟，可以說是一種志趣。因此在確定職業和選科系時最好以理智成熟、非常穩定的興趣為出發點。

　　其次，我們確定職業能結合自身潛能。

　　簡單來說就是，你想做這個職業，但你必須知道適不適合自己做。這就和每個人的自身的性格以及天賦才能有比較密切的關係了。

　　有的人天生喜歡和人交流溝通，喜歡跟人打交道，而有的人則喜歡跟事物打交道，不善交際。做市場行銷需要親和力強，若親和力不強，第一次

見面就讓人有一種不信任感。沒有了信任感，面對你的推銷別人可能轉身就走。前面例子中的玉霖，當初只是對金融略感興趣，但並不知道自己是否適合。如果不適合，即使真被銀行錄用了，也不見得會在這行做出一番成績來。

最後，要確認你選的職業目標在社會中有多少發展潛力。

也就是說，你這個職業到底有沒有前途？是朝陽產業還是夕陽產業？

你喜歡這個職業，你也適合做這個職業，但這個職業是否是社會普遍需要的？這種需要能持續多久？它能給你帶來多少回報？而你的競爭對手又有多少？這些都是你確定職業目標時所必須考慮的。

前文中的玉霖剛進入大學時，金融專業是熱門科系，這就導致同時學這個熱門專業的對手也增多。也許在他畢業的前一年該專業就已經很熱門、很飽和了，就已經有不少學長學姊已搶先一步占據了好位置，等他畢業時，自然是處於劣勢了。進一步說，世界經濟形勢千變萬化，也有可能影響金融人才的需求。玉霖想進入銀行，但絕大多數銀行目前還是人員編制有限，想較大程度自由發揮的餘地也有限，這些都是他本應該考慮卻沒有去考慮的。

所以，要規劃好自己的職業目標，必須結合自身的志趣、潛能以及職業本身前途這三大方面去考慮，然後根據各自的具體情況再設計詳細的實施步驟。

總結提示：

廣大的學子在填寫志願前就要考慮好未來的就業方向，選到稱心如意的科系，使自己贏在起跑線上。在校期間不能一味埋頭讀書或只顧玩耍，應該盡早審視自己的職業目標是否符合上述三大標準。如果不符，就要盡快調整，如果新的職業目標需要更換科系，就要理智果斷的更換。

如果一直到畢業或工作後你才發現當初確定的職業目標有問題也不必

懊惱。有專家指出，大學階段仍然是打基礎的階段，大學四年裡更多的是培養一種繼續學習的能力，真正的專業應該是從研究生開始。即使你不讀研究所，憑藉你的自學能力，你依舊能夠在工作後再次選擇學習適合你的專業，但一定要果斷和迅速，因為歲月是不等人的。

第二節　良好的心態讓你求職前先成功一半

人與人之間只有微小的差異，就是這很小的差異造成了人和人的差距和不同。微小的差異是指良好的心態與消極的心態，良好的心態是做好任何事情的基礎和前提。如果一個人在求職前有著良好的心態，那麼他就成功了一半。

積極的魅力

在面試過程中，雨濛和同學都給徵才公司留下了良好的印象。兩個星期過去了，大家都在焦急的等待著結果，可是誰也沒有接到入職通知。有的同學就說了：「即使沒有錄取，也該給我們發封郵件、打個電話說一聲啊！」在抱怨中，大家都不再等待，開始尋找新的工作。雨濛沒有放棄，她按照公司面試官留給她們的名片地址，發了一封電子郵件。在信中，雨濛感謝這家公司給她的面試機會，同時，也表示期待可以得到進一步通知。第二天，雨濛就接到了這家公司的人力資源部打來的錄取電話。進入公司工作半年後，一個偶然的機會，雨濛問了當時的面試官，也就是她現在的上司：「我們班很多同學一起來面試，多數人更優秀，當初為什麼會錄用我？」上司笑了笑：「你雖然不是最優秀的，不過你的態度積極，更為重要的是，在所有的求職者中，你是唯一一位寫感謝信的人，雖然那封信來得有些晚。」

對於初涉職場的人來說，內在的東西決定了未來的人生。這種東西不是知識和技能，它就是良好的心態。知識和技能都會過時，不會產生持續的推

動力，而良好的心態會促使一個人持續不斷的向前發展。

求職是一場心理戰

當你拿著大學畢業證書走進社會的時候，你便是一名自食其力的人了。在學校裡，身邊有老師的指點，做什麼事情都不會出很大的差錯。但到了社會上，自己就要獨當一面了。踏入職場前，我們對新的生活充滿了期待和憧憬，但角色的轉變，也開始令我們局促不安。在找工作的時候特別迷茫，也特別的忙碌。常常出現兩種現象：要麼守株待兔，不會主動出擊；不然就是漫無目標海投履歷，以求盡快找到一份好工作。然而這樣做的結果卻是求職上困難重重或者頻繁跳槽。

對於初入職場的人來說，保持著良好的心態對求職和事業的發展是至關重要的。在這個瞬息萬變的時代，知識的更新速度飛快，經濟的發展千變萬化，企業對人才的需求也隨之不斷改變。不知你是否考慮過這樣一個問題：企業徵才的出發點是什麼？僅僅只是因為一本畢業證書或者某個科系畢業？不可否認，學歷有一定的關係，但企業是用人才的地方，它首先考慮的是你能給企業創造多大的價值，所以。它更看重的是一個人的綜合發展潛力。

一名英語系畢業的大學生能夠說一口流利的英語，能夠將長篇的外文資料翻譯成中文。同樣的，一名在美國端了幾年盤子的人也會說英語，甚至比大學生說得更地道；一名機電系畢業的大學生能夠操作、維護一臺機器。同樣，一名只有國中學歷的資深技術人員也可以操作，甚至比大學生操作得更好、效率更高；一名非該科系的畢業生，只要認真學習，就可以用幾個月的時間學完那些「熱門科系」的學生花費四年時間學來的專業知識；一名普通的大學畢業生花一週的時間就可以寫出一篇優秀的畢業論文……面對如此嚴峻的就業競爭，你的優勢在哪裡？

如今不是「大魚吃小魚」的時代，而是「快魚吃慢魚」的市場趨勢，能

鎮定面對風雲變幻的各種情境，以最佳心態不懈努力的人，才是企業最需要的人才。雨濛和她的同學在能力方面相差無幾，僅僅因為她保持著良好的心態，多嘗試了一下，便獲得了機會。心態決定一切，求職就是一場心理戰。在激烈的競爭中，如果你想讓企業錄用你、培養你，在求職的路上就不能因為一時的挫折而垂頭喪氣。當你保持著樂觀積極的心態時，機遇才不會與你擦肩而過。

求職前必備心態

求職過程中會面臨人生的多重選擇，面對各種困擾。要相信任何問題都會像歷史事件一樣逐漸退出，對於年輕人來說，機會無處不在。保持良好的心態，不僅可以獲得機遇，少走一些彎路，而且會為今後的發展鋪墊優勢。良好的心態包含以下幾個方面的內容：

樂觀進取的心態。隨著企業用人制度的不斷改革和完善，缺乏實力和工作經驗的人尤其是大學生，在徵才企業的職位要求面前，往往顯得有些蒼白無力。雖然許多企業常常會招聘剛畢業的學生，但要如何從眾多的競爭者中脫穎而出，是初出茅廬者需面對的壓力。應徵的過程緊張又充滿變數，應徵者要經受各種考驗和面試，需要有樂觀進取的心態，應徵者才能獲得理想的工作。有勝出者必然有落選的人，面對落選的結果，誰都不會感到愉快。但別輕言放棄，不妄自菲薄，更不必為這次的碰壁而一籌莫展。從中總結出教訓，調整求職應徵策略，重新選擇企業，這樣才能邁好踏向社會的第一步。

擁有自信，保持不卑不亢的態度。投出的履歷石沉大海，面試屢屢失敗……面對這些，許多人的心態多多少少都會產生一些變化。有的人開始懷疑自己的選擇，有的人開始自我貶低，對自己能勝任的工作也拿不定主意。有時甚至還沒「上戰場」，就在人數較多的面試場合，因為害怕、過度緊張而又錯失一次良機。唯唯諾諾是求職中的禁忌，而自信心是一個人找工作的敲

門磚，也是未來職業發展的基礎。在任何時候，即使飽嘗閉門羹的苦澀，人都不可喪失信心。自慚形穢是對自己生命價值的蔑視，只要自己付出了、努力了，肯定會有一定的收穫。應徵是雙向的選擇，企業有權利去選擇職員，找工作的人同樣也有資格和權利挑選一個適合自己的專業、可以發揮自己特長的企業。要對自己有信心，在求職面試時保持不卑不亢的態度，發揮出自己應有的水準，這樣才能尋找到理想的工作。

　　忌「浮躁」。對於新時代的年輕人而言，找工作其實並不難，難的是找到自己喜歡的工作。在找工作過程中，很多人的心態是浮躁的。有的人受到生存壓力等外界環境的逼迫，希望能夠盡快找到工作，因此不去思考自己內心的想法和追求。有的人沒有認真思索自己當前的能力和資源，由於從沒想過「我能做什麼？」，而不知道該找什麼樣的職位。多數人不知道自己要什麼，更不清楚哪些是自己非常樂意去從事的職業。以至於求職的時候，都是漫無目的的亂投履歷。找到職位，工作幾個月之後，一旦發覺與想像中的不一樣，就開始跳槽或者轉行，這樣的工作方式不利於職業的長期發展。找工作最忌的就是這種浮躁的心態，它會讓求職者迷失自我。求職不能急於求成，需保持平和的心態，看清楚自己內心的追求和真正認同的職業，這樣才能選擇一份適合自己發展的工作。

總結提示：

選擇一種職業就是選擇一份事業，選擇一種生活方式。你找的職業或者工作，要與你的人生哲學互相協調。這樣工作起來，因有著良好的工作心態，在職場上也容易取得一席之地、一片天空。如果覺得一種職業或者工作方式，和你的人生哲學不同，那麼，就不要去嘗試。職業和企業無法決定我們是怎樣的人，是自己決定自己要成為怎樣的人，有什麼樣的生活方式。不是職業成就一個人，而是人成就了職業。根據自己的興趣愛好，了解職業和工作的方式，制定一個長遠的職業規劃，然後找到既能獲得自己內心認同，又是目前可以勝任的職位。這

樣就會減少遇到挫折的機率，也不愁找不到滿意的工作。

第三節　面試全攻略助你改變人生

乍一看的話，似乎所有企業求才的職位要求都偏高，期待勝任者擁多項技能、經驗和品質，令人眼花繚亂。實際上，企業真正看重的只是三個基本因素：一是潛力，即有能力、品格優秀、稍加指導就可以工作的人；二是有責任感，即盡職盡責、堅持不懈的克服困難的人；三是能與其他工作人員友好共處的人。

抓住任何機會展示最優秀的你

面試一：在大學裡，怡瑜就是個很活躍的女孩，這為她的第一次面試帶來了很多益處。當時許多參加面試的人多做學生裝扮，而身穿套裝、略畫了點妝的怡瑜顯得成熟幹練。當怡瑜和其他人一起走進面試間的時候，所有的面試官就已經開始觀察她。面試時，有一位面試官問：「你在家是獨生女嗎？」怡瑜知道，面試官是想接話說她可能存在一定的嬌氣，她回答說：「正是在這種家庭環境，培養了我豁達、樂觀、堅韌的性格。」怡瑜以清醒的頭腦，隨機應變的回答了各類問題，面試官們都流露出欣賞的目光。臨結束時，其中的一位面試官問了一句：「我很想知道你的自信到底從哪裡來的？」聽了這話，怡瑜知道自己肯定是通過了。

面試二：玉茹在寄出履歷後第五天，就收到下週一面試的通知。但就在週末的前一天，通知玉茹去面試的張女士給它打電話，想邀請她參加公司週末舉辦的業餘排球賽。玉茹曾在履歷中說她擅長排球，公司注意到了。玉茹沒有錯過這個了解公司的大好機會，她如約而至。比賽中，玉茹不僅發揮了自己的球技，還適時的把自己與他人的溝通配合精神發揮的淋漓盡致。雖然終場時還是略輸，可是大家都發自內心的互相歡笑著擊掌、退出賽場。玉茹

在場外見到了張女士，也見到了該企業的總裁。週一，面試如期進行，總裁見到玉茹的第一句話就是：「妳已經面試通過了，被公司錄用。」原來，總裁在排球賽場上已經對她進行了面試，玉茹的特質和潛力都是企業所極為看重的。至於其他的，可以在今後的工作中慢慢學習。

怡瑜和玉茹以自己不同的方式展示實力，獲得了工作。有不少朋友感到找工作不容易，尤其是在面試這一關。面試是一件讓人不知所措的事，結果總是與稱心如意的工作擦肩而過。面試其實就是在最短的時間內以最佳形象展現優秀的自己，所以，為了面試的成功，你要抓住任何機會。

用非語言行為告訴面試官你是什麼樣的人

面試以談話和觀察為主要方式。在面試過程中，面試官為了了解應徵者，會不斷提出各種問題，同時會觀察應徵者的臉部表情和肢體動作等非語言行為。從中分析、判斷應徵者的自信心、反應能力、思維敏捷度、人格、情緒、工作態度等特徵。面試官主要是想了解三方面的內容，一是應徵者履歷和筆試以及在三分鐘自我介紹中都沒有敘述出來的問題，二是詢問應徵者所陳述的事實和履歷中的內容與應徵職位不適合的地方，三是詢問應徵者陳述中自相矛盾的地方，或者其陳述和履歷矛盾的地方。

在面試過程中，應徵者並不是完全處於被動狀態。面試官會讓應徵者提問，以便從應徵者那裡獲取盡可能多的有價值的資訊。作為應徵者也應抓住面試機會，獲取關於該企業、所應徵職位和自己所關心的資訊。面試是企業面試官和應徵者雙向溝通的過程，兩者是平等的。所以，應徵者應有平等對話的心態，這樣結局就會是平等的，這也是一名應徵者獲取職位的正確做法。

機會只鍾情於有準備的人

面試決定著應徵者的前途，許多人在面試中連連敗北，究其原因，主要是面試不得要領所致。機會只鍾情於有準備的人，以下方法會讓你面試的時候不再無所適從。

演練、演練、再演練。面試的演練是非常重要的！演練的內容包括學習經歷、工作經驗，以及為什麼應徵這個職位，一般準備二到三分鐘的內容即可。內容要提到自己的優點和缺點，不要泛泛而談，可以結合事例來說明，優點盡量不要超過三個，缺點一個即可。也可以略談對取得的引以為榮的成果的主觀感受和評價。還記得要演練當面試失敗後該作何反應。最後，需對面試官可能會問的「和朋友在一起時，你們經常聊的話題是什麼？」、「他們在哪些方面對你有一定的影響？」之類的有關如何選擇朋友、評價朋友的問題進行演練。

根據應徵職位進行相應的打扮。良好的開始是成功的一半，第一印象非常重要。面試的時候，穿衣服要配合自己的氣質，根據面試職位選擇衣服和少量的配飾，自然得體，相得益彰，千萬不可過於誇張或者童趣、休閒裝扮。記得要把自己打扮得靚麗，長髮女生應將頭髮束起。即使不習慣化妝，女生也必須化淡妝。

隨時保持謹慎。面試，從你進門那一刻已經開始。像上文中的玉茹，企業就透過排球賽對她進行面試。而更多的企業，往往會在不言明或者沒有任何跡象表明是在面試的情況下進行「暗中面試」。畢業生湯娟參加面試的時候，發現除了自己和同伴是普通大學的畢業生外，在場的多數都是知名大學畢業生。初試結束後，包括湯娟在內的十個人留下來參加下午的複試。吃午飯的時候，湯娟和其中的兩位應徵者聊了不少，而另外七名應徵者心事重重、食不知味。最後，湯娟和這兩位應徵者成為了企業的正式職員。事後，

面試官告訴他們，企業對員工的基本期待就是有良好的心態和應變能力，否則是無法勝任工作的。

總結提示：

應徵任何工作，面試官都會問你為什麼要選擇這項工作或職位，目的是了解你對這項工作和職位的態度。面試官會衡量在應徵人員中，誰能為公司做更大貢獻，誰更適合該職位。如果你對該行業、企業有一定的了解，對該行業、企業的近況和發展都非常熟悉的話，就有了優勢。基於你對企業的了解和認識，企業的面試官也會優先選擇你。

第四節　職業的好起點：入職培訓

學無止境。在學校的主要任務是學習知識，為人生做準備。走出校門，走進工作職位，需要學習的地方更多、更廣。除了相關職位所需的知識外，新職員還要學習為人處世、團隊合作之道。唯有這樣，才能跟上時代的步伐，不會被社會所淘汰。

培訓？不關你的事嗎？

過五關斬六將，經過三次面試後，琳育終於來到了企業的大門前。辦理好入職手續後，在第一週企業將對她們這一批新職員進行入職培訓。琳育認為自己很優秀，在學校年年獲得獎學金，在工作中肯定可以有所作為。入職培訓似乎與她無關，於是就走馬看花似的學習了一下。培訓結束後，意氣風發的琳育準備努力工作，以開啟新的人生！可是工作不到兩個月，琳育發現和她同時進公司的人都在進步，大家在一起聊起工作的時候都是帶著喜悅的心情，對未來充滿熱情和希望。而自己雖然整天忙碌，可工作起來雜亂無章、辦事效率特別低，不知道該做什麼？該怎麼做？有時候辦公室沒水了不知道找哪個部門，自己沒有辦公用品了也不知道去哪個部門領，需請事假的

時候不知道找誰⋯⋯不知所措的琳育非常沮喪，打算跳槽或者先在家裡休息一段時間。

事實上，不少新職員和琳育一樣，來到一個企業後，自以為「努力」一些就可以取得工作成果，這實在是大錯而特錯。琳育缺乏的就是不清楚整個企業內部的部門設置，不明白相關的職位職責和工作流程，以至於上班後無法盡快進入職業角色。

角色定位，始於培訓

入職培訓是新職員進入企業的第一步。企業進行培訓的目的，是為使新職員了解和掌握職場所需要的態度、知識和技能，以便新職員可以較快的熟悉、適應企業環境和職位需求，快速融入企業文化和團體中。可以說，入職培訓為新職員尤其是剛畢業的學生順利的走上工作職位，鋪設了一條堅實的道路，指明了前進發展的方向。

透過系統、有效的入職培訓，一方面新職員的工作能力、知識和技能得到提升，正式工作後能以較快的速度進入職場角色，由局外人轉變成為企業人。另一方面，新職員可以確認自己的短期發展和長期發展目標，意識到自我投資的重要，從而正確定位自己，不斷提升自己。新職員可以發揮才華，積極的與企業合作，使自己的職業生涯越走越好，越走越快，越走越遠。

我的入職培訓我重視

重視入職培訓。入職培訓是新職員前進道路上的墊腳石。新職員若想在企業提供的平臺上有所成就，就要重視入職培訓。學校學的知識只能用到一小部分，透過培訓，新職員能夠盡快的了解與工作相關的知識，並能夠從中發現並彌補自身缺乏的知識和技能，以便在「舞臺」上充分施展自己的才華。琳育由於忽視了入職培訓，致使其在工作中陷入困境。

24

明確職位職責。職位職責是一個企業實施標準化管理的基本制度，它規範了職位的主要工作內容和基本要求。任何企業都不會養閒人，在徵才之前，就已經安排好了你的工作範圍、和職責，就看你怎樣盡快的適應、熟悉並發揮所長了。對於一名新職員而言，剛剛進入一個企業時，對於企業的策略、產品、企業管理、企業文化、發展目標都不清楚，就像跨入了原始森林，容易迷失方向。新職員透過入職培訓確認了自己的職位職責，掌握了工作內容和流程，就知道自己應該做哪些事？做到什麼程度？遇到什麼問題該去找哪些人？比如上司是誰？也就是該向誰彙報；下屬是誰？也就是誰會向你彙報；共事的同事是誰？每天需要做什麼？每週需要做什麼？每月需要做什麼？工作目標是什麼？這些問題都是新職員做好本職工作的基礎，也是新職員的「工作說明書」。

如果新職員不重視入職培訓，連每天應該做的事情都不清楚的話，如何開展工作？更別說提高能力、做出成績了！當新職員對本職工作有較深的了解後，就可以迅速掌握基本工作技能，少犯錯誤，順暢的解決問題；也能夠更快的勝任本職工作、適應職位要求。同時，透過入職培訓新職員也可以養成良好的工作習慣，減少困惑和焦慮，對職業期望感到滿意。

了解企業架構。一個企業就像一個人一樣，有著合理的組織架構。企業文化是靈魂，企業策略是理想，企業組織架構和機制是骨架，企業高層是大腦，人才是身體和手腳。各部分的功能協調統一，才是一個健康的人。企業實際上是個人力量的一種匯集，同事之間、部門之間互相配合，才能使企業健康發展。企業與個人的成長、發展是聯繫在一起的，只有不斷的為企業創造利益，職員才有可能實現個人價值。找對部門才能做對事情。培訓期間，培訓指導都會對新職員講解企業文化、企業組織架構和部門職責。即使不在某些部門工作，新職員也應該知道其他部門的職責是什麼？可以透過哪種方式與其他部門進行聯絡與協商？這樣一來自己的工作步驟清晰可見，既節省

了自己和同事的時間，也提高了工作效率和品質。如果每天都面臨著不知所措的混亂場面，相信誰都不會有好心情。

> **總結提示：**
>
> 入職培訓包括企業概況（企業的歷史、背景、經營理念、願景、使命、價值觀等）、行業概況（該企業的行業地位、市場表現、發展前景）、產品知識、職業素養（商務禮儀、職業發展、團隊合作、溝通技巧等），銷售人員還會有技能培訓和實地培訓。進入一個新職位若想盡快適應工作和環境，就必須花費一點時間想一想：培訓內容和職位職責有什麼關係？

第五節　年輕的你準備好閃亮登場了嗎

　　沒有合格哪來優秀與卓越？初來乍到，眼前盡是新的環境、新的團隊、新的同事、新的工作……面對全新的一切，每個新職員都有在職位上大展拳腳的願望。可是由於缺乏職場所需的常識，新職員對一些基本問題的處理會表現得很無知。要想順利渡過這段「非常時期」，新職員就需學會如何用智慧游泳。

職場難熬的「試用期」

　　試用期，一般為三個月，它是企業和個人互相了解與磨合的機會。這段時間裡的經歷，是一個人累積工作經驗和豐富人生閱歷最直接、最有效的方式，對職場新人來說是成長路上必經的一步。

　　作為一名新職員，新是優勢也是劣勢，關鍵是看自己如何進行角色和態度的轉換。表面上看，職員是在為企業工作。實際上，每個人都是在為自己工作。只有清楚「為企業工作，就是為自己工作」的人生理念時，才能進一步成為企業的優秀職員。新職員不管在哪裡工作，都不要把自己當作一名職

員，而是把自己看成企業的合夥人，企業的主人，像企業家那樣思考，展開工作從企業的角度出發。

若沒有經驗，沒有成績，沒有足夠的職業素養，在想讓企業重用你之前，先問問自己，那個職位你做不做得下去？智慧從哪裡來？毫無疑問，它自於每一天的生活磨練，來自於反思，來自於日積月累的閱歷。能夠日復一日的把當前的事務做好是非常重要的，雖然它所帶來的短期回報很少，甚至微不足道。然而，新職員不能把眼光局限在自己得到了什麼，而應當看到職業發展的前景和價值。

為什麼有的人能在工作中屢創佳績，而有的人卻在職場中唉聲嘆氣？原因就在於一名職員能否發揮自己的潛能，為企業的發展積極的出謀劃策。如果作為新職員的你陷入困境，要學會重新修正自己前進的步伐，用行動證明你自己。新職員在「試用期」需學習的東西很多，又得進行角色的轉變，無論在心理上，還是生活中都需要調整。不要苦悶，因為你現在經歷的，以後都不會有了，你應珍惜這個學習並成長的機會和時間。

靜觀以待變，做好每件事

文欣走入職場後，對自己的前途充滿了期待，不過她很快又陷入了苦惱。從剛進辦公室起，文欣就做一些輔助性的工作，忙著發郵件、發傳真、影印、打電話，每天都是到七點才下班。面對這些毫無技術含量的瑣碎工作，設計系畢業的文欣總覺得無法適應。不過，文欣並沒有因為這些工作瑣碎就放鬆對自己的要求。她少說多做，希望給同事、上司留下好印象，但做這些雜七雜八的事情，實在難有成就感。有時候，文欣會對其他部門的工作感到好奇，而嚴厲的女上司則提醒她：做好自己份內的事就可以了。文欣越來越壓抑，一進公司就痛苦不堪。到了第五週，設計部為了參加行業展覽會而進行籌備，文欣和同事一起加班工作，列印檔案、裝幀資料、設計展

場……文欣不時的會提出一些看法和建議，但女上司給她潑冷水：「提建議應該從公司角度出發，不能憑個人喜好。」這讓一向自信的文欣沮喪不已。結果證明，展覽會的效果非常好，公司的安排是合理的。至此，文欣開始轉變思想。進公司快三個月的時候，文欣根據企業文化、目標和管理制度制定了一套建議書。女上司看後對她讚賞有加，經過公司會議後，文欣的多數建議都被公司採納。文欣心中的壓抑和沮喪也煙消雲散。三個月的試用期，使文欣明白了一個道理：「要施展自己的才華，無論接到什麼工作，都是為了企業的發展，為了解決問題。」

　　從職場生涯的第一天開始，就從最細微的地方入手，從點到面，新職員需要靜觀以待變，去做好每一件事，。這也是新職員做對工作，取得成績的前提。

三招平穩度過「試用期」

　　主動提升職業技能。許多新職員在工作中遇到困難和挫折，無法適應「試用期」，主要是因為自己的知識、技能與工作要求不相符。很多剛進入新職位的新職員都會有這樣的感受：被嚴格的工作要求壓得喘不過氣，工作時間、工作強度和緊張程度都超過自己的承受能力範圍，對工作中各種資訊反應緩慢，工作過程中需要的知識、技能與自己掌握的知識、技能不平衡，甚至相差甚遠……這些不適應，是新職員在角色轉換過程中都會遇到的。作為一名新職員，在做好自己本職工作的同時，應加倍努力，不斷豐富自己的知識，提高自己的能力。加強自身學習，提高自身素養有三種方式：一是向書本學習，廣泛汲取各種職業知識。二是向同事學習，始終保持謙虛謹慎、虛心求教的態度，改進工作方法。三是在實踐中學習，把所學的知識運用到實際工作中，檢驗所學的知識，發現自己不足之處，防止一知半解的現象。

　　維護你的責任感。選擇了工作就意味著選擇了責任。無論做什麼事情，

最重要的是要有責任心。無論在什麼工作職位上，都要記住自己的責任，對自己的工作負責，也體現了一個人的工作態度和職業素養。一個人在承擔責任的同時，不僅履行了諾言，創造了價值，也豐富了自己的知識，提升了能力。這一切也許在短期內不會有顯著的效果，卻為今後的發展剷除了荊棘，鋪平了道路。任何企業都不會輕率的把工作託付給推卸責任的人。當你在別人眼中是一個值得信賴的人了，何愁在以後的工作中沒有人願意與你合作，沒有人願意給你提供幫助呢！

　　開發你的應變能力。每個人在實際工作中都會遇到各種各樣的問題，對於新職員來說，要使自己勝任工作，不僅要靈活的運用知識，還要提高自己的應變能力和心理承受能力，成為企業真正重視的「可用之才」。應變能力可以透過實踐來逐步提高，如多做一些事情。因為一個人解決各式各樣問題的過程，就是增強應變能力的過程。同時，不斷補充新知識，拓寬自己的知識面，加強自身的修養，往往能夠使人在複雜的環境中沉著冷靜，而不是緊張或者莽撞從事。另外，注意改變不良習慣也可以提高應變能力。假如一個人遇事總是遲疑不決、優柔寡斷，就要經常主動的、有意識的鍛鍊自己分析問題的能力，迅速作出決定。如果一個人總是半途而廢，那就從小事開始控制自己，自我監督，自我鼓勵。新職員只要堅持鍛鍊，應變能力就會不斷增強。

總結提示：

職場環境中的工作任務、挑戰、意外、客戶、加班、會議甚至是別人推過來的雜事等等，都是有益的機會。只要你有時間，你應該盡量參與，這些都能為你帶來實際操作經驗和小小的成功體驗，有時還能帶來表現的機會。

第六節　如何讓同事覺得你並不「嫩」

　　現在的新職員，接觸社會比過去早得多，接受新東西也快，社會閱歷較豐富。但若在新的工作職位上與周圍的環境還沒有磨合好，總會碰到這樣那樣的不適應的情況，面臨人際關係的危機。要達到做好新工作的目標，就需要和同事配合，不要讓同事覺得你太「嫩」。

「嫩」的現象

　　現象一：過於稚氣。有一次，蘇蕎給供應商匯款，兩次都把單據填錯，結果匯款被全數退回，最後還是其他老職員出馬才弄好。看著她慌張的模樣，別人也不好意思責備，可蘇蕎還是哭得梨花帶雨。對於一說就哭的蘇蕎，同事背後都在偷偷的笑。

　　現象二：愛表現。凡芃是德語系畢業的，能說一口流利的德語。由於在公司裡沒有專業的「用武之地」，凡芃有些不甘心這樣的狀況。平時和同事交流或者開玩笑的時候，有事沒事凡芃總會說幾句德語。如果在場的人聽得懂還好，問題是同事中沒有一個懂德語的。凡芃也不管這樣的表現會讓同事產生什麼樣的反應，幾乎每隔兩三天，她都會在同事面前打一兩次完全說德語的私人電話。凡芃這樣表現自己，每個同事都覺得未免太過頭了。

　　現象三：敷衍了事。在漫長的準備階段，公司需要做的就是廣告宣傳、招商、租借場地和物品，不斷給參展廠商打電話確認細節問題。這份工作看似簡單，可整天打電話也不是一件輕鬆的事情。依萍受不了了，就開始應付差事。總要同事問她或者說她的時候，她才開始打電話。由於依萍就像算盤一樣撥一撥就動一動，不撥就不動，公司裡沒有哪個同事喜歡與敷衍了事、工作態度不佳的依萍共事。

　　這些職場現象告訴新職員，凡事都應有個尺度。人在職場，不可能像在

家裡那樣，所有事情都以自己為中心。職場規則有成文的也有未成文的，需要新職員自己去摸索，不過做任何事，至少應考慮別人的立場。

認清自身能力，克服弱點

新加入公司的人，要養成善於思考和反省的習慣。世界上沒有一個人是十全十美的。相對於老職員來說，新人智慧不足，少了一些社會歷練和工作能力，常會說錯話，做錯事。現在的新職員嬌生慣養，較為浮躁，做錯了事情還要人哄著。職場中，許多新職員工作的責任心和吃苦耐勞的品質都不夠。公司畢竟不是幼稚園，一名新職員在上班的地方有脾氣，企業還敢留你嗎？

為什麼會有試用期？企業就是要看看新職員是不是像自己面試所說的那麼好？能不能適應公司的工作以及環境？看看新職員的能力如何？同時，也是給新職員一段時間，體驗一下新的工作環境，看看合不合自己的口味和愛好。其實，試用期體現的是公平原則，那就是合則聚，不合則散。

通常剛畢業的學生對自己的實力，對環境的認識都還不是很到位。企業對「新人」會要求得較嚴格一些，同事也會有一些善意的批評或者建議，這些都是為了讓新職員更快的成長為企業所需要的人才。這也是為什麼很多工作機會是給有工作經驗的人準備的。

有時，新職員會認為自己已經做得很好，卻得不到同事的認可。這時，新職員一定要反思自我，多關注細節問題，發現自身存在的「小毛病」，克服自身的弱點，虛心、誠懇的接受意見，不要再犯類似的小錯誤。同時，新職員一定要積極一點，給同事留下勤奮、努力、有上進心的好印象。

新人要有新人的姿態

盡心盡力辦好每一件事。對於上司或同事交待的每一件事，不管大小，

新職員都要盡全力，力求在最短的時間內盡善盡美的完成。上司或者同事並不了解新職員的學識和能力，一開始並不會委以重任，往往會先讓新職員做一些較瑣碎的雜事、小事。當新職員做好每一件事，使同事感覺「孺子可教」，才能取得上司、同事的信任。切忌有拖遝、馬虎的毛病。另外，新職員也不要自視甚高。有一個大學畢業生剛進入職場，他眼高手低，對小事不屑一顧，做幾件小事就認為自己被小看了似的。有幾次下班時就因需要把垃圾提到樓下倒，就覺得特別委屈。若是太把自己當回事，可能其他人就不把你當回事了。

尊重同事，虛心求教。學校裡學的知識可能跟實際的工作情況有些出入，每個公司也有每個公司的特點，有些事情新職員不知道怎麼辦是正常的。重要的是新職員別怕說「我不懂」、「我不太明白」，而是應該有一種從零做起的心態，多問問有經驗的人，如「我想知道這件事通常是怎麼處理的」、「請問我這麼做行不行」，多向同事請教也是進步最快的方式，沒什麼好去臉的，哪怕請教的是沒你學歷高的人，只要人家有寶貴的經驗，都是你的老師。虛心請教、不恥下問是優點，尤其適合剛剛接手工作職位的學生。有一位剛畢業的大學生到一家報社上班，剛開始寫的稿子怎麼樣都不合格，寫了五遍都被資深編輯打回來，說是風格不對。新職員心裡覺得資深編輯是不是成心找麻煩。但她還是耐心的向資深編輯請教，聊了幾次以後，她開竅了，以後再寫的稿子就通過了。

注重細節為自己加分。隨時隨地細心觀察，多做一些工作。例如每天早上早來十到二十分鐘打掃衛生，等前輩們來到了就主動打招呼。飲水機沒水了，主動給送水公司打個電話；影印機沒有紙了，悄悄的添加；每天晚走十分鐘……這些不起眼的小事都會給同事留下好印象。新職員在自己本職工作妥善的完成以後，可以適時幫助需要幫助的同事。新職員應多和同事溝通，切忌在同事非常忙的時候打擾他們。同時，還要注意適當的保持距離。因為

你是新來的，如果太好說話了，有的老職員就會什麼事情都找你來幫忙，這樣就不好了，適當保持一些距離，距離產生美！這樣的話，就會讓同事感覺：你這個人很好可是又不是很隨便。

總結提示：

每位職場新人都需要準確評估自己的能力，不要過分追求超出自己能力範圍的權力和經濟回報。否則容易造成內心不平衡，進而帶來負面情緒，導致自己失去工作與生活的方向。同時，也要評估自身所處企業的人際關係狀況，不要與同事群聚討論，隨時注意將自己的「敏感」多投入於工作事務中。最明智的選擇是做好自己本分上的事，在業務上努力、積極、進取、自主、創新，多一份業績，你也會多一份成就感。

第七節　新人初入職場的困惑

任何行業或企業都有自己的規則，新職員對新環境的認識大多停留在表面上，有一些內幕是不了解的，以至於新職員常會有理想和現實總是存在著距離的感覺，這些也是新職員容易產生困惑的最主要原因。

別讓這些不良因素影響你的職業生涯

尋找藉口：還在試用期，曉玫就遲到了。儘管只有五分鐘，但不巧的是，那天副總一早便到他們部門來談事情。剛進門，曉玫就看見副總和部門經理的臉有點黑。自己犯了錯誤不說，還讓部門經理在上司面前沒有面子，曉玫感到無地自容。她不敢跟眼前兩位上司說是因重塗一次睫毛膏以至於錯過公車，雖然自己花了好幾倍的錢叫計程車，但路上又塞車。曉玫自動的承認了錯誤：「副總、經理，我不想給自己找任何藉口，無論如何，遲到是我的錯誤，我保證今後絕不再犯。」在對待遲到的問題上，新職員思燕就不是這個態度，明明自己遲到了，可還跟經理說：「如果配一輛車給我，我保證一輩子

不遲到。」誰機靈，誰「笨」？一目了然。

　　忌諱的事務：素妍剛進入公司的時候，同事總是讓她幫忙列印報表，素妍想這正是個學習的好機會，於是仔細研究起來。有一回，素妍發現其中有一個重要資料算錯了，不由得大喊道：「某某某，快過來，你犯了大錯！」原以為替同事指出錯誤，同事會對她感激不盡，沒想到同事板著臉惡狠狠的從她手裡奪走了報表。

　　初入職場，新職員無一例外的會遭遇迷霧、急流、驟雨，也許一次不經意的「錯誤」就會斷送美好的職業生涯。殊不知，有些話是絕對不能提及的，比如當眾揭人之短，讓人下不了臺的話。缺乏思考只會造成停滯不前，甚至會讓人後悔莫及。唯有「吾日三省吾身」，才能減少失誤。

認清職場陷阱和忌諱

　　試用期期間新職員往往都會犯錯誤，犯了錯誤不用慌張（但最好還是不犯或少犯），更重要的是你對自己的錯誤是什麼態度。無論因何原因，千萬不要為自己找藉口，那樣同事就會懷疑你做人的原則了。除了承認之外，向你的部門上司或是「資深同事」多多請教，是避免再犯錯誤的最好辦法。在工作中，新職員可一次、兩次因環境、條件的限制，而沒有做好工作。但不能長期讓這樣的藉口占據你的思想。如果你有著凡事找藉口的習慣，那麼你永遠都不會成長，因為你掉入了「藉口」的陷阱中。

　　當後輩威脅到前輩的地位，或者讓前輩「顏面無存」的時侯，前輩自然會表現出一副凶相。如果你發現同事在某個工作流程出錯了，可以在私底下悄悄的告訴她，而不是大嚷大叫，讓所有人都知道。這樣既給同事留了面子，又贏得了同事的好感。當你從一名新職員慢慢的成了帶領新人的前輩時，也會切身體會到作為一個新人該忌諱的一些事務。

補上職場常識這一課

在許多年輕人看來，現代的職場可謂變幻莫測，問題多，困惑多。新職員由於缺乏職場所需的常識，往往在職場成長的道路上付出了額外的代價。因此，初涉職場的新職員應補上職場常識這一課。

不找藉口。新職員在出現失誤時，為了擺脫尷尬的局面，也為了減輕一些壓力，常常會為自己找一些藉口。當你找藉口時，就是在轉移責任，不僅留下職業素養不好的印象，無形中可能你就會把工作中的不順利歸咎為同事的問題。職場中有八種常見的藉口，是新職員不能說的，包括「這件事跟我沒關係」、「當時同事沒有跟我說清楚，所以我才出現差錯」、「沒有人教我怎麼做，應該要做到怎樣的程度」、「我很難和某某同事合作」、「事先沒人告訴我這件事」、「我現在很忙，時間不夠，沒有時間」、「不是我不努力，而是對手太強」、「我們一直都是這樣」。

得到同事的幫助和認同。新職員的一舉一動都是同事關注的焦點，老職員憑著自己的社會閱歷和敏銳的觀察力，透過接觸甚至僅僅是旁觀，就會對新人形成先入為主的印象。處好同事關係非常重要。臨桌的電話鈴響了，該不該接？答案是肯定的。主動接聽電話，詢問對方有什麼事，要不要轉告或回電話。別小看這些努力，這既體現了你的工作態度，也是與老同事溝通的一種方式。

請三緘其口。有些話老職員可以說，新職員就不可以。因為老職員在企業很多年，對企業有貢獻，是「家裡人」的話，說些過激的話沒什麼，但在對外方面，老職員是團結一致的。什麼貢獻都沒有的新職員，就不應該說三道四。尤其是在歷史悠久的老企業裡，人和人之間的關係錯綜複雜，即使聽到一個老職員在對抱怨另一個職員，但其實他們私下非常要好。有時候新職員不可能了解事情的來龍去脈，更沒有正確分析判斷的能力，因此要保持沉

默。初入職場者只要謙虛，少說話，多傾聽，多做事即可。

在職場，新職員幾乎每天都會製造出一些愚蠢的錯誤。有一位新職員在洗手間散布老闆的糗事，抬頭一看鏡子的時候，赫然發現老闆就在離她不遠的洗手臺邊臉色鐵青的洗手。新職員十分尷尬，不知道該說什麼。老闆像完全沒看見、沒聽見一樣轉身就走。新職員後悔莫及，接下來每天都躲著老闆。向同事請教該怎麼補救，同事告訴她，基本上沒有辦法可以補救，更不能主動道歉，那樣只能顯得更蠢。既然老闆有氣度，那麼你也像老闆一樣假裝什麼都沒有發生過，這是最體面的做法。新職員只好小心翼翼的工作，表現出加倍努力的態度，以免再出現任何差錯。新職員所犯的類似的愚蠢錯誤還有很多，比如在電梯裡亂說話，在郵件上亂說話，在通訊軟體上亂說話⋯⋯

總結提示：

消除困惑一方面要靠自己的觀察和領悟，另一方面也要靠高人的指點。這樣的高人可能不是什麼方面的專家，可是在某一特定時刻或者特定主題下會對你有所幫助。尤其是人品、處事、專業能力樣樣優秀的人，這樣的人可遇不可求，在你的職業生涯中一定可以遇到。當你遇到了，一定不要忘記尋求他們的幫助。

第八節　工作迅速上手的祕訣

新職員進入企業，上手過程越短，發展得就越快。這個上手的過程，全靠新人自己的努力，別人只能幫你，而不能替代你。如果你是個有追求的人，就要及早使工作上手，這樣才可以在未來的職場生涯中遊刃有餘。

自動自發多做事

進入企業後，淑芳就開始問自己一個問題：是樂意多做一些工作，還是

希望工作量越來越少？許多同時進公司的新職員都想著如何輕鬆、愜意的工作，而在商場家電部門的淑芳，卻甘願當那個多做事的「傻瓜」。淑芳所在的部門負責對銷售終端進行指導和提供諮詢。但她卻願意跟什麼工作都沾上邊：公司要培訓導購員，在組織、策劃時她當仁不讓的進行幫助；商場評審、採購滿額贈活動所需的禮品時，淑芳仔細觀察，並總結部門是如何談判的，參與實際徵詢消費者的需求；工作不忙的時候，淑芳整理、收集與工作、企業發展有關的資訊，向部門匯報各項最新資訊……僅僅一年多，淑芳就成了有兩名部屬的組長。當淑芳在企業工作快三年的時候，部屬增加到了二十多名。隨著人員的擴容和所負責職務的增多，淑芳所在的部門也從科級待遇升格為部級編制。面對新人的羨慕，淑芳告訴他們：工作快速上手、事業穩步發展的祕訣就是自動自覺的多做一些事情，哪一天閒下來，哪一天就會下課。

職員有權利選擇工作，企業也有權利選擇敬業、負責、有實力的職員。如果你沒有能力，無法創造價值，企業還僱用你作什麼？

企業不會養閒人

閒人的存在就意味著企業成本的增加、效率的降低、利潤的流逝，這是任何一個企業都無法接受的事情。在這樣的前提下，企業對人才總是特別關注，發揮人的潛力，調動人的創造力也是企業不變的期待。

如今，不論在臺企還是在外企，要取得成就唯有全力以赴。新職員要先明白一個道理，一個人的重要度與影響力來自於實力和成績。任何一家企業的人都會佩服有經驗和實力的人，新職員缺乏工作能力和實踐經驗，就很難得到別人的認可，更不會有「話語權」了。如果新職員對公司交辦的事務能推就推，常以「這事我不會」、「還是找別人吧」之類的話來應付，最終只能打打下手。當有一天你終於完全閒下來的時候，也將面臨被辭退。工作

能力靠培養、練習，新職員需時刻提醒自己，把工作放在重要的位置上，多角度、全方位的累積工作經驗，使工作迅速上手，這樣活動空間才會越來越廣。

敏而好學，做好職場的各門功課

有效見習，自我管理。新職員往往缺乏工作能力，可以透過有效見習來改善。老職員每天都會做很多事，作為新職員都不需要理會，只需要掌握一個重點就可以了。對於其他事有興趣，可以看和問，不過若不是你需要掌握的，你看了不會也沒有關係。新職員清楚自己每天到底要學什麼？目標是什麼？心裡就不會茫然，也會在不知不覺中輕鬆的適應職務要求。如果不能做好工作，要分析原因，看看是時間還是個人能力問題，才可以明確向同事和上司說明。同時，對於工作要學會分類，針對不同類型的工作分別處理，如哪些工作只要熟練就可以完成的；哪些事務需要提高自身能力才能完成。

對背景不了解的事，新職員不要亂發言，做錯了事情也不要找藉口。如果沒有能力，也要說出來，甚至寫出來。只做事情不溝通是不行的，邊工作邊溝通可以讓同事和上司知道你的工作進展情況，也可以讓同事配合你。否則別人怎麼知道你有沒有實力呢？尤其是遇到阻力的時候，新職員一定要及時彙報，等累積到了你無法控制的時候才彙報，就會弄到不能收拾的地步。沒有人是萬能的，更何況是新人。工作過程中的溝通和寫日誌，其實也是對自己工作的總結。在這個過程中，你會理順自己的思維，鍛鍊自己的邏輯思辨能力。新職員遇到重要的工作，一定要寫下來，因為沒有總結就沒有提升，那麼你在職場中永遠只能是個不起眼的人物。

工作講究對事不對人，遇到了阻力或委屈，不能讓事情就停擺在那裡，應該盡快尋求幫助。梓培是新職員正廷的組長，一次部門經理跟梓培交代了，要讓正廷策劃一個專案，過了好久也沒見正廷拿出方案來。部門經理忍

無可忍，讓另外一位新職員接手策劃，這位職員很快就完成了。後來部門經理才知道，正廷的方案壓在梓培手裡了。其實，部門經理問了正廷好幾次，可正廷每次都不吭聲。如果正廷把實際情況告訴部門經理，完全可以改變當時的狀況。但正廷的這種不溝通的做法，只會把工作給耽誤了。

拓寬視野，擴大接觸面。新職員到職之後，當務之急是盡快熟悉本部門、本職位的工作內容，有條件的就該多學多問多練，沒條件的也要創造條件使工作盡快上手。站在整個公司的角度上了解你的工作，了解整個公司的流程和你所在職位的定位關係，熟悉工作職位，這對新職員迅速成長是非常重要的。在這個過程中，新職員還需要不斷熟悉公司業務，漸漸累積人脈，了解其他職位的做事規則和方式，學習他人做事的方法，以拓寬自己的眼界，不要只局限於自己工作的狹小區域中。有時候會無可避免碰到一些瑣事，這些事你可以聽著，擔不可介入其中。如果牽涉到你了，你也不要糾纏其中，因為如果你的腦子裡裝滿了這些瑣事，眼光必定狹隘，不僅煩惱，而且還做不好工作。記住，保持自己獨立思考的能力，把目光放得遠一點。

拓寬視野的另外一個意思是多學習。上班時間的八小時，決定了你的專業知識，是你賺錢吃飯的能力。而上班之外的八小時，決定著你究竟會成為一個什麼樣的人。有時候人以為有了很好的工作，生命就有了意義和保障，可生活並不是只有玫瑰色。很多時候人需要看看別的顏色，從光彩中啟發智慧，也會讓你受益匪淺。

總結提示：

新職員要善於總結，工作中的同一類事，在做第二遍的時候就應該比第一遍有所熟練。每個人都有自己的學習方式，有的人透過做事來學習，有的人透過傾聽來學習，有的人透過閱讀來學習，有的人透過寫作來學習。你應該根據自己接受知識的方法，找到自己學習的竅門，以使工作迅速上手。

第九節　聰明快速的融入團隊

團隊合作是一種工作能力，如果一個人孤身於團隊之外，不僅獲得機會相對困難得多，而且熱情和鬥志也會消磨殆盡。對於一個新職員來講，經常游離於團隊之外，光靠個人努力是遠遠不夠的。只有融入團隊，才能幫助自己成長，使個體利益與整體利益相統一。

自命清高的只會被孤立

禹涵在學校的時候是學生會主席，各項能力都很強。進入銷售部門後，業務表現得到了上司和同事的讚賞。在一次與客戶談判的過程中，禹涵表現突出，為公司創造了良好的效益，受到了部門經理的讚賞和獎勵。這次談判使禹涵清楚的認識了自己的價值，讓她覺得自己並不一般。所以在日常工作中，禹涵開始不和其他同事溝通，在公司裡獨來獨往，一副目中無人的樣子。取得一點成績就變成這種態度，同事們漸漸與她疏離，都不願跟她合作。被孤立起來的禹涵，在許多事情上都陷入了極其尷尬的境地。在一次的業務中，由於禹涵判斷失誤，給企業造成了不小的損失。她受到同事的譏笑、諷刺，也被部門經理的訓斥了一頓，使她無法繼續待下去，於是試用期還沒結束，禹涵就自行辭職離開了公司。

聰明的人融入團隊，孤傲的人只會被團隊拋棄。新職員取得成績時，應保持清醒的頭腦，戒驕戒躁。人不可能孤立的存在於任何地方，在團隊中，如果你因自命清高而成為孤家寡人，那將是件很危險的事。

職場「天條」：團隊認可你

新職員進入企業沒多久，經常會抱怨自己大材小用，總感慨工作環境不好，這樣的人也沒有幾個真能做得很優秀。也有一些優秀的新人，因取得一點成績或榮譽就自命不凡起來。最終這些人也因無法融入到團隊中，而頻繁

的跳槽，始終找不到與自己合拍的工作。

職場有個「天條」，那就是你有多少能力並不是最重要的，重要的是，誰認可你，誰願意聘用你，跟你合作，給你發展的機會。看看那些成功人士，哪一個不是從「能幹的人」到「團隊的好夥伴」的職場發展經歷。人在職場發展的過程，其實就是被團隊認可的過程。

在任何一個團隊中，成員的優缺點都不盡相同，你應該去積極尋找團隊成員中積極的品質和好的方面，並且向他們學習，讓自己的缺點和不好的品質在團隊合作中逐漸被清除。像禹涵那樣自命清高，總認為別人對自己一點作用都沒有的心態，是錯誤的。我們每個人都有需要她人幫助的地方。有團隊才有個人，團隊中取得輝煌業績的成員，背後都有一個團隊的支持。而企業的發展最終依賴於全體人員積極、主動的創造和發揮才能。

融入是一種雙方互相認可，互相接納，在行為方式上的互補互動、協調一致的過程。品質優秀、感悟能力強的人，能融入得自然和諧，被團體接受的程度就高，就會因此獲得更多的發展條件和機遇。作為有個性的職場新人，應該時常審視一下自己，注意改正缺點，彌補不足。

融入團隊有訣竅

快速度過冰冷期。作為新人，都有一個冰冷期，被大家冷落是自然的。你應該做的就是尋找突破點，積極努力改善現狀。拿出公司的名冊，在最短的時間內記住每一個人的姓名，這一點很重要。每天早上到公司，下班離開公司時，要主動大聲與每一個人打招呼。要注意公司內部互相稱呼的習慣，有的公司習慣稱呼中文名字或英文名字，有的公司習慣稱呼職位，如經理或主管。新職員要仔細觀察公司人員之間互相稱呼的方式，如果沒把握，知道職位的就稱呼某經理、某主管，不知道職位的，直接稱呼某先生、某小姐即可。

有原則而不固執。每個人在職場中都會面對各式各樣的人，都會不可避免的遇到一些永遠不會與之成為朋友的同事。即使你不想看到這些人，不想認識這些人，想把這些人清理出你的生活，然而這些人也許就是你的鄰桌同事或者同在一個工作的場所。但工作就是工作，你和這些人存在著只有同個目的的職業關係 —— 完成某項工作。企業把人徵來不是為了讓你們交朋友的，也不是為了組成某種形式的大家庭，而是依靠所有的人一起合作，完成工作目標和企業策略。所以，當團隊合作出現問題和衝突時，不要把事情個人化處理，對人不要冷漠，或者言辭鋒利，你們談話的目的只是為了完成一項工作。你要有原則，同時也要靈活處事，學會跟同事提出對工作的看法，懂得在適當的時候聽取同事的正確意見，你要和每一位同事都保持友好的職業關係。

　　在非工作的環境下，了解同事特點。新職員可以利用中午吃飯時間和同事聊聊天、吃吃飯，相互熟悉起來。不要時間一到，就躲到某個角落，個人吃悶飯。有一路同行的同事，下班與同事一起走。如果沒有，哪怕是要繞遠路也要為自己創造出一兩站共同的路線，這樣可以很快的拉近你與同事的關係。積極參加集體活動，週末同事之間的小聚會，一起吃飯、唱歌什麼的，不要找藉口不參加。雖然私下裡不是朋友關係，但絕不能虛情假意。與同事打好關係，在公司才不會陷於孤立無援的困境，並且對你的事業發展有一定的幫助。

總結提示：

企業希望新職員能快速融入團隊，而不是被動的等著被別人接受。新職員到了企業裡，要慢慢的跟本部門的同事和其他部門的同事建立起良好的關係，這一點對新職員能否在企業中立足、順利發展是非常重要的。如果新職員只跟周圍的人說話，或者只跟鄰桌、學長來往，都是不好的，也容易引起別人的反感。性格過於內向，沉默寡言又非常

怯懦的新職員，也會讓同事都不知道怎麼和其溝通。你應主動友善的接近同事，真誠的尊敬他人，虛心的向前輩請教，善於提問，工作遵守禮節，而不刻意表現自己。周圍同事會很樂意幫助這樣的新職員，也會做出相應的回饋。這樣一來雙方都能更快的了解和熟悉，不僅有利於新職員融入團隊，也有利於工作的開展。

第十節　面對「元老」的刁難排擠有對策

商場如戰場，職場又何嘗不是如此！學生時期，如果跟其他人意見不合，頂多只是井水不犯河水，因為你們之間沒有利益關係。但身在職場「江湖」中，人和人之間有利益就會有衝突。面對「元老」的刁難排擠，新職員應妥善處理，以免讓自己處於困境。

職場如戰場，不要怕排擠

如果有一天，你發現同事突然一改常態，對你不再友好，事事抱著不合作的態度，處處設難題刁難你，想看你出洋相，看你的笑話，你就得當心了。這些資訊向你傳送著一個危險訊號：同事在排擠你。

之茜剛到一家公司，不知為什麼，同一部門的江晨很排擠她。由於江晨是跟隨老闆多年的老職員，老闆很是信任她，之茜也一直讓著江晨，不跟她計較。誰知江晨有些得意忘形，時常說謊來詆毀之茜。有一次部門開專案會議，老闆讓江晨通知之茜，江晨沒有通知，結果之茜遲到了。老闆問原因，江晨說已經通知了，於是老闆就批評了之茜。

之茜不再忍讓，當時就問江晨：「你是讓別人通知我的嗎？是打我的手機還是固定電話？」江晨說：「打妳手機總是占線。」之茜繼續問：「既然是占線，就是沒有通知到我，那妳為何不再打一遍？妳是在家裡打的嗎？」江晨說：「在路上打的。」之茜接著道：「既然是在路上打的，就是用手機打的了，那

手機上的去電顯示應該會有我的電話號碼的，就請妳證明給經理看看。」江晨顯得有些慌亂，說：「我記不請了，好像我讓秀芬通知的，不知她通知妳了沒有。」之茜道：「不管是妳親自通知的還是讓別人通知的，如果電話打通了，不管我接不接電話，我的手機上總會有來電顯示。如果沒打通電話，那妳也應該繼續打電話，直到通知到我為止，否則就不能說是通知到我了。無論是哪種情況，妳的手機或者其他代通知人的手機、電話都會有去電痕跡，妳能不能給經理看看？」之茜的語氣不急不慢，眼神清澈，江晨自知理虧，一時啞口無言。

　　職場新人要堅持自己的原則，但往往在付出努力後，仍然會面臨同事的排擠。沒錯，被排擠的滋味當然不好。新職員常常會感到被孤立，不受歡迎。如果你的的確確沒有太多令人討厭的品質，在多數情況下，被排擠是因為你有一種可能擠掉別人的能力，那恰恰是顯得你重要、有影響力的一種體現。職場人士都為利益生存，無論是誰，都在為生活發愁並且謀劃。有時候，你多得了一根骨頭，別人就只能飢腸轆轆。

　　被同事排擠，必然有一定的原因。這些原因不外乎六種情況：第一，新人鋒芒太露，招來同事妒忌，以至有些「元老」或者小團體排擠你。第二，新職員有著令人羨慕的優越條件，包括高學歷、有能力、有背景、相貌出眾，剛到企業上班，好「欺負」。第三，招聘你的人是公司裡眾人討厭的人物，因此你也受到牽連。第四，新職員衣著打扮與性格不合群，在同事中屬於異類；言談愛出風頭，令同事卻步。第五，過分討好上司，疏於和同事交往、溝通。第六，妨礙了同事的利益，包括升遷、加薪等各種可以受惠的事。

是英才就不怕妒，是庸才就找對策

　　如果你是屬於第一和第二項，這情況也是自然的。「不招人妒是庸才」，

能招人妒忌也不是什麼丟臉的事。新職員可以培養自己的聊天魅力，透過聊天讓同事多了解你的善良，以改變同事對你排擠和刁難的態度。平時對同事的態度和善一些，如工作中主動、積極的與同事溝通，下班後主動約同事聚餐、逛街，同事身體不適時送上一杯熱水……當同事發覺你是一個老實的人，久而久之也會樂於和你交往。

如果你是屬於第三項，那便是你本人的不幸。唯有不失時機的向同事表明，你應徵這份工作主要是因為自己喜歡，與招聘你的人無關，與其更不是朋友或親戚關係。只要同事了解到你不是相關身分，自然會歡迎你。

如果你是屬於第四和第五項，那麼你就要自我反省一下，因為受到排擠和刁難的原因出在自己身上，想讓同事改變態度，唯有自己做出改變。衣著方面應切合身分，既要整潔又不要招搖。過分異類的服裝不會為你加分，如果你只是為了出風頭，那麼同事就會無意識的把你當成敵對的目標。同事若是穿正裝，你也應該穿職業套裝，注意髮型和言談舉止。同事若穿休閒或有個性、新潮的衣服，你的穿著打扮也不要給人太職業化的感覺。另外，新職員平時不要亂發表一些驚人的言論，要學會當聽眾。

如果你是屬於第六項，那麼就要注意做事的分寸。任何選擇都不會十全十美，如果你無法判斷未來，那就遵從你內心最原始的感覺，在自己喜歡的工作上多用心思，提高自己的工作能力。升遷、加薪、改善條件、榮譽都是同事想獲得的獎勵，所以有競爭在所難免。雖然平常大家都非常努力的在一起工作，但彼此之間心照不宣，誰不想優先獲得獎勵呢？

總結提示：

即使與同事有了矛盾，也都是「人員內部矛盾」，盡量採取和緩的方式解決，避免發生正面的激烈衝突，給對方和自己留有餘地。若過分計較，未免有失風度和教養，何況有時還可能是由於誤解造成的。如果對方實在是欺人太甚，反反覆覆讓你難以再忍，那就「以其人之道，

還治其人之身」，這也是最溫文爾雅的回擊。職場新人面對「元老」的有意刁難和排擠，要牢記：隨和並不是放棄尊嚴，不是有來無往。

第二章　進取的心靈茁壯成長 ——
　　　　迅速站穩腳跟

　　年輕的你逐漸適應了職場新環境，進入到了工作狀態之中。你希望再接再厲，不斷進取，在職場中迅速站穩腳跟，擺脫新人的地位，這主要還要靠你的工作和人際關係來體現。你必須善於歸納總結，對自己的業務足夠熟練，在與同事相處與協作中遊刃有餘。本章將告訴你達到這些要求的方法與祕訣，讓你事半功倍。

第一節　先做好本職工作

　　一個人要經過四個步驟逐漸提升自己在本職位上的職業水準。第一是學習階段，特點是：情況不熟，能力不足。第二是進步階段，特點是：知錯改錯，積極進取。第三是掌握階段，特點是：熟悉情況，處理得當。第四是例行程序階段，特點是：運用自如，有所創新。

煩人差事中的意外收穫

　　已經獲得了心理諮詢師資格的月清降低了工作期待，準備先從助理做起。但這個「助理」的工作內容，與她原本的設想差距太遠。月清本以為，助理就是幫助資深諮詢師整理諮詢筆錄，提出建議，而實際上，她做的卻是內勤，或者稱為接待員更合適。月清每天的事務就是接聽預約電話，為前來諮詢的人確定諮詢師，安排時間和場所，然後收費、掛號。

　　讓月清心煩的是，每天還要應付各種各樣難纏的人。至於在諮詢現場旁聽的機會是一點都沒有。又不是老師帶實習生，諮詢中心怎麼會犧牲客戶對保護隱私的要求，白白的提供給妳學習機會？有幾次，月清偷偷在電話裡給客戶進行解答，被主任批評了一頓，提醒她「角色不對」。這讓月清很不服氣，千辛萬苦的找到工作，難道就只做這些事，豈不白白浪費時間！月清的工作熱情飛速下降，接電話也沒有一開始那麼有耐心了。

　　偏偏這時打電話來的人特別煩，對方說自己查閱過一些心理學資料，一定要給她安排一位專家。月清按照諮詢師的時間安排，給她推薦了一位諮詢師。可對方沒完沒了的問還有沒有別人，還讓月清把每個諮詢師的經歷都介紹一下。接著又問到底是不是專家，夠不夠權威？這個電話講了有半個多小時，月清有種想摔東西的衝動。誰知，對方又說：「我知道你們也有商業上的考慮，但妳也不要正好哪位諮詢師的時間空著就安排哪位，然後糊弄我們是

專家，只為了快點有客戶。」這句話讓月清火冒三丈：「我的薪水跟每天接待幾個諮詢者一點關係都沒有，信不信隨你。」說完就掛了電話。

　　這時有位諮詢師剛剛結束諮詢，正坐在接待客戶的椅子上休息，月清就向她抱怨起剛才的電話。諮詢師告訴月清：「其實她並沒有在懷疑月清妳本人，她只是在懷疑她致電的這家諮詢中心。如果她來諮詢了，也一定會懷疑她自己所選的諮詢師。其實，妳不必向她解釋妳的工作，而是應該想想這個人在打這通電話之前，為了克服自己的懷疑要鼓起多少勇氣。我們和來訪者的諮詢關係，並不是在進入諮詢室才開始，在他們打通第一個電話時就已經開始了。其實妳已經在做重要的工作了，就是與來訪者之間建立信任。」

　　前輩的話讓月清開竅了，她記起上課時老師強調：「諮詢師不僅要聽對方說話的內容，還要從對方說話的口氣、用詞、聲音中了解這個人的心態、情緒和性格特徵。」月清突然領悟到：如今真的入行了，怎麼把學校裡學的知識全都忘了？原來自己只是剛剛開始，要成為諮詢師，還有很遠的路要走！

　　可能有些人走進職場一段時間後，發現自己竟然在做著一些「國中沒畢業都能做的事」。這讓許多人感到苦悶，覺得生活太不公平。為什麼會出現這種情況？難道是企業趁機利用廉價勞力？如果你有這樣的想法，那麼你只會陷在負面情緒裡。

做小事是做大事的前提

　　每天重複瑣碎的工作，接電話、拿報紙、影印資料、謄寫文件……不受重視，怎麼辦？許多人採取的方式就是抱怨。抱怨是最簡單、最直接、也最無效的方式。沒有經驗和實力的人到企業裡不應該抱怨，因為很多比你聰明多的人他們已經抱怨無數次了，你無非就是多加一次的抱怨。

　　企業裡的一個潛規則就是：打雜跑腿，沒有任何技術含量的事情，永遠是給沒有工作經驗的人準備的。這是因為企業管理者希望可以從瑣碎小事中

培養人才、發現人才。能持之以恆的完成「小事」的人，做事認真、踏實，有韌性、有責任感，在將來，上司才放心的把「大事」交給這樣的人。另一方面，對個人來說，這些瑣碎小事是了解企業經營運作的基礎，沒有這些基礎工作，以後做複雜的工作時也不可能得心應手。月清的工作看似不重要，實際上非常有價值。正如諮詢師對她說的那樣，客戶的諮詢從第一次打通電話就開始了，這其實就是對順利成為諮詢師的重要經驗累積和鍛鍊。

　　職業生涯發展是從做好本職工作開始的。無論從事什麼工作，首先都要把自己的本職工作做好。當你在這個職位上可以運用自如，能夠有效運用相關的工作方法完成工作職責並有所創新時，才可能尋求新的發展空間，這對自己和企業都是有利的。

重視當下的本職工作

　　重視自己的工作職位。一個人只有重視自己的工作職位，才能把眼前的事情做好，這也是成就事業的首要條件。有些志向高遠的人因處在基層職位而失望，一雙眼睛時時向上看，在職位上不研究職務，做事情不研究方法，這是非常錯誤的想法，更不利於自己的發展。企業不是慈善組織，既然支付相應的薪水，就認為你的工作有無法替代的範圍和作用，你工作成果的重要程度因你的工作職位而顯現。

　　重視自己的工作績效。不同的職位有不同的職責，每個人只有履行自己工作職責，達到職位要求，企業才會實現目標和策略。對任何職員而言，必須以工作績效為自己的行為導向。職員與職員之間能力差別的顯著標誌，就是有沒有較好的工作績效。一個人工作沒有績效，即使再聰明也會被企業淘汰。很多企業聘用人員時，都會優先聘用有工作經驗的職員，說到底就是以績效為用人的先決條件。對個人來說，優秀的工作績效不是說說就能得到的，職員只有在工作的每一個細節中找出工作方法，才能真正做好本

職工作。

提升自己的職位技能。隨著時代的進步，工作職位牽涉到的內容和範圍一直在拓展，一個人只有不斷提升自己的職位技能，才能適應變化的環境。如果不能提升到更高層次的技能水準，被社會淘汰的厄運就會不期而至。做好自己的本職工作，並不是墨守成規、不思進取，而是隨著社會的進步和職位的需求，更新知識。對每個人來說，提升自己的職位技能，踏踏實實做好自己的本職工作，既是立身之本，同時，也能提升自身素養。

總結提示：

一個公司是由不同性格、不同文化背景的人組成的一個團隊，根據團隊的組織規劃形成不同的職位職責。從理論上講，每個職員都能在自己的職位上盡職盡責的話，既定的目標就能夠如期實現。管理者確定了某一職位的工作範圍，你只需清楚的認識自己的工作範圍，努力履行自己的職責即可，不能肆意擴大自己的工作範圍，越俎代庖之事萬萬不能做。

第二節　做得多不如做得對

你是否整日忙忙碌碌，卻很難見到明顯的工作成績？是否經常工作熱情很高，但希望卻一個個落空？是否每天像牛一樣勤奮，卻反倒被上司責備？為什麼會這樣？因為儘管你做得很多，卻沒有真正做對，縱使做得再多也沒有意義。

你屬於哪種「做得多」的人

舒陽今年二十四歲，在一家公司銷售部工作了半年多。對他的勤奮辦公室裡每個人都認可，但他的銷售業績卻一直吊在團隊的「車尾」上。舒陽經常在外一跑就是一天，但做成的單子卻沒有幾個，或者是在辦公室給客戶打

了幾百個電話，但有近百分之九十都被拒絕。舒陽的主管曾給過他一些建議，他採納後成績略有改觀，但依舊排在團隊的後面。終於有一天，舒陽主動找主管耐心請教了幾個小時。主管問了他很多問題後，告訴他一句話，「你是很勤奮很認真，但你還是沒有真正用『心』去做。」

張琪是一名勤奮的女孩，在一家廣告公司做策劃。雖然她的工作不像前面的舒陽那樣，有明顯的業績排名考核，但為了能夠在激烈的競爭中站穩腳跟，她也是每天用比別人更多的時間來追求成績，以至於經常處在體力透支的邊緣。可結果並不如人願，別人隨便做幾個方案就能順利通過，自己的企劃做了不少，但不是無法通過就是獲得的效益不高，有時三個方案還不如人家一個方案。這讓張琪近乎崩潰。她沮喪的對家人說：「我現在就是感到累，感到煩，天天在忙，成績卻微乎其微，感覺活著真沒意思。」

耀輝是一名辦公室行政職員，剛工作一年。他在辦公室被前輩們親切的稱為「好孩子」，因為他是個典型的助人為樂者。他每天早早來到辦公室，把許多準備工作獨自一人提前做好。辦公室的工作比較雜，各項業務他都會一點，因此同事們一忙都叫他來幫忙，他每次都是有求必應。他的「美名」也漸漸被別的部門所知。有時遇到兩個部門交叉的業務時，他也都是毫不推辭的獨攬重任。結果耀輝發現他每天都很忙，而別人似乎挺閒，一旦出了問題，挨罵的還總是自己。交叉業務被包攬過來後，有時自己一人搞不定，一求助本部門同事，他們卻都說自己「不清楚」、「比較忙」、「做不了」等等。有人還直接冷冷的說：「別人的工作你做它幹嘛？」這些都讓耀輝很困惑。

上面三位年輕朋友都屬於做得多的人，他們的「下場」大家也都看到了。如果你也是一個忙碌的人，你有過類似的困惑嗎？

做對了才叫做了

我們先來分析一下案例中舒陽的情況。

舒陽的確「做得多」：花費的時間多，拜訪的客戶多。可是這種「多」並沒有換來相應的回報，還被主管說成「沒有真正用心去做」。你可能要問了，舒陽的態度這麼端正，這還不算用心？其實這個用心並不是詞語表面上的那個「用心」，真正的用心說白了就是要「動腦子」。

其餘的兩位 ── 張琪和耀輝也是一樣，他們在每件小工作上也都認真用心去做了，但在整體的大方向上依舊沒有多動腦子。沒有多動腦子，就等於沒有「做對」。

舒陽不停外出和打電話拜訪客戶，卻屢屢失敗，他以為拜訪客戶的量多就能獲得成績，實際上他不知道自己做了很多無用功。也許他也總結出來過幾條淺顯的原因，但依舊不全面，不夠深入。

要真正的「用心」去做事，思路一定要清晰，行動之前一定要有明確的目標和方向，要制定出周密的計劃和步驟，做到有的放矢。切勿盲目出手，一頓瞎忙。

有許多像舒陽一樣的新手銷售人員，他們行動前也制定了目標，但他們的目標往往是：今天必須拜訪多少多少個客戶，一定要打完多少個電話。這樣固然能起到一定效果，但往往會在根本就不需要自己產品或服務的客戶身上浪費了不少時間。他們應該首先對自己的產品有全面的了解，知道自己產品所適合的人群。然後要對自己準備去行銷的對象有清楚的了解，確定他們購買的可能性有多大。如果可能性不大，就要果斷排除，直接去拜訪可能性較高的客戶群。

除了事前要用心之外，還要不斷的分析總結。既要分析總結自己，也要分析總結工作對象，比如你的客戶，切勿對多次拒絕自己的客戶依舊反覆的死纏爛打。除非他是一個大客戶，需要你產品的可能性也較大，也許某天他會被你的執著所感動，但這種可能性在現實中並不常見。結果往往是不僅浪費時間，還會引起對方的反感。

另外，你還要分析你的同事，找出他們比你強的原因。張琪始終把比自己強的前輩當作追趕的對手，並透過付出更多時間和精力來實現，卻沒有用心分析為什麼對方會事半功倍，始終保持在前列。是因為對方業務更熟練，人脈更廣泛，目標更明確？還是僅僅因為對方有「後臺」等等，這些都是她應該去調查分析的，之後再結合自己的情況尋找對策。

再來看看耀輝，實際上他「忙」的很多事並不重要，說難聽點就是「是個人都會做」，當然並不是說他就可以一點都不做，而是要有選擇性的適度的去做。他應該清楚自己的主要業務是什麼？明白自己本職工作中的重點是什麼？在自己本職業務做到足夠熟練的基礎上，還要看如何把時間投入到可以使自己有進一步發展或升遷的事物上。如果只是為了一句「好孩子」的稱讚而忽略了工作重點，那他就等於沒有做對，甚至是白做。

如何才能「做得對」

做得多不如做得對，最普遍的說法就是「品質勝於數量」，寧願少做點兒，也要做得好，這個大家都明白，無需過多解釋。下面我們從別的角度來分析如何才能真正做得對。

第一，如果不適合你，你永遠不如別人做得對。前面我們分析了舒陽和張琪的案例，我們只是從如何才能避免出力不討好的角度出發，但如果他們兩人根本就不適合當前的工作，那麼即使他們做得再多，獲得的成績也永遠不如適合這個工作的人。在本書第一章我們說過，做一個出色的銷售人員對性格有一定要求，如果舒陽是在這方面受到限制，是很難與其他同事競爭的。張琪也是一樣，她想超越的前輩高手們也許除了具備後天優勢外，在先天上可能比她更有天賦，更適合做這個工作。因此，如果發現自己真的不適合，就一定要重新給自己定位，只有揚長避短加上勤奮努力才能在短時間內做出好成績來。

第二，不要給自己定太多目標。目標過多，就難免會偏離主題，也就是會偏離你最想達到的目標，最能體現你的成績與價值的目標。因此，無論大目標還是小目標，主體目標一定要明確，一定要緊緊圍繞一個中心主題來展開。否則，無關緊要的目標一多，你要做的也必然多，結果就會像耀輝一樣整天瞎忙。

第三，為自己多爭取一些「做得對」的時間。在起初自己不能做得又多又對的情況下，就不能只顧為多做而忙碌，失去了思考與尋找新的業務機會的空間，這樣也會沒有時間提升自己的能力和素養，還很有可能造成江郎才盡式的職業枯竭。因此要像舒陽一樣，及時與上司溝通，爭取到調整與總結的時間，這樣他們也會對你暫時的「做不對」有所體諒。

第四，擺正心態，戒除浮躁，避免急功近利。張琪之所以後來感到活著沒意思，和她的不正確心態有很大關係。之前她一直急著超越前輩，有動力固然好，但卻有點浮躁和急功近利的心態。她儘管做了不少，但做對的不多。當她做對了幾個，又覺得不如前輩的收效大，於是感到極不平衡，無形中給自己增加了壓力。不但影響她今後的工作，而且影響了她的正常生活。因此一定要擺正自己的心態，要理智、樂觀、耐心、平靜的去工作。

把握住上述幾點，年輕的你一定能增加做得對的機率。即使偶爾做不對，你也能有信心繼續走下去，實現自身的價值。

總結提示：

做得對固然好，做得多也不可少。我們不可能從一開始就能事事做對，但只要不是盲目草率的行事，多做也是應該的。它可以幫助我們在失敗與挫折中獲得經驗教訓，從而進一步做得對。

我們也要在做對的前提下多做事，做到又對又多。這樣才能不斷取得成績，否則就成了不思進取。

無論做得多還是做得對，都要注意細水長流。要知道身體健康、精力

充沛的工作一小時，要比體力虛弱的終日工作績效來得高。

第三節　職場上人人都是你的「貴人」

如果你覺得自己運氣不佳，從未遇到特殊的人在關鍵時刻拉自己一把，或者當頭棒喝令自己幡然醒悟，那你就錯了。每個人都在單打獨鬥，都在依靠個人力量奮鬥著。你需要換個思路和態度：三人行，必有我師焉。在職場和在生活中一樣，只要你有著學習的態度，人人都是你的「貴人」。

簡單幾句話，茅塞頓開

麗穎是從事物流軟體開發的，在一次出差途中拿著專業書籍看，坐在旁邊的一位老同事告訴她：「我剛工作不久時，莫名其妙就被一個老同事用很嚴厲的口吻說教。開始我有點接受不了，仔細想想他說的也有道理，心裡就釋然了。現在想起來，如果當初沒有他那麼嚴厲的說教，我今天的進步不會這麼大……」每天麗穎都會聽到不同的同事對她說教，「做軟體開發的一定要把數學學好，然後英語學好，這樣才會比別人有發展。」、「做開發的未來想要出頭，基本功一定要扎實，而且要做好鑽研的準備。」當時麗穎很詫異：網路上的數學公式隨時可以查到，至於英文，現在手機不都可以查詢嗎！現在做技術的誰還會在乎這兩方面？在工作中，麗穎時不時的會想起同事不經意間說的話，在做一些陣列的時候，她有意識的去重溫了數學知識。一年之後，麗穎對企業和自己都越來越有信心。因為，同事的一些說教給她帶來了很顯著的效果，遇到綜合問題感到找不到解決的方法的時候，由於對數學公式的熟悉並且認真看了一些國外的技術論文，棘手的問題就變得簡單多了。

一個人最終能找到自己的目標和方向，可能只是因為別人的幾句話。擦亮眼睛，發現周邊所有值得學習、借鑑的人和事。

迷茫時期多請教

在職場生涯中，有的人在很多關鍵時刻，會遇到有人給自己作出最恰當的指導。運氣好的人一點彎路都沒有走，因為遇到了給自己提供最佳方向的人。也有正處在職業迷茫期的人，在走了不少岔路之後，受到了旁觀者的提點，對於自己所從事的工作產生新的理解，從而開始了新的職業旅程。還有的人是因為其他人對行業的描述，使自己將這份行業憧憬轉化成了前進的動力。如果有這樣的職場老師在身邊的話，你就要用十二分的心去學、去請教。

職業之路非常順暢或者轉型得異常迅速的職場故事，就像黃金八點檔的大熱電視劇，不容易遇到，除非你運氣爆棚，或者非常努力，善於學習。絕大多數人和你一樣，都是人街上隨時可以遇到的普通人。在職場中，你不僅要向資深同事、優秀人物學習，也要多去發現每一位同事的優點和擅長之處。比起那些影視劇的故事和人物，他們更為真實，也更有激勵效果。與不同的同事共事或探討，就像上了一堂課，讓你大開眼界。

等待「被挖掘」不如主動「被發現」

善於發現身邊的老師。自己埋頭做事不會知道夠不夠好，主動溝通對工作才會有更多的理解。遇到困惑時一定要向前輩討教，明明白白的問出來，千萬不要自作聰明，不懂裝懂。向前輩請教工作方面的問題，他們都會給出一些有用的建議。

彙報工作的人進步最快。如果你希望能快速進步，就要彙報工作。對自己目前的工作狀況做完彙報後，你應該問問上司對於你的彙報有什麼問題和意見，在不斷提問的過程中能發現自己的不足。雪呈最近工作進展得不太如意，有好幾個客戶都沒談成，感覺工作壓力很大。她把工作情況跟主管說了，主管問清了來龍去脈之後，直接告訴她問題出在哪裡，具體情況下應該

怎麼樣去和對方溝通：「妳不應該那樣去表達」,「和客戶的關係是長期的,你的耐心必須跟你的文件資料一樣隨時攜帶」⋯⋯在分析的過程中,雪呈也慢慢明白怎樣將工作做出一點眉目來。

人際網路勤維護。收集資訊,勤維護和妥善管理你的人際網路,可以在重要時刻獲得幫助。你可以透過這幾種方式來維護你的人際網路。、

第一,填寫名字記錄卡片,記錄在什麼活動中認識什麼人。不要只寫下名字,而且要寫下你對他們工作最感興趣、最擅長的方面,這樣在有所需要時就會有側重的查看卡片。

第二,擴大社交圈,參加各種聚會。每個活動都會為你提供結交新朋友的機會,你可以事先思考一下,希望認識哪些人?然後收集一些可以跟這些人聊到天的資訊。無論是活動前,還是講座休息時,你都不要置身事外,應該趁機收集一些聯繫方式和值得了解的資訊,用提問引導談話的內容等,朝你希望的方向發展。

第三,建立固定的聯絡方式。工作或同行之間的內部聚會上會有不少免費的內部消息、工作方法和職業發展建議。雖然你不知道誰能夠幫助你,不過「撒網」總會派上用場。

第四,內向的人確實在現代社會比較吃虧,在生活中不敢和人多說話,怕傷自尊。但在網路上總沒有障礙了吧?內向的人透過網路廣告,肯定也會受益匪淺。

總結提示:

人在成長的過程,是智力與非智力相互影響,其中又以非智力因素起決定性的作用。人在實踐活動中,如果對知識或者事物感到好奇,就會產生探究新知識或者擴大、加深對已有知識的認識。保持一定的好奇心,就會有飽滿的學習熱情和堅強的學習毅力。

第四節　在細小的事情上也必須講信用

誠信是為人處世的第一準則。對於處在社會中的人來說，別人對其信任度的高低，會決定其一生的命運。誠信是人類靈魂和道德的底線，沒有它，人生之路就會一片迷茫與黑暗。做事先做人，一個人無論成就了多大的事業，人品永遠是第一位的，而人品的第一要素就是誠信。

誠信是一種無形資本

本來應該休息的，但同事前一天晚上給凱寧打電話，說第二天自己有私事，希望凱寧能跟他換班，凱寧答應了。誰知第二天一早竟然下起了暴雨，撐傘一點用都沒有。還沒有走出社區，凱寧整個人就已經溼透了。好不容易下了公車，涼鞋已經被水沖走了三次。終於，凱寧踩著積水走到了公司。到了公司以後，凱寧立刻換了件外套，一個人躲在洗手間裡洗衣服，用烘手機一點一點的把衣服烘乾。事情已經過去很久，凱寧幾乎已經忘了這件事。可是這件小事，卻給凱寧的職業生涯帶來了一番劇烈的變化。

公司有一個新專案，上司讓凱寧負責策劃和籌備。凱寧從來沒有獨立策劃過，不知道自己能否能夠勝任。正在猶豫不決的時候，同事都鼓勵她，並且說他們可以提供幫助。最終，在大家的齊心協力下，專案完成得很出色。這之後，凱寧的職場發展非常順利。不到兩年，由於營業部總監的職位空缺，凱寧被調到營業部任職。一次，和現在是同級的原來部門的同事聊天的時候，凱寧才明白，偶然的一次換班，讓同事了解到他的人品。企業也認同、重視他的誠信和執著，才委以重任。

有句古語說：人而無信，不知其可也。講的就是誠信的重要程度。人在職場，對個人人品的考驗隨時可能出現。因此，身在職場中的你，在細小的事情上也必須講信用。

認識誠信

任何一個公司或者個人都不會把機會給一個不守信用、不負責任的人。即使你的專業知識和職業技能再好，如果沒有打造好自己的職場誠信，又怎能期望得到企業的重視和團隊的支持？誠信是一個人立足職場的基礎，也是一筆豐厚的存款，更是一個人在職場中馳騁的通行證。

誠信是你的第一張名片，要維護好這個廣告，就需先明白什麼是誠信。有的人認為實在就是誠信，認為當個老好人，不得罪人，不做錯事就是誠信。從表面上看，團隊氣氛很好，可工作績效呢？如果你對錯誤方案不提出反對意見，損失的將是自己的誠信。有的人認為，個人能力的強弱與誠信無關。恰恰相反，個人能力的強弱影響著一個人的誠信度。當上司把一項重要事務交給下屬辦理時，首先想的是什麼，肯定是看誰能完成此項工作。上司選擇哪個人同時也就表明了認可哪個職位。如果你有能力保證完成工作，也是一種誠信。如果你沒有能力完成工作，也是缺乏誠信的體現。

最常見的現象，就是許多人認為義氣就是誠信。職場中常會聽到這樣的說法：「反正是朋友，既然同在一家企業，有事就幫忙。」這種把義氣當做誠信的做法是膚淺的。試想，對待同一件事情，你難道不會偏向你的朋友？真正的誠信是幫助偏離誠信的同事改正，或者求同存異，為企業發展共同努力。

此外，習慣和性格也與誠信有關。千里之堤毀於蟻穴，經常開玩笑、抽菸、酗酒等不良習慣會逐漸吞噬一個人的誠信，也會讓你離團隊越來越遠。一個人有工作實力，可是性格不好，其誠信度也會降低。試想你會跟一個不知道什麼時候發脾氣，什麼時候不高興的人，說出自己對工作的看法和意見嗎？估計不會。這也說明了你對他的誠信度有著不認可的態度。

形成個人的職場信用

消除不良習慣，彌補性格缺陷，塑造自我。一個人一天的行為中約有百分之五是屬於非習慣性的，而另外的百分之九十五是屬於習慣性的，習慣構成性格，性格決定一個人的命運。沒有改變不了的習慣，只有你不想改變的習慣。沒有改變不了的性格，只有你不想改變的性格。培養習慣就可以幫助你塑造自我。一個習慣的形成分為三個階段。

第一階段：一到七天。在此期間，你需要不斷的刻意提醒自己，可能會覺得不自然、不舒服。

第二階段：七到二十一天。繼續重複這個習慣，雖然你覺得比較自然了，可是一不留意，就會恢復到從前。因此，你還是需要不斷的時時提醒自己。

第三階段：二十一到九十天。這一階段被稱為「習慣的穩定期」，這個習慣已經成為你行為中的一部分，你也顯得非常自然。這個時候，你就完成了一項自我塑造。

秉承良好的道德。思想決定行動。一個沒有正確道德觀念的人，行事方法肯定也有問題。不斷豐富和完善自己良好的道德品質，並以此為行為準則，支配自己的行動，從而養成「三思而後行」的行為習慣。如遵守企業規章制度，按照程序展開工作，敬業有責任心，有團隊意識，與同事之間互相幫助。當你以積極的思想來引導自己的行為時，就會贏得他人的信任。

總結提示：

每個企業都有自己的企業文化，也就是企業獨特的誠信。職場人士在企業中，只有有效的將個人誠信融入到企業中，才能在共同發展、共同完善的前提下，取得雙贏的效果。一個人想要獲得企業和同事的信任，不僅靠個人魅力，而且要有工作績效。因此，職場人士需要把個人誠信融入到工作模式、工作方法和工作溝通中。

第五節　開始計劃建立個人品牌

「商海浮沉，適者生存」，打造個人品牌也是職場競爭的取勝之道。競爭不可怕，裁員也不可怕，可怕的是自己沒有實力，不具備別人不可代替的價值。如果你想在競爭越來越激烈的職場中獲取一席之地，那麼就應該從現在開始，把自己當作一個品牌去經營。

你的優勢，不可替代

由於畢業後沒有找到理想的企業，惠芳便到了一家小公司上班。惠芳在廣告設計方面還是挺有天賦的，有著自己獨特的見解，可是她的見解總是被不太懂設計的上司視為另類。她的一些很有市場的設計方案總是被拒絕採納，她常常感嘆空有滿腔抱負卻無法施展。最近，她在人力銀行上得知一家赫赫有名的廣告公司在徵廣告設計人員，這家公司曾經為國內許多家知名企業策劃過廣告，並且取得了良好的經濟效益和廣泛的影響。惠芳欣喜的發現自己的條件與徵才的各項條件相符，想著終於有了用武之地，惠芳信心十足的前去面試。

經過幾輪篩選後，只剩下了她和另外兩名候選人。進行最後一輪面試時，公司裡的高層人員全都到場，可見公司對這次徵才的重視程度。在談到廣告創意時，惠芳侃侃而談，面試官對她的見解頻頻點頭、微笑、表示贊同。惠芳很興奮，心想終於可以在廣闊的舞臺上大顯身手了。

然而，已經過了半個月，惠芳都沒有得到廣告公司的錄用通知，有點失望的她打電話去詢問，客服人員客氣的通知她明天到公司面談。來到廣告公司後，人事部經理告訴惠芳，公司對她的學識和才華非常欣賞，不過經公司全體高層人員的協商，還是對她持有保留態度。惠芳很失落，一次絕好的機會就這樣溜走了。

　　有一次，惠芳遇到了一位在外資企業人事部工作的同學，她跟同學講了一下面試失利的情況。同學正好認識那位最後勝出的面試者，同學告訴惠芳，公司最終決定錄用那個人，可能是因為她比較善於營造自己的品牌優勢。原來那位面試者自從工作後，就把自己定位在廣告設計高手上，她所進行的一切努力都是圍繞著這一目標展開的。由於她不斷擴大在這一行業的交際圈，在這一領域保持了自己的曝光度，並且有了一定的知名度。其實，她的能力並不比惠芳強到哪裡去，只是她已經有了一定的名氣。廣告公司對她過去的表現有了一定的了解，正是她無可替代的優勢，所以才被公司錄用。

　　這是一個品牌發聲的時代，企業、產品需要建立品牌，同樣，一個人要想更好的在社會立足，取得更加輝煌的成績，就要擁有自己的個人品牌。

個人品牌，無法複製

　　在職場競爭中，一個人的工作方法、工作技巧都可以被競爭對手複製，然而，個人品牌是無法複製的，它是優秀人才的關鍵標誌。個人品牌不是簡簡單單的一個名號，它是個人能力和魅力的呈現，是在職場中讓人信賴的標誌。

　　海闊憑魚躍，天高任鳥飛。在如今這個人才自由發揮的時代中，建立個人品牌對於自我價值的實現尤為重要，擁有個人品牌的人，取得事業成功的機率也遠遠大於那些缺少個人品牌的人才。不僅如此，個人品牌還決定著一個人成就的大小。

　　個人品牌的價值是寶貴的無形資產，其價值是無法估量的。品牌與「身價」密切關連，個人的品牌知名度越高，給企業創造的價值越多，帶來的利益就會越多，個人的身價自然也就不菲，也可以獲得職位優勢。同時，個人品牌代表著你的做事態度和工作能力是有保障的，企業重用這樣的人也會感到信任和放心。

個人品牌和產品或企業的品牌一樣，最重要的就是品質保障。這體現在兩個方面，一是高品質的工作能力，二是人品品質，也就是既要有才更要有德。個人品牌不是天上掉下來的，而是一個人在職業生涯中慢慢培養和累積起來的。個人品牌也不是自封的，而是要經過各方檢驗，被大家所認可的。建立個人品牌是一個長期的過程，二十到三十歲之間，你要盡快打造自己的個人品牌。

鑄就和維護個人品牌

定位你的個人品牌。個人品牌起點就是定位自己，定位準確，你就能持久的發展自己。職場中常見許多人涉足很多領域，擁有廣泛的學識。可這樣的人真正的實力卻很虛弱，沒有優勢，沒有具備較強的競爭力的強項。職業中的誘惑越來越多，競爭越來越激烈，如果你不能給自己定位，那麼你就會出現有了機遇看不到，找到的又不是自己適合的。或者找錯了方向，改變起來很難或者得到的又輕易失去，走了許多彎路。人不能一昧「多元化發展」，個人品牌也不是要你十項全能，而是要朝著一個目標發展。定位自己，你就能抵抗外界的干擾，不會輕易的放棄。定位自己包含兩層含義，一是確定自己適合做什麼工作。二是告訴別人你擅長做什麼工作。擅長某項工作就是你的產品品質。

對個人品牌進行包裝與宣傳。一個人的價值永遠是被認知了的價值。包裝就是展現品牌的個人優勢，讓別人充分的認識到你的價值。同時需注意包裝和宣傳要講求適度，過分的包裝會對個人品牌產生負面影響。其中誠信永遠是第一要點。另外你要善於選擇任何一個行銷自己的機會。別人對你的評價就是廣告，你要廣結善緣，建立完善的關係網。選擇恰當的時機誇讚自己，也是推介個人品牌的有效方式。

總結提示：

個人品牌並非一勞永逸，如果你不注重補充知識，只會是曇花一現。維護個人品牌必須不斷學習。你只有不斷提高自己的「產品品質」，提高個人品牌的知名度和信譽度，才能適應二十一世紀的發展速度。個人學習必須有一個切實可行的計劃，而且這個計劃必須根據個人的發展隨時進行調整。至於每一階段學習的內容和方式，你可以根據個人的價值觀、人生目標、興趣愛好來決定。注意不要跟風，應學習那些對自己職業發展有用的東西。同時，應定期檢驗自己的個人品牌，因為即使只有百分之一的汙點也會摧毀你的招牌。

第六節　該承擔的責任才承擔

許多職場人十都有過這樣的經歷：沒有擺正自己的位置，做了許多本不需你去做的事情，還以為在幫別人的忙，雖是行俠仗義之事。但其實費力不討好，因為你給他人造成了威脅。記住：該承擔的責任才承擔。

工作中的「越位」

越位一：蔓麗長的俊俏，能說一口流利的英語，在跟外商的談判中，蔓麗時常出面。蔓麗的上司 —— 部門經理比蔓麗遜色一些，學歷、顏值和能力好像也沒有蔓麗高。有一次在她倆跟外商談業務的晚會中，蔓麗得意的跟外商頻頻舉杯，用英語跟外商海闊天空的閒聊，把自己的上司冷落一旁。晚會結束時，蔓麗搶在上司前面跟外商道別，令上司滿臉不高興。沒過多久，蔓麗就被調到公司裡不太重要的部門。後來才知道是上司跟公司高層說蔓麗太膚淺，不適合做銷售業務。經朋友指點，蔓麗知道自己犯了職場所忌諱的「越位」。在新部門，蔓麗吸取教訓，對上司恭敬有加。與客戶談判時，蔓麗在一旁保持沉默，在適當時候為上司「救場」，比如上司一個關鍵條款忘記了，蔓麗及時提「臺詞」，而不搶「風頭」。在應酬場合，蔓麗以上司為中心，

恰到好處的引用上司的「語錄」，而不喧賓奪主。蔓麗的謙虛謹慎博得上司的信任和賞識。兩人在一起喝咖啡的時候，上司說蔓麗當她的下屬有點委屈了。後來，這位上司極力推薦蔓麗擔任另外一個部門的經理。

　　越位二：辦公室裡的一位同事請假去讀德語補習班，隨後將出國探親三個月，她走後有五個月職位空缺。一提此事，其他同事都是「此時無聲勝有聲」，此時，方穎站起來說：「不如我先來處理該職位需負責的工作，以等公司找到合適的人選。」沒過一個月，方穎忙得只想倒頭大睡幾天。每天，方穎都在日曆上倒數日子，等候同事的歸來。上司似乎也忘了招募臨時人員的事。五個月過去了，傳來的消息是同事準備留在德國，正在申請當地的語言學校，對於國內的這份工作，她只有說「抱歉」。方穎拿一份薪水做兩人的工作已經五個月了，眼冒金星的她後悔自己當時做事不經大腦。只得旁敲側擊的暗示上司盡快徵人來補缺。

　　工作要主動，可是並不是所有的事情都要「積極」表現。辦公室的微妙人際關係是一面三稜鏡，你所希望出現的形象與他人看到的常常是不一致的。所以你要審時度勢，繞開某些「積極表現」的陷阱。

職場禁忌：非份內工作適可而止

　　在職場中，「越位」現象主要發生在處理同事和上司的關係上。對於同事和上司的工作，主動做一些幫助，有利於職場關係的協調。但如果不懂得適可而止，這種「樂於助人」與「積極表現」就是「越位」、「越權」了，就成了一種「挑釁」。

　　在企業中，誰做什麼工作，都是有一定分工的。過多的干預別人的工作，會破壞別人的工作隱私權。尤其是主管，有些工作本來是他的身分去做或者去決定的，你積極去做，甚至代替他決策，無形中就把自己放到了一個與主管對立或者競爭的位置。在這樣的情況下，別人就會對你的工作熱情懷

有成見，甚至戒心。

　　作為下屬的蔓麗一開始沒有擺正自己的角色位置，在公眾場合使上司陷入尷尬的處境，上司當然不願意把這樣輕易「越位」的下屬留在手下，勢必會不動聲色的對她「施以報復」，若不是覺悟的快，蔓麗捲起鋪蓋走人也是早晚的事。方穎在工作中沒有節制出力，不是份內的事也積極表現，這很容易給別人造成錯覺，以至於累到透支健康，卻得不到一個人的同情。假如方穎因主動請纓而得了雙薪，也不會換來掌聲，因為其他人會覺得方穎侵犯了他們可以收入帳中的一份利益。方穎完全可以像其他同事一樣：靜候上司來平均分派職位空缺者的工作，讓大家責任均沾、利益均分。

職場有分寸

　　越位有三種表現：下級越位、平級越位、上級越位。對於年輕人來說，下級越位和平級越位是最常見的。

　　如果你是下屬，那麼在五種情況下要注意分寸。第一，決策時。有的企業規定，職員可以參與企業和本部門的決策。這時候，你就應該注意，做什麼樣的決策，是有限度的。有些決策，作為普通職員或者下屬可以參與；而有些決策，還是保持沉默為妙，這需視具體情況見機行事。第二，表態時。忽視了自己的身分和角色，輕易表態，是不負責任的表現，也是無效的。對實質性問題的表態，應該經過上司的同意或授權。如果在上司沒有授權的情況下表明態度，造成喧賓奪主之勢，使上司陷於被動場面，顯然很容易引起上司的反感。第三，職責範圍。有些工作由上司出面分配才合適，如果你搶先去做，就是超越了職責範圍，只會費力不討好。第四，答覆時。有些問題和事務的答覆，需要有相應的權威，作為職員下屬，明明沒有權威，卻要搶先答覆，這會干擾上司的工作，也不是明智之舉。第五，場合越位。有些場合，如參加會議，與客戶溝通，都應適當的突出上司的風采。有的下屬，表

現得過於積極，如不管上司在不在旁邊，都搶先上前打招呼，令上司的光彩黯然失色。

平級越位發生在同事之間。有的人以為越勤快越好，老搶著工作，甚至是把別人應該完成的工作也一肩挑起。仔細想想，如果你把事情都做完了，那別人還做什麼？這豈不是告訴大家，只有你是最重要，而別人都是多餘的嗎！你把所有的事情做完了，功勞全是你的，別人一事無成，那你就會成為所有人的「敵人」，這是職場的大忌。不該你做的千萬別做，只要做好自己職責內的事就可以了。

上級越位在許多分工不明確的企業中普遍存在，它包括管理越位和職責越位。管理越位是指管理層越級給下屬分配工作。有一位職員忙了一天，也很累，她原本的工作還有些沒有完成，但這時主管的上司又讓她去做另一件事。這位女孩很不樂意，就說：「我有主管，你去跟她說。」結果是使那位上司下不了臺。分析一下，就算這位職員去做了這件事，誰知道她主管心裡又會想些什麼呢！職責越位是指超越職權範圍。決議層的人應該做決議，管理層的應該去做管理，執行層的應該去做執行，這樣的分工明確而有效率。如果管理層天天盯著技術人員，決議層給人分配工作，那麼職員就不明確到底聽誰的，究竟哪些是該完成的事務。職責越位容易造成工作混亂和職員損失，對企業有百害而無一利。

總結提示：

不要用毫無怨言的受人指派來表現自己的「謙虛、勤奮」。你需要先問問自己獲得的這個「好人緣」，對你的事業發展有沒有用？換個角度來說，如果你花費了許多時間和力氣，卻被別人說成是一個在工作中缺少主動能力和主動意識的人，是不是很冤枉？這是一個由量變到質變的過程。當你偶爾幫助別人做一些事務，並一再強調自己的分身乏術時，別人會感激你；這是很自然的一種質變；但當你以「幫助」

別人，做事務性瑣事為樂時，就會成了別人眼中「缺乏主動」的人。
擺脫被指派的僵局有兩個方法：一是要確立「主角」意識，工作中不
要以「配角」自居；二是以平和的態度去指派那些指派過你的人，讓
他們感受到，接受指派不僅僅是出於你的善心，也是出於責任和友誼。

第七節　你的身邊暗藏對手

雖然職場競爭是個令人憎恨的詞語，但職場人士必須面對它的存在。同
事就是競爭對手，有時候可能僅僅是因為一個客戶、一個職位，雖然表面上
沒有什麼，可內心如何的介意只有自己心裡清楚。身在職場的你，對身邊的
每一個人都要有所警惕。職場上沒有朋友，你和同事之間只能是工作關係，
而絕對不能成為朋友。與同事保持一定的距離，才能好好的保護自己。

同事就是同事，不是朋友

健科和學英是同時進公司的，有一次，健科和經理去某個城市出差一個
月，由於健科非常努力，又取得較好的業績，深受當地代理商的好評。回到
公司後，公司根據代理商的好評，對健科進行了獎勵。

對待工作，健科認真又勤奮，職位、薪水一再高升，可說是一帆風順。
而學英除了薪水多了些，保持著原地踏步。和學英共事時，健科覺得不太自
然。起初，為了避免學英說他太得意，便頻頻的請學英到好餐廳吃飯，說話
也更加小心、客氣。但學英不僅沒領情，反而認為健科得意忘形，太「招
搖」了，心裡越發不平衡起來，認為健科原來是憑著這些「卑劣」的手段爬上
去的。健科非常氣憤，一番深思熟慮後，他決定卸掉包袱，以平常心面對學
英，一切反而應付自如了。

在工作中，健科謹記「無私」原則，若是自己份內的事，一視同仁，獎
罰分明，不再特別「優待」學英，也不怕學英誤解生氣，更不再有「大家都

共事這麼多年了，算了吧！」的想法。在工作之外，與學英保持一定距離，也不再刻意去改善關係了。相處的時候，「友善」一番也未嘗不可，不過「友善」之後，健科也絕不會再額外「加溫」。

同事與朋友是完全不相同的兩個概念，同事就是同事，不是朋友，如果你把同事當朋友，那麼，日後你若有什麼不順，只能獨自承受其「下場」。

同事之間關係要清楚

社會在進步、經濟在發展，早出晚歸的時代已經一去不復返了。驀然回首，每天和你在一起時間最長的人不是親人和朋友，而是你的同事。同事和你在辦公室面對面、肩並肩，和你喋喋不休、竊竊私語，和你共赴飯局……如今同事在一起的從事的內容越來越豐富。

同事關係錯綜複雜，既需相互幫助與支持，又有利益之爭。從某種意義上說，與同事之間關係「密切」是好事，因為在一定時期內大家會朝著同一個目標工作，可以形成一個好的工作氛圍，工作起來也得心應手。但同事之間的關係來得快去得也快，有著某種程度的利益衝突，因此在越演越烈的競爭中，同事之間或明或暗的競爭是不可避免的。

為了公司的利益和各自的利益，同事之間需要融洽，不過不等於親密無間。雖然在同一個公司下，但你們之間更多的是競爭。同事意見有分歧是很常見的，如果你與某位同事決裂了，或者被同事出賣了，也不必太過傷心。畢竟你們不是朋友更不是親人，最多的只是利益關係。也不用太驚訝，像這樣的事情，是你應該預料到的，只不過不知道它會出現在此時此刻而已。不過你要吃一塹長一智。同事之間是一種特別的人際關係，與同事相處，你必須練就虛虛實實的進退應對方法。

保持距離，始終警惕

做人有原則。與同事相處要堂堂正正、落落大方，注意要尊重人、理解

人，否則只會讓人懷疑你的動機。朋友最重要的是忠誠的品格，雙方彼此信任、忠實於友誼。然而同事就不同了，除非你在人事部門工作，再者就是除非你想砸自己的飯碗，否則，你是無法選擇同事的。你不能對同事有過高的期望值。朋友之間，自然無話不談，大家常在一起會發發牢騷；同事之間就不能像朋友之間那樣親密。

　　婭妮有些天馬行空，經常是見了同事就跟見了親人似的；工作中與大家一起在說說笑笑間就把工作做完了；中午和同事一起到餐廳吃飯，不分彼此，互相分享著食物，其樂融融就像一家人；下班後婭妮跟同事去酒吧、打球、跳舞；工作、生活都很愜意。和同事在一起時。婭妮想起誰就說誰，這個偏心、那個無知，在場人人也頻頻點頭稱是。大家都這樣，婭妮也不覺得自己八卦。然而沒過多久，婭妮就得到了「回饋」：有的人對她怒目而視，有的偷偷暗中刁難，有的人乾脆以牙還牙。婭妮又驚詫又憤怒又傷心，卻發現找不到理由，她視為朋友的同事們，給了她嚴重的一擊。

　　妥善處理分歧和矛盾。同事之間處理一些事情時，每個人都會有一些自己的想法。與同事有意見分歧時，可以討論著來解決，而不是透過爭吵來解決。當然也無需一味的「以和為貴」，放棄自己的觀點。意見不一致時，最好的方法是冷處理，向同事表明自己的觀點，不失自己的立場，你可以說「我不能接受你們的觀點，我保留我的意見」之類的話。大家天天在一起工作，每個人行為上的缺點和性格上的弱點暴露得多了，容易引發出各種各樣的不愉快。這種不愉快有些是表面的，有些是背地裡的；有些是表現於外在的，有些是潛伏的。種種不愉快交織在一起，時間長了，會引發各種矛盾，可是你不能讓矛盾激化。那樣對解決問題沒有半點幫助。同事之間低頭不見抬頭見，從自身找原因，換個位置為她人多想想，避免矛盾激化。每個人都有自己的一本帳，對於每件事，你也要心知肚明。

總結提示：

職場上，除了來自各個方向的「明槍」，有時候還會遭遇「暗箭」。
這些人跟你沒有什麼過節，但非要跟你過不去，他們總是有意無意的
排擠你，你的努力工作從這些人嘴裡說出來就成了愛表現，你對同事
的關心被說成虛情假意，可能還會不經意間散布一些小道消息來攻擊
你。尤其是面對升遷、加薪等問題時，同事之間的關係就會變得更為
脆弱。防人之心不可無。做人需要真誠，可真誠並不等於完全無所保
留、和盤托出。尤其是對於你不是十分了解的同事，切勿讓他人了解
你的弱點和底細。你不給這些人機會，他們也就不會隨便利用你，甚
至是陷害你。另外，也要防看不見的小人，不隨便暴露自己的生活，
不輕易顯露你的想法，少得罪人……

第八節　打好關係和做好工作同樣重要

一舉手一投足之間都免不了與人寒暄、應酬。如果說一個人的工作態度
和工作能力使得他平步青雲，那麼深諳同事間相處的藝術，使自己能夠被上
下左右認可，就是一個人出人頭地的保證。

妥善處理與同事的關係

財務部的湘芸一時不夠細心，錯誤的給一位請事假的職員發了全薪。當
她發現這個錯誤後，首先想到的是最好能夠想辦法蒙混過關，千萬別讓經理
知道，否則肯定會對她的辦事能力有所懷疑。湘芸找到那位職員，說這是自
己的錯誤，請她悄悄退回多發的那部分薪水。可是遭到了拒絕，理由是：公
司發多少就領多少，是你們給的，又不是我要的。湘芸非常氣憤，她知道這
位職員是故意的，因為這位職員知道湘芸肯定不敢聲張，真是趁人之危。氣
憤之餘，湘芸平靜的對那位職員說：「既然這樣，我只能請經理幫忙了。雖然
經理以後對我工作會比較不放心，但這是我的錯，我必須在經理面前承認。」

就在那位職員發愣的時候，湘芸走進了經理的辦公室，把前因後果告訴了經理，並請她原諒和處罰。

經理聽後說這是人事部門的錯誤，湘芸回道這實在是自己的錯誤。經理又指責會計部門工作疏忽，湘芸解釋說不怪他們，還是重複說是自己的錯誤。但經理又責怪起與湘芸同一辦公室裡的另外兩名同事，湘芸還是堅持的說這是自己造成的錯誤，請求處罰。最後，經理看著湘芸說：「好吧，這是妳的錯，可那位領錯薪水不還的人也太差勁了。」這個事件很快得以糾正，並且沒有給任何人帶來麻煩。從那以後，經理更加看重湘芸。因為湘芸不僅有勇氣承認錯誤，不尋找藉口推脫責任，而且更懂得妥善處理與同事的關係。

人與人之間是平等和互惠的，誰都不比誰優越。你希望別人怎樣對待你，你就應該怎樣對待別人。有遠見的人，不僅在與同事一點一滴的日常相處中，最大限度的為自己累積人緣，同時也會給雙方留下迴旋的餘地。

上下左右逢源，職場路走得更遠

人思考問題通常只站在自己的角度，再聰明的人，也有偏差和缺陷。和同事處理好關係，是為了彌補個人的不足，增強自己的「社會資本」。同事關係就如同做生意一樣，是一種社會交換。你和同事之間之所以有動力維持互動合作，是因為你們各自有可交換的東西。這種交換不是同價值的交換，而是各自有不同的價值，透過交換來彌補你們各自的需要。這就像小時候常說的：你有一份快樂，別人也有一份快樂，你們相互分享快樂，每個人就有了兩份快樂。

一個人推銷自己的成效，很大程度上取決於你是否有他人缺少的價值。想要職場路走的更遠，你就需上下左右逢源。

如果你的人際圈子很小，只和「看的順眼」的同事往來，就像一個產品的品牌只被很小圈子的消費者認同一樣，在這個地方被人們接受，換一個地

方就沒有市場。所以，在企業中你需擴大你的人際圈子。

在所有的人際關係中，有來往的都是同學、同鄉，這意味著你只有一個通路，無法擴展出很多的事情。有的人人脈資源非常廣泛，有本部門的職員，有其他部門的同事、上司，還有客戶，都不相同。這樣的多人脈通路的價值就遠遠超過只有一個通路的。有時同事的一句話，就可以給你很多幫助。這就像你認識一個人，但她從來不跟你介紹她的朋友，而另一個人會對你說：「週末我們有個聚會，你來參加我們的聚會吧。」到了聚會，發現這些人是各行各業的人，這就給你帶來了一定的社會資本。別人的介紹相當於信用擔保，他把你介紹給其他人就意味著：我是為他做擔保。這個時候你不需要很多的心思和成本做自我介紹，就會被接受、被信任。在你需要幫助的時候，如果同事能夠幫忙，你不僅少花費一些時間，少投入一些花費就能做成事，而且效率也會提高。企業中的每個人都是你的同事，你都要注意處理好關係。

同事相處有藝術

留面子。人人都有自尊心和虛榮感，人人都重面子，如果把話說死，自己也會無路可退。像「我永遠都不會做出像你那樣的蠢事」、「誰都不會像你那麼不開竅，要是我幾分鐘就完成了」。這些話，任誰聽了都會鬱悶，也是不給人面子的一種表現。給別人留面子，其實也是給自己掙面子。與同事的溝通中，少用一些絕對肯定或感情色彩過於強烈的言詞，多用一些「可能」、「也許」、「我試試」之類的語言，要常用某些感情色彩不明顯、或者褒貶意義不明確的中性詞。

無事也需去三寶殿轉轉。人生如戲，企業就是舞臺，作為主角的你，不僅在臺上的演技要好，在臺下也要準備，並查缺補漏。臺上臺下默契配合、相得益彰，才會把每場劇演好。有事相求才和人來往，往往給別人留下「你

太勢利，只會利用別人」的印象，引起別人的厭惡和反感。平時常與同事保持聯繫，如發發郵件、打個電話問候一聲，讓別人知道，你很樂意與他們聯絡和相處。

微笑有禮。微笑是一種禮貌，也是一種涵養和暗示，它使你和同事的關係更為和諧。工作中如果一個同事對你冷若冰霜、橫眉冷眼，另一個同事對你面帶微笑、溫暖如風，在向你請教問題時，你更歡迎哪一個？當然是後者。對這樣的同事，你會知無不言、言無不盡，問一答十。而對前者，你可能就會不冷不熱。一個人面部表情隨和、語氣溫和，更容易受同事的歡迎。

總結提示：

人與之間之所以出現無法合作的問題，並非由於人的技能或知識不足，而在於人的個性。人的問題永遠不會自動消失，職場中，你應學會與不同性格的人共事，否則可能會被一些微不足道的小事，弄得焦頭爛額。即使遇到令你憤怒的狀況，也要先在心中數到十，才讓話說出口；如果憤怒仍未平息，就繼續往下數數至一百，再不行就數到一千。

第九節　糊塗也是一門「學問」

真正的競爭靠的是實力，但處處表現自己的能力並非都是好的，有時候反而會適得其反。不僅會讓自己陷入不必要的拉鋸戰，還會給工作造成一定的阻力。職場處處充滿矛盾，要在職場上行走自如，你一方面要時刻保持清醒的頭腦，另一方面還要掌握「糊塗」這門學問。

鋒芒太露，得不償失

故事一：有兩位大學生，同時進入某家企業。工作半年後，俐伶就寫了一份萬字的意見書，指出了企業存在的問題，並且提出了許多有價值的改革措施。由於這些措施觸及不少老職員的切身利益，實施起來阻力較大，對企

75

業整體發展不利，老闆並沒有採納。碰了一鼻子灰的俐伶受到老職員的孤立，不知道問題出在哪裡？更不知道該怎麼辦？不到一年就憤然離職了。酈梅同樣也發現了企業存在的種種弊端，但她沒有急於求成。酈梅全心全意把本職工作做好，虛心向老職員學習，很快就得到了大家的認可和讚賞。當酈梅升上了中層職位以後，慢慢的對企業出現的一些問題進行改正。雖然她是公司裡最年輕的部門負責人，下屬都是資歷比她深的人，可沒有一個不心服口服的。

故事二：乃慧當業務員的十個月，銷售業績就飆升至公司第一名。在公司會議上，老闆對她讚不絕口，誇她非常有潛力，有前途。很快的，乃慧發現了一些微妙的變化：同事外出活動時很少通知她，有時跟同事開句玩笑活躍一下氣氛，都沒有人回應她，她提出的銷售方案常被部門經理否決。有一位老職員提醒她，她搶了老職員的「面子」和成績，還威脅到部門經理的位置，受到這樣的「待遇」很正常。此番指點讓乃慧豁然開朗，自此以後，在業績方面，她只做到優秀而不當第一。

「糊塗」只是職場中的一種生存方式，但也要把握好分寸。一個懂得「糊塗」的人會繼續「苦幹」，但可不會「埋頭」。因為他們會時刻提醒自己：審時度勢、靈活多變是為了爭取更多的優勢。

「糊塗」是職場跑贏的一種策略

平庸，是每個人都拒絕的。哪一個人都不願意平庸，任何一個人都想借助一定的平臺施展自己的才華。職場中，不少人覺得自己有「才」，卻得不到重用。可你怎麼會知道自己的「才」是真「才」呢？如果你的很多想法（所謂的「才」），在社會或者職場中得不到體現與驗證，那麼這種「才」的價值只能等於零。

我們可以看到這樣一些現象，有些人喜歡出風頭，愛表現自己，樂於聽

到別人對自己的稱讚，覺得只有這樣，自己的才華才會被人肯定，才會有成就感。這些人為了自己的風頭與利益，無意中傷害到了許多人。即使是無心的，也有可能成為眾矢之的。當同事一致針對你，就算公司覺得你是可造之才，恐怕也不會觸犯眾怒。因為你的鋒芒讓人避之唯恐不及。

失去同事的尊重和好感，對長期的職涯發展極為不利。在今天的職場中，顯露才華要適可而止。如果周圍的人感覺受到威脅，同事潛意識裡將你當成「假想敵」，就算你再有才華，也有可能平庸一輩子。看得長遠，了解到實際各項工作中客觀存在的真實情況，懂得適度發光，讓自己的才華在職場中真正得到認可，才會有價值。該糊塗時就糊塗，這不僅是自我表現的一種藝術，也是跑贏職場的一種策略。

職場「糊塗」學

以退為進，三思而後行。許多職場人士默默無聞、埋頭苦幹，但並沒有重大業績，也沒有得到重用。其實，這些只是表象，他們中的每個人都不甘於平庸，不會盲目的參加無備之戰，而是韜光養晦，等待機會。開車的人在汽車艱難的爬坡的時候，減檔而不加檔。為什麼？答案很簡單，退是為了更好的進！如果開車的人只進檔不退檔，引擎就會熄火，汽車就會失去前進動力，甚至有連人帶車一起滑落坡底的危險！古人有云：欲速則不達。在職場發展過程中，每個人都難免會碰到這樣或者那樣的挫折與困擾，如果你一味的繼續前進，非但不能達到預期效果不說，還可能撞得頭破血流。往後退一步、兩步，收斂銳氣，不失為一種保護自己的辦法。

假裝「糊塗」。職場氛圍和關係變化微妙，涉及到每個人的利益。身處職場，有的時候就要適當的「糊塗」一下。這種「糊塗」要裝得合情合理、自然得體、掌握火候，不能給人假惺惺的感覺，具體來說，就是其他人雖可以「察覺」到你是在「裝糊塗」，卻始終說不出口來。在職場生活中，勤加練習

這點，就可以達到爐火純清的程度。

第一，對深思熟慮、想好的事，表現得聰明些，提出自己的獨特見解和建議。對突發的、自己拿捏不準的事情，表現得糊塗些，不要輕易表態，等完全想好了，再提出意見。

第二，正事，如本職工作、上司交辦、公司目標、薪水、待遇、升遷等要清楚，除此之外的事，都可以糊塗些。

第三，開會屬於正式場合，一定要保持清醒頭腦，想好了再說，表態要明確。私下裡和同事間的小聊，可以糊塗些。

第四，上班要辦正事，釘是釘、卯是卯，工作要清楚，不能含糊。處理人際關係時，少表態，不在背後議論他人，糊塗些就好了。

總結提示：

人生在世，也就是做好兩件事情 —— 做人、做事。浮躁的人只會平庸一生，你需潛心做事低調做人。因為職業生涯是一場「持久戰」，耐心做好自己該做的工作，由易而難，步步為營，才能慢慢接近自己的期望。低調做人，就是不喧鬧、不造作、不捲進是非、不招人嫌、不招人嫉，即使你認為自己滿腹才華，能力比別人強，也要學會藏拙。抱怨自己懷才不遇，那是膚淺的行為。低調做人是做人的最佳姿態，也是一個人能立世的基礎。不僅可以保護自己，而且可以使自己融入人群，與人和諧相處，最終讓人在不顯山不露水中成就一番事業。

第十節　你需識別的「職場密碼」

職場裡到處充滿「密碼」，也就是暗語。如何聽懂暗語、看懂暗語，讀懂同事、老闆所表達的弦外之意，對任何一個職場人士都有實際意義，也是職場人士必備的一種能力。

會聽老闆的言外之意

戚薇升任飲料公司市場部副經理之後，更加努力工作。她的老闆是一位平易近人的人，平時也喜歡與職員打成一片，她對戚薇的努力和成績非常認可，多次在公司公開表示對戚薇的讚賞，這讓戚薇暗暗自喜。在公司舉辦的全國通路商會議上，有的代理商向公司提出：希望公司追加市場推廣費用，增加對電視廣告宣傳的預算，這樣更能協助代理商推進市場銷售量。老闆靜默了幾秒鐘，說：「你的意見我贊同。增加市場推廣是好事，公司內部可能需要再探討探討。」然後，老闆轉頭問戚薇的意見。戚薇自然清楚市場推廣可以促進銷售量，就順著代理商的意思將增加廣告宣傳的好處介紹了一番。

戚薇說完，不少代理商議論紛紛，說今年的市場不好做，如果公司不增加廣告投放，就沒辦法完成銷售任務。在代理商的壓力之下，老闆不得不當眾許諾第一季度追加一百萬元的廣告宣傳費用。

會議結束後，老闆黑著臉訓斥了戚薇一個多小時，說戚薇沒有看懂她的意思，反而違逆她的意思。戚薇這才明白，剛才在大會上，老闆所謂的「贊同」是虛話，她的真實意思是不想增加費用。老闆是希望戚薇能聽懂她的「暗語」，替她出面回絕代理商的要求。

對於每個職場人士來說，聽不懂「暗語」有很大的危害：輕則使你難以與同事融洽相處，重則可能會觸及老闆或上司的雷區，令他覺得你不是可以委以重任的人。

暗語：另一種企業「潛」規則

職場暗語屬於企業文化底層的一部分，它是不會被訴諸文字，也不會被公開告知，是一種「潛」規則。有時上司在某種公開場合不好向下屬明明白白的闡述意見，會用意思模糊甚至意思相反的暗語。同事之間溝通的時候，礙於面子或同事關係，也會使用讓其他人摸不著頭腦的暗語。

許多人在職場都有過這樣的體驗。上司的一句誇獎，你立刻笑得跟中了頭獎似的，過後才明白那是變相的「批評」。傻乎乎的以為同事的建議是「掏心掏肺」，其實人家只是敷衍了事……如果你聽不懂這些暗語，在職場混飯吃可就不容易了。

識別職場暗語

　　了解不同的表達方式。職場暗語作為一種非常規的表達方式，同樣的資訊在不同的人口中所表達的就有差異。有些人對喜怒哀樂從不掩飾，有些人就習慣以不動聲色來掩藏自己的情緒，有些人則會以相反的行為來表達情感。所以，要識別別人說的是正話還是反話，是暗語還是明語，最重要的就是了解說話者平時的表述方式與表述習慣，從中去捕捉其語言表達中是否存在暗語。

　　理解說話者的語境與立場。除了看說話的內容之外，還需注意說話人所處的環境和場合。同樣一句話，其真正意義與說話者所處的環境不同而有天壤之別。職員做了錯事，領導者批評可能有兩種完全不同的方式：一是將職員叫到辦公室，用嚴厲語氣批評了一頓，這種做法是直接表達方式是明語。另一種是在公司大會上或在其他職員面前，語氣溫和，其實暗含批評。這就是暗語。與同事溝通時，注意說話者所處的語境和立場，是正確鑑別資訊的關鍵因素。

職場常用暗語

　　一、「以後再說。」這是一句標準的職場暗語，其意思並不是放幾天再議，而是十分清楚明白的表明不同意。這樣說的好處是既表示了反對，又不露痕跡，免得招惹不必要的麻煩。

　　二、「你看著辦吧！」不要以為是降大任於己身，就傻乎乎的按自己的喜

好去做了。不出意外還好，出了意外就是你負責。

三、「這樣吧！你所說的，根本不是別人想聽的。」這句暗語的意思表示，不要再費口舌了，因為別人實在不想聽廢話了。

四、「也許我可以加班把事情做完。」這句話的含義是說：還要我工作到幾點？還讓不讓人活了？

五、「或許你可以去詢問一下別人的看法。」這句暗語在職場中的實際使用率非常高，不少人都遭遇過，它實際的語義是「這根本行不通」。類似的還有「我不確定這樣是不是能夠實行？」

六、「不好意思，我沒有參與這項計劃。」這句話的含義是說：這件事跟我有什麼關係？

七、「這很有意思的。」這句話的含義是說：什麼東西，又來煩人。

八、「我會試著把這件事情放到工作進度中。」這句話的含義是說：怎麼不早一點交代？

總結提示：

每個人的人生軌跡都不同，在以往的學習、工作和生活經歷中，每個人都會不斷的感覺、識別、取捨不同的觀點和思維方式，經過整合、實踐和累積，形成了自己固有的思維模式，成為你思考和判斷的準則。為了捍衛自認為正確的思維模式，你會不自覺的提出不同的觀點。那麼，你是否曾檢討和反思過：我的思維模式是正確的嗎？思維模式的主要問題不在於它是對的或錯的，而在於你不了解它是一種假設，而且深印在你的內心深處，不易被自己所察覺和檢視。當你獲得一個資訊後，往往會依據自己固有的思維模式有選擇的進行資訊的提取、分析、判斷，進而得出結論，可你是否想過：我所用的資訊全面嗎？人常常都有一些固定的刻板印象，如節儉等於小氣、沉默寡言等於不容易接近、常有不同意見等於自以為是……為了能真實的識別職場密碼，請你經常檢視並不斷改善你的思維模式以及獲取資訊的方式和廣度。

第三章　拚搏的路上不斷完善 ——
　　　　提高自身籌碼

在工作中，新情況、新問題層出不窮，你是否感到無力應付，是否感到自己現有的知識用起來有點捉襟見肘？面對學歷越來越高的同事，你是否覺得壓力不斷來襲？我們生活的時代，是一個充滿機遇和挑戰的時代，也是一個知識爆炸的時代。如果你想適應快速變化的環境，想要解決工作中的新問題，想得到更大的發展空間，想提高生活品質，就必須把學習變為一種生活方式。你不一定終身受僱，但你必須終身學習。

第一節　二十到三十歲你需要不斷充電

新科技發展得太快了，人們總習慣於用爆炸來形容不斷出現的新知識。若不想在某個時期被淘汰，你就要努力往最前端奔跑，我們的奔跑過程，其實就是學習充電的過程。每個取得成就的人都有一個共同特徵，就是善於充電學習，無論是從書本中學，還是從實踐中學。

一張文憑的「保鮮期」有多久？

充電案例一：玲彤大學畢業五年多了，自工作以來，她就兢兢業業，成為公司的模範人物，公司也經常拿她來做榜樣。當然，給玲彤的回報也不錯，她的職位不斷攀升。但現在讓玲彤心煩不已的是，她發現自己缺乏某種能力，這種感覺常常出現在她想去完成某件事情，或者面臨某項以前沒有接觸過的事情的那一刻。公司近兩年進來的新人學歷越來越高，讓大學畢業的她感到了壓力。另一方面，玲彤確實感到自己的那些知識用起來有點捉襟見肘了，急需新的補充。仔細斟酌後，玲彤決定參加在職研究所的學習，一邊在工作中學習，一邊透過書本學習。

充電案例二：志偉畢業五年了，工作換了好幾份，薪水還是兩萬六千元，在大學同學中他算是混得非常差的。在畢業五年的同學會上，同學紛紛勸志偉不要再換工作了，應該考慮穩定發展一下，為自己累積點基礎。熱心的同學還表示樂意把志偉介紹到自己的企業中去工作。志偉對大家的關心投以微笑，表示感謝。兩年後，志偉成立了自己的公司，憑著自己多年的經驗累積，加上市場定位準確，公司成立的第一年，收益就不錯。同學都說志偉運氣不錯，志偉告訴同學：畢業的時候就想在這個行業發展，苦於當時自己沒有實力，社會閱歷也不豐富，所以潛心下來到知名企業中學習。雖然公司起步還不錯，不過要想發展下去，就需要不斷的充電。

在當今社會，如果你結束學習，這個世界將從你身邊飛奔而去。普通電池只能使用一次，充電電池經過不斷充電可以被連續使用。如果你只做普通電池，一定會被淘汰。

不充電就趕不上時代

二十年前，用膠片拍照，在暗房沖洗、掃描排版；現在用數位相機拍照，網路傳遞相片，用排版軟體直接排版。十年前，產品都是機械操作，現在已經是數位控制了。十年前蓋房子都是水泥預製板，現在都是鋼筋混凝土澆灌。十年前……

社會以十倍的速度在發展，如果你停下來，那麼你就以十倍的速度落後於人，就有被淘汰的危險。一個人在學校裡學到的知識只占人生知識結構的百分之五，而一個人的知識會隨著市場的變化，以每年百分之七到九的比例流失或被淘汰。如果不學習，幾年後你就跟不上時代的步伐，其中尤其以資訊科技、會計、律師等行業最為明顯。

察看一下，在每一個行業中，都有那麼多的同行在競爭。從官員、老闆，到賣早餐的、程式設計師、教師，都有一個共識，那就是想辦法保持自己的競爭優勢。活到老、學到老，已經不再是對那些勤奮者的讚美，而成為我們生存的必要條件。

如果你原來的基礎是個點，從這個點往外跑，會跑出一條線，這條線就是你自己職業發展的軌跡。如果你原來的基礎是一段弧（有一定的工作經驗和工作能力），你不得不維持一個面，那麼你就更需要不斷學習了。越學習，你的弧形成的面就會越來越寬，也就是說人人都需要學習新知識。

明明白白充電

充電是為了改變自己。外部環境競爭激烈是外因，內在意識才是主動充

電的主要因素。在工作中發現了自己的不足,看到了差距,想去彌補這些差距,才會去學習、去充電。每一天都不同,每一天都是挑戰,每一天我們醒來,都有一大堆機會。有了學習的意識和心態,你就能把學習貫穿到生活和工作之中,你就總是在充電。不斷的學習新東西就能跟上時代飛速發展的步伐。

明確充電目標。充電有兩種目的:一是滿足臨時的工作所需要技能、知識的短期學習;二是為實現長期職業發展目標,而選擇的長期學習。現在幾乎每個職位,特別是高層職位,都需要具備很強的綜合素養、廣泛知識面和經驗。幾乎任何時候都要充電。當你感覺工作壓力重,危機感強烈,升遷困難,或者能力不足以應付工作的時候,就要考慮進行短期集中的充電了。

學習充電的方式。充電可以分為兩方面:一方面是在平時的工作中累積經驗,如在工作中處理不同的事務,接觸不同的人,嘗試解決新情況、新問題,時刻注意創新發展。另一方面是用業餘時間學習專業知識。最現實的方法是,使現在的工作狀況和未來的職業發展目標結合起來。如果你現在的工作職位能使你累積有用的經驗知識,就應該努力做好工作,採取自學的方式。如果證書很重要,那就要重新規劃一下你的職業發展道路。

總結提示:

如果你對於自己的職業發展有些迷惑,你可以尋求自己所在企業的幫助,現在很多優秀企業都會為職員提供職業發展規劃。這可以幫助你發現自己的不足,指導你如何朝職業目標發展。即使企業不能提供這樣的幫助,你也可以向企業的管理者或者人資部門進行諮詢。同時,多和行業中有經驗的人溝通,他們的經驗、教訓可以幫助你確定更清晰的充電目標。另外,定期進行自檢、自省也會有助於發現自己的不足和充電方向。

第二節　上學時寫日記工作後寫日誌

　　一個人的思想意識、思維方式一時是不容易改變的，不過一個人的行為是可以扭轉的，你可以透過改造行為的方式來達到改變思維的目的。雖然這種行為的改造有時是強制的，然而勉強成習慣，習慣成自然。

寫下來，事情就變得清晰和易懂

　　誼靚因耽誤了工作進度，第二次被嚴厲的女經理批評，說她拖了整個部門的後腿，影響了其他部門的配合，導致整個專案都被延期。虛心接受批評的誼靚忍不住向經理抱怨：那麼多的工作任務，我馬不停蹄的忙碌著，甚至還加過一個多星期的班。女經理沒有給誼靚留面子：「雖然妳看起來很忙碌，好像時間不夠用。但妳是否意識到，有些時候妳總是一而再、再而三的浪費時間。有時候事情交待不清，常把事情做錯；多數時間窮於應付突發事件；經常被電話干擾；經常不考慮事情輕重緩急；有時只憑記憶辦事，等等。」誼靚忽然間意識到：原來，很多時間竟是被自己這樣「謀殺」掉的！經理沒再多說，只是建議誼靚把每天的工作內容用紙和筆記下來，給自己安排工作時間表。

　　回到工作區，誼靚開始一條一條的羅列自己目前的工作內容，幾乎寫了滿滿一張紙。然後，誼靚把這些工作內容按照時間的緊迫程度以及工作的重要程度，分門別類的排列次序。全部安排妥當後，誼靚從上到下看了一遍，發現所有的工作內容和目標清晰的呈現在眼前，原本慌亂的心情也變得輕鬆了許多。當天的工作任務，誼靚竟然提前完成。自此以後，每一天誼靚都列一份工作時間表，一到辦公室，就按紙上列出的內容展開工作：先行處理工作效益較大的，沒空理會的便延後，並且不時的檢查工作進度，重新審視已經完成的工作。碰上重要的或者大型的工作計劃，就會仔細計劃每一個步

87

驟，以免因突發事故延誤工作進度。

當然，有時延誤也在所難免，不過誼靚會想辦法節省、並充分利用其他的時間來完成。如公司有下午茶的習慣，每一次要花費半個小時左右，這時，如果任務較緊急，誼靚一般喝一杯茶就離開座位，舒展手腳之後，立即「再戰江湖」。經過一段時間的堅持，現在的誼靚完全可以做到及時投入工作，不會忘記要辦的事；能夠按事先的計劃，如期甚至提早完成工作。

每天工作很忙，雜七雜八的事情很多，寫了工作日誌，就能隨時提醒自己，做起事來也會井井有條，工作效率也大大提高了。工作日誌是一個人對工作思考、反省和總結的方式，這會幫助自己發現不足，及時發現並了解到還有哪些工作做得不夠，需要及時改進和提高的，同時幫助自己找到更簡單、方便、快捷的工作方法和路徑。

在一天中，你可能做了很多工作，如果你沒有寫工作日誌的習慣，沒有及時將工作事項記錄下來，一天或者數天之後，你就會忘記有哪些工作是需要再查看一遍，或者哪項重要工作需要確認一下工作進度……即使你聰明、記憶力好，你記住了一天、兩天的工作事情，但任何人永遠都不可能日復一日、常年累月的記住所有的事情。除非你是超人。

把寫日誌當成一種習慣

有的人動手能力很強，學習能力超群，但無法在事業上取得成就。他們只知道是自己的不足造成了這樣的結果，卻不善於發現究竟是哪裡出了問題。而有的人卻善於發現自己的缺陷，並且知道如何去改變才能適應事業的發展。我們經常聽到其他人談到大學同學聚會，最深切的感受就是：「原來的老同學，除了年齡變了，其他的一些習慣都沒有變。」這就說明了許多人實際上沒有自我反省的習慣，以致過了多年之後，自己原來的習慣還是原封不動。如果一個人沒有反省能力，今天是這樣，明天仍然是這樣，不會發生根

本性質的改進，那麼永遠也不會有進步和前途。寫工作日誌，一方面是及時的記錄下每天的工作事項，清楚的知道自己每天的工作內容。另一方面是每天留給自己一些自我反省的時間。寫工作日誌的過程是一個學習的過程，是一個人心智不斷提高，心靈不斷昇華的過程。

人反省一次容易，難在時時進行自我反省。如果有一天你確實很累，或者有著這樣、那樣的原因而不想寫了，心裡想著：只是今天不寫，明天再寫就好。那麼你就要利用明天來完成本該今天應該完成的事情，這樣下去，明天的事情又要被推遲到後天，那麼後天的事情呢？大後天的事情呢？……以此類推，每天都少做了一件事情，一星期就是七件事情，一個月就是三十件事情，一年就是三百六十件事情……數年以後，你就會感覺到現實和理想的差距。寫工作日誌是鍛鍊毅力、磨鍊意志的最好方法，關鍵在於成為一種習慣！

你的工作日誌應當記錄什麼？

工作日誌不用很複雜，你可以選擇一個筆記本，也可以建立一個清晰的文件。內容包括：

第一，序號、日期、星期。

第二，每天工作事項的紀錄。計劃完成項目分為特級、優先順序一級、優先順序二級、需要其他部門協調的事。特級是指很重要、很緊急或者效益最大的事。優先順序一級是指重要、緊急或者有效益的事。優先順序二級是指一般的事情。需要其他部門協調的事情，包括計劃做的事情，發現的問題或者需要後期關注的事情。完成的就打勾，沒有完成的用紅筆或其他顏色的筆標明，添加到第二天的工作計劃中。

第三，每天的心得感受。包括今天什麼事情沒做完？做完了什麼事？今天什麼事情沒做好？做好了什麼事？今天什麼事情沒有做？未完成什麼事？

明天該做什麼事？

第四，每天遇到的工作問題，以及對問題的處理情況。

第五，隨手記錄重要行程或工作進度。同時，工作中經常遇到的一些小問題或者突然之間的靈感，都應當記錄下來。有解決方法的時候也要及時寫下來。

第六，每週進行計劃，未完成的事情放到下一週。每月計劃相關工作以及完成情況。從中發現問題，總結工作得失。另外，每三個月、半年、一年都應進行一次總結和反省。

總結提示：

你也可以寫下自己解決問題時的思路和方式，包括你所做的選擇、觀點、觀察、結果和決定。如果你犯了錯誤，描述一下為什麼會如此，以及如何對待和解決的。誠實的記錄下來，不管是好的、壞的還是令人討厭的，都不要修改。

第三節　時常盤點自己的資產

如何在自己的職業規劃中不斷進行加法？如何讓自己隨著時間、經驗的累積變得更有價值？為什麼有的人在職場上浮沉多年，卻沒有成長，而有的人短短幾年就獲得出人意料的成就？這一切都取決於一個人是否能清晰的認識自我，時刻保持並提升自己的職場競爭優勢，使職業生涯呈現不斷上升的趨勢。

三百六十度看自己

從實習算起，淑珺在這家知名外企工作五年了。工作到第三年時，淑珺就覺得非常乏味，考慮是否換工作。但淑珺沒有急於辭職，她知道自己學歷、英語等方面條件都不太好，如果花一年半載的時間充電，等學會了本

事再進入喜歡的行業和職位，首先經濟狀況不允許。其次，該怎麼充電？學點什麼最有用？怎樣進行職業規劃？她還沒想清楚。再說空有證書，沒有實踐經驗，也得不到公司認可。辭職後只學習不工作的風險較大，還有可能造成職涯斷層。再三斟酌後，淑珺認為以邊累積工作經驗邊充電的方法更為穩妥，從實踐能力和專業知識兩方面一起努力，逐漸縮小與理想職業之間的差距。

在公司的一次公益活動中，淑珺透過參與企劃公司的公益活動，淑珺對公益事業以及市場、品牌推廣、活動策劃類工作產生了興趣。於是，淑珺在工作之餘報名參加了品牌管理方面的培訓課程，除了學習專業知識，還認識了從事相關工作的學員朋友，人脈圈的拓展使她感覺自己正在融入新的職業圈。

漸漸的，淑珺對奢侈品行業接觸得多了，她發覺自己十分喜歡也非常看好這個行業。經過了解，淑珺發現奢侈品行業的學歷培訓也很「奢侈」，半年或一年的學費動輒十幾萬元，有些短期海外培訓課程的費用甚至近五十萬元，英語培訓的費用也不低。她選擇了幾個奢侈品培訓課程，發現這些課程的學員主要是針對奢侈品行業內中高階設計、管理和市場人員，課程設置相對高階，有的課程還是外籍專業人員英文授課，不太適合她這樣的外行。即使她支付了昂貴學費，缺乏實踐經驗的她，學習效果也會大打折扣。

雖然希望能一步到位，跳到理想行業的理想職位上，但淑珺也清楚的知道，自己沒有很好的學歷和專業背景，想轉行到一個全新行業就要放低起點，需要一步步踏實的向前走。淑珺先利用週末時間在奢侈品品牌店當店員，從基礎職位開始累積行業經驗。一年後，淑珺開始當銷售人員，不僅週末，下班後也常常去門市和商場摸索行業竅門。

當在公司待到第五年的時候，淑珺交了辭呈，部門主管聽了她的想法和這兩年來的狀況，知道淑珺決心已定，沒有多加挽留。辭職後的第二個月，

淑珺順利進入了一家世界知名的奢侈品企業，開始了屬於自己的職業生涯。淑珺知道，只要努力，就會有所成就。

　　職業生涯出現煩惱、震盪和風波，在很多情況下，都是因為不能清醒的認識自己造成的。每個人都在尋找自己理想的舞臺，在尋找的道路上，時常盤點自己的資產這門功課是不可少的。

自我盤點找到上升方向

　　自我盤點在一定程度上講就是自我認識及評估，了解自己的優勢是什麼？並據此思考下一步該往哪裡走，該怎樣走？人貴有自知之明。有很多人並不了解自己，更無法全面的認識自己。隨遇而安成為職業生涯中的常態，想要自我加分就更不切實際了。一個人不經常進行自我盤點，就會迷失方向，成為「窮忙族」，每天不停的忙著，卻不知忙些什麼，為什麼而忙，看不到成效，也看不到希望。每天疲於奔命，沒有時間學習新知識，職場競爭優勢也越來越弱，逛了一大圈後，再重新開始。

如何盤點你的資產

　　盤點自己的職涯走勢。盤點自己的職業生涯是處於上升階段，還是處於震盪整理階段，或者處於下降階段？如果處於上升階段，記下你的成績、受到的肯定，收穫的成就、優勢（不只是工作職位上的，比如日常中你善於調解同事之間的矛盾，或者你的人脈網路較好），需要補充什麼知識。如果處於震盪整理階段，看看能否走出震盪？如何走出？是透過充電還是跳槽？如果處於下降階段，就需仔細思索如何重新步入前進的道路。包括認清缺點，改正它，明白哪些領域有你的獨特優勢；哪些是你必須改進而且能夠改進的缺點；哪些是你必須改，卻無法改善的弱點，哪些是你在不斷加強，並能很好應用的潛力。

　　盤點自己的薪資和職位走勢。如果你工作一兩年甚至三四年了，薪資或者職位都沒有跟著資歷的增加而水漲船高，你就要花些時間提升你的價值。

　　把重點放在當下。確定自己所做的每一件事，思考你所參加的每一個會議，接受的每一個工作任務，都和職業發展相關。清楚的知道自己為什麼在這裡工作，是為了累積經驗還是為了提升工作能力，或者為了從工作中得到些人生歷練。一個人明確知道自己的方向，為工作賦予意義，即使忙一些累一些，也會覺得非常有價值。同時也不會瞎忙，或者覺得是在受罪。

總結提示：

「不識廬山真面目，只緣身在此山中。」人有時候跳不出自己的框框，或者看事情不全面，容易出偏差，你要對自己的盤點偏差進行校正。因此，自我盤點是一個不斷延續的過程，它的目的是經營好自己的人生。如果一個人不能經常將自己每一發展階段的處境結合起來，正確盤點自己，就會發現時常面臨許多棘手的問題。

第四節　機會常來自額外的「工作」

　　同一種工作形式往往給人一種無生命的感覺，也是一種悲哀。如果你因目前穩定的工作而放鬆了警惕，那就陷入錯誤的認知了。現代社會中，每個人都會經歷若干次的職業轉換，從這家企業跳到那家企業，從這個行業轉到那個行業，或者哪個企業也不去，選擇自己創業。身處職場轉換的時代，多關注額外的機會，重視職場能量的累積，生活才會豐富多彩。

多一份嘗試，多一次機會

　　原本在國營企業工作的景婷，由於工作較輕鬆，不想無所事事，所以就經常鑽研自己感興趣的程式設計，為此在網上認識了一群同樣喜歡程式設計

的人。這個技術愛好者聚集的群裡有個人令景婷大開眼界。景婷喜歡和她探討，倒不是因為她在技術上多麼厲害，而是那個人見多識廣，對事物的見解非常有深度，每每和她聊天的時候，景婷都覺得像上了一堂課。慢慢的，景婷和她聊天的話題從技術類的探討，自然而然轉到了職業發展、人生等。有一次，她問景婷：「你覺得現在的這份工作真的適合你自己嗎？」當景婷聽到這句問話時，出自本能的反駁了一句：「至少這份工作，可以讓自己有足夠的時間做自己喜歡做的事情。」對方又問了景婷：「那為何不直接去做一些自己喜歡做的事情呢？」一語驚醒夢中人，景婷動起了心思，也許真的可以試著讓愛好變成工作。

之後，景婷開始做一些兼職，看看自己是否真的能夠勝任。完成幾個專案之後，景婷開始著手準備辭職的事情。不久，她和幾位志同道合的朋友一起開發應用軟體。景婷認為，如果沒有額外的「鑽研」，現在的自己還是坐在辦公室裡打打遊戲、看看書，絕對不會有現在這樣有趣的生活。

多做一些額外工作，對你來說，就會有多一次學習和鍛鍊的機會，多一種技能，多熟悉一種業務，是一筆無形的財富，對自己總是有好處的。有時候，會在你職業生涯的發展道路上，會起到關鍵的作用。

豐富多彩的人生需多挖井

人的一生有兩個最大的財富是：你的才華和你的時間。如果一天天過去了，你的時間少了，而才華沒有增加，那就是虛度了時光、浪費了生命。在幼稚園的時候，老師就在教育：要成為社會的棟梁、國家的主人。老師會逐字逐句的念每個人的作文「我的理想」：我要成為一個科學家！我要成為一個工程師！我要成為一個太空飛行員！……當千軍萬馬經過獨木橋，又從象牙塔裡出來的時候，大部分人沒有成為科學家，沒有成為工程師，沒有成為太空飛行員。

大部分人在從事微不足道的工作，跟著人群上班，在一模一樣的大樓、辦公室、辦公桌前做著一模一樣的工作。下班後，也許會去逛街、吃個火鍋，然後回到分期貸款的房子裡，看一會兒電視，最後進入夢鄉。

可憐的小職員在經過努力後，卻學無所用；無聊的上司重複著沒有主題的會議；辦公室裡最熱門的話題，永遠是下班以後到哪個餐廳吃飯。日復一日，周而復始，這就是你的生活 —— 只是在混口飯吃！你是不是就是在這樣的活著呢？

你可以做一個主動選擇的人，也可以做一個被選擇的人。被選擇的人，一開始的生活是愜意的，不用多動腦筋，不過當有一天問自己「我的未來就是這個樣子？什麼時候開始，我的生活變成了這個樣子？難道我以後的生活都是這個樣子嗎？」的時候，時光已經流逝。主動選擇的人清楚的知道自己要什麼，什麼會使自己快樂，將要付出什麼代價去獲得什麼，他的生命更加主動，更加積極，也更加幸福！

尋找額外工作的注意事項

不要受到「火爆」「熱門」的影響。每年我們所看到的眾多的熱門職業排行中，有兩類是具有權威性的，一類是政府機構的資訊，另一類是官方人才市場的資訊。這些資訊是在大量調查研究的基礎上產生的，具有科學性和權威性，可以放心參照。雖然是權威性的，但也有著較大的局限。所謂熱門職業一般具備兩個條件：一是職業相關的人力資源呈現供不應求的狀況，二是與該職業相關的企業呈現快速發展之勢。這樣的行業，需要大量的專業人員。熱門職業在特定時期，其薪資、待遇等方面的確引人羨慕。但當下的熱門職業往往就是下一波的冷門職業，當你花費大量時間轉型，具備了該職業能力的時候，往往職業已經由熱變冷了。若一味的追求熱門職業，那麼結果只會是「無奈」。職業無所謂好壞，關鍵是你怎樣把它做好，成為這一領域的

專家。當你做好自己領域的工作，真正做到「人無我有」、「人有我專」，才會有所發展。

重視職場能量累積。職業也積聚著無形的能量，這種能量，不能用我們所說的「職業經驗」來概括。職場能量包括一個人在職場中所積澱下來的精神、氣質、眼光、直覺等等，這些是無法用「經驗」來代替的。當你在職場中扮演一個角色的時候，一種特有的職場能量就迅速在你身上彙聚起來，並且與你形成一個整體。換句話說，你和你的「職場能量」，造就了職場中一個完整而真實的「你」。你和你周圍的人常常會發現，當你進入了一種職業或者一個職位後，你的某些方面發生了變化，你和以前有點不一樣了。這正是你現在自身就有的職場能量促使你不由自主、潛移默化的改變了。

明智的人，無論是在職位轉換還是面臨職場轉換的過程中，都會將職場能量的累積作為最重要的內容。進行職場轉換時，你應該用盡一切辦法，把每一次的職場能量連結到前一次所到達的軌道上，這就是一種升級。職業能量的持續累積會使職階提升，職階的提升充分表明了你具備了更高職位、更高薪水的基礎。你會有更多的機會，更大的選擇餘地，你得到的也會更多。當你累積到一定的職場能量後，就有實力去做一連串「相關」的其他事情了。

如果你容許自己的職場能量莫名其妙的釋放、歸零，帶來的結果只有一個，就是你的職業生涯將因「地震」而喪失能量。如果再加上年齡、生活、環境等等諸多客觀因素的干擾，你將會在自疑、沮喪、氣餒的消極情緒中，越來越與別人拉開差距。

總結提示：

在尋求額外的機會時，你要明確知道自己真正需要的是什麼？自己適合做的是什麼？進而進行職業定位。你可以用以下的這些標準來衡量一下自己的生活和工作。

第一，工作的時候，是否充滿活力？

第二，當你從事自認為「適合」自己的事情的時候，會感到得到尊重和欣賞。這種尊重和欣賞不僅僅是來自別人，更多的是來自於你對自身的認識，和對自身的肯定。

第三，當你向別人介紹自己的職業時，是不是充滿了自豪和自信？如果別人問你，你是做什麼工作的？如果你說「我在一家小企業裡，從事一般的工作，沒有什麼特別的。」之類謙虛的話，其實是對你的工作沒有信心。因為如果你從事的是你喜歡的職業，你會自豪的告訴人家你的職業，甚至希望更多的人知道你的職業。

第四，你是否尊重你的同事，並且樂意和同事共事？當你從事適合你的工作時，你會把同事當作志同道合的朋友看待，你們在一起工作是為了一個事業在努力，你們之間是相互信任的。

第五節　要走下去必須知道你的愛好

每當邁出第一步就不知道下一步往哪裡走，像追逐季節的候鳥一樣找不到自己的那片天空。輾轉職場一番後，許多人存在苦惱和疑慮，想追求理想的生活但又覺得應付不來，很迷茫。人不可能改變社會來適應自己，這個時候，你必須改變自己，知道自己的愛好，才能走下去。

走下去的重要依據

帆越是二〇〇五年畢業的，學的是電腦資訊管理與資訊系。之後的五年裡，帆越斷斷續續在各個行業做過多份工作。第一份工作是總經理助理，工作時間接近一年。第二份工作在一家廣告公司，職位是總裁助理兼文案策劃。不到半年帆越又離職了，進了一家汽車零組件公司，做的是銷售助理工作。工作了兩年多，公司上司對他的工作是高度認可的，但不知為什麼總是得不到提升，於是帆越就離職了。

帆越想重新擇業，卻發現真的很少有適合自己的工作，他不想隨便進一

家公司，但又不知道做什麼工作，便去了專業諮詢公司。了解到帆越的現狀，諮詢師問帆越，想從事哪方面的工作，帆越說廣告設計、業務或者採購都考慮過。諮詢師告訴帆越：「這些領域你都有相關的工作經驗，這些職業從需求和發展前景來看，都是相當不錯的，關鍵是這三個職位，哪個你更擅長、更感興趣？從事一項你擅長的工作，你會工作得遊刃有餘。從事一項你所喜歡的工作，你會工作得很愉快。如果所從事的工作，既是自己所擅長又是自己喜歡的，那麼你能很快從中脫穎而出。不過生活是非常現實的，在你羽翼未豐時，你需根據自己的實際情況，既要解決生存問題，又選擇自己感興趣的工作。在這些領域裡，讓自己都有一定的工作經驗和人脈資源，如果你從現在開始，認真總結自己的能力和優勢，了解自己的真正愛好，拒絕外來誘惑，忍受壓力，堅定不移的按著自己確定的職業目標前進，就足以讓你在這些領域內立足。」

許多人習慣了「走一步看一步」的隨心所欲。雖然挖了許多淺坑，但沒有一個專業的謀生技能。獲得諾貝爾物理獎的華人丁肇中說過：「興趣比天才重要。」要走下去，你必須要知道自己的愛好。

愛好和職業

現實證明，雖然能力非常重要，但單獨的能力並不能決定職業生涯的成功和失敗，一個人的興趣、價值觀、動機等情感傾向因素對職業生涯的適應都有著重要的影響。在這些因素中，又以愛好起的作用最大。

愛好是一個人成功的重要推動力，它能將你的潛能最大限度的調動起來，並且使你長期專注於某一個方向，艱苦努力，取得令人矚目的成就。一個人如果能根據自己的愛好去選擇職業，那麼他的主動性將會得到充分發揮。即使十分疲倦和辛勞，也總是心情愉快；即使困難重重，也不會灰心喪氣，總是能想盡辦法，百折不撓的去克服它，有的人甚至廢寢忘食、如

醉如痴。

愛好的發生和發展經歷一個過程：有趣 —— 樂趣 —— 志趣。有趣是愛好發展的初級階段，它短暫易逝，往往不穩定。處在這一階段的愛好常常與一個人對某一事物的新奇感相關，隨著新奇感的消失，有趣的感覺也會無聲的逝去。樂趣是在有趣朝一個方向發展的基礎上形成的，在這一階段中，一個人的愛好會變得專一、深入，如喜愛設計的人可能會成天沉溺於設計作品中。當樂趣與一個人的社會責任感、理想、奮鬥目標結合起來時，樂趣就變成了志趣。志趣是一個人取得成就的根本推動力，也是成功的重要保證。

一個人的愛好是多種多樣的：有的人好動手，有的人好動腦；有的人喜歡與人打交道，有的人喜歡與物品打交道；有的喜歡獨自鑽研，有的喜歡集體協作……愛好是一個人適應職業生涯的基本，但愛好不代表能力，有了愛好並不意味著你能做好這個職業。同樣，若你有從事某項工作的能力但缺乏興趣，那麼，你在這種職業上取得成功的可能也是非常小的。你只有將自己的愛好當做職業，並且具備這種職業所要求的能力才能做好這項工作。

重組自己

愛好是在一定需要的基礎上，在社會實踐中形成的，愛好實際上是你需求的延續。關於需求的理論，著名的美國心理學家馬斯洛的需求層次理論廣泛流傳，其中把人的需要分成生理需要、安全需要、社會需要、尊重需要和自我實現需要五個層次。人的需要是複雜多樣的，當你對自己的需要明確後，就能選擇與之相關的職業，也意味著你對這種職業活動有著肯定的態度，並積極思考、探索和追求。在個人的發展過程中要堅持「求高求新」，永遠用高標準來要求自己，培養自己，不斷「充電」學習、掌握、運用所學的知識和工作技能。在發展目標上要按照「有所為、有所不為」的原則，因此在這個專業裡你需要專一。

重組自己時需特別注意對自己知識的結構調整和再利用，消除自身存在的封閉、慣性的東西。勇於否定原有的知識、經驗和技能，這就需要有一定的判斷力，要認真分析自我，哪些是值得借鑑的，哪些是必須拋棄的。然後將自己現有的資源和優勢重新排列組合，掌握學習的方法，在實踐中實現創新。學習的本質就是讓我們學會改變自己。學習不僅僅是知識的記憶，最重要的是對自己潛在能量的挖掘，並使之充分的釋放。

重組自己還要重視心態和綜合素養的培養。每個人在找到適合自己的領域前，都會經過一個痛苦的摸索過程。而在職業生涯中你肯定會遇到挫折，經得起困難和挫折，能平和的面對失敗是一個人必須具備的基本素養。同時，要訓練自己與人共事的能力，孤軍奮戰的人是開拓不出新天地的。綜合素養的培養，還要加強責任感，遵紀守信，學會隨時自我調節，自我組織，並不斷超越自我。

總結提示：

一個人走向社會時，只能依靠自己的專業優勢來立足。專業優勢不是一朝一夕就能錘鍊出來的，需要有一個長期培養的過程（至少需要五到七年的時間），你對自己要有一個合理的就業期望值。同時，在確定了自己的愛好職業後，你就需要一心一意的向著目標前進。

第六節　愛玩的你也要玩得有價值

有一份穩定的工作之外，再謀一份自己所喜歡的第二職業，已經是一些職場人士的生活方式。這份第二職業到底算工作還是算娛樂，不少人都說不清楚，我們暫且稱之為「斜槓」。

嘗試斜槓

娜恩每天上班的八小時基本上是消磨過去的，工作上沒什麼事也沒什麼

意思，每個月的薪水剛好只夠自己花。在她看來，只要是熱愛生活的年輕人，就不應該只滿足於一份僅能糊口的工作。本職工作就是企業對消費者的她，開了自己的小網路商店，主營創意家居和時尚女裝。剛開網路商店的第一個月裡，娜恩花了很多時間，由於每天都要拍照、上架，幾乎每天的睡覺時間都不會超過三個小時。經營一段時間後，娜恩的網路商店得到很多顧客的好評，現在網路商店已經有五顆星的信譽了。網路商店不僅給娜恩帶來了收益，還帶來了許多樂趣，她輕鬆了許多。每天下班回家後，一到六點娜恩就把當天的貨都發出去，晚上再繼續接單。娜恩想著：經營得好，當全職老闆娘，也不是沒有可能！

娜恩的同事育瑩喜歡旅遊、攝影，得知本來只打算調劑一下生活的娜恩網路商店開得還不錯，網路商店收入已經和主業差不多了，也打算斜槓。週末育瑩就邊玩邊拍照。她把自己的旅遊樂趣和攝影作品用文字和圖片的形式表達出來，得到眾多網友的支持。不久，透過網路，育瑩開始了第二職業，賺外快「開源」，樂在其中。

看看身邊的人，你會發現，有許多優秀的人都是很平凡的人，他們與別人不同的原因，僅僅是他們願意每天多付出一點點。他們除了盡心盡力做好本職工作以外，也在尋找從容自得的快樂生活。只要你夠聰明，愛玩的你完全可以在玩的過程中學習、鍛鍊自己。

快意人生

食之無味、棄之可惜的雞肋工作，讓你覺得無味，但一時又不想換工作，你可以利用業餘時間尋求發展機會。既有職業的嚴謹和收入，又有玩樂的隨意和樂趣，想用它賺錢就賺錢，想用它賺快樂就賺快樂，即使哪天不想玩了，也不至於成為失業一族，這就是斜槓。本職工作就像白米飯，斜槓則是可口的菜餚，吃的飽的同時也吃的好，吃出樂趣，才是高品質的職

場生活。

工作之餘，開家網路商店當個小老闆；去培訓中心當老師；當個網路寫手；或者當個推銷員；又或者組織個愛好者協會；租下別人閒置的別墅，然後再分租出去，賺取中間的差價，這也是外快的來源；花幾百塊錢租一個小格子，將選購的商品擺好，有店家幫忙銷售、記帳、發貨，你也可以省心，並且風險小……

只要主動了解和認識時代趨勢，利用時機冷靜的找到適合自己的管道，你會發現到處都會有適合自己的發展機遇和商機。保持一種好奇的心態，多嘗試，多挑戰自己，盡量把自己的愛好、天賦和理想投入到自己可以發揮潛力的斜槓之中，才玩得有價值。

選擇斜槓注意事項

選擇自己有能力、有條件能達到的。不管選擇哪一行、哪種職業，你都要了解行業的一些基本的東西，適當研究產業發展趨勢、前景、競爭狀況等等。不能道聽塗說，要積極主動的收集相關資訊，最好諮詢有經驗的人，要真正了解有哪些斜槓適合自己。同時，你也一定要選擇自己有能力、有條件駕馭的方面做斜槓才更加貼合實際。

平衡好職業與斜槓。同時經營職業和斜槓是需要投入時間的，有些人不免為此忽視了本職工作。如果顧此失彼，過度勞累，肯定會影響身體健康。時間長了，可能就會荒廢了主業，還可能會丟失飯碗，這對未來的發展道路會有一定的影響。你的眼光應該看得長遠，協調和擺正好這兩者的關係，在盡量做好本職工作的前提下再從事斜槓。絕大部分的人還是要靠辛勤的工作來換回薪水，去維持生計和生活。只有從中尋找到平衡點，才能有物質保障和支持，也才能有條件玩得好、玩得舒暢、玩得放鬆。

斜槓可以成為你的職業。職業和斜槓是可以互相轉換的，甚至可以將斜

槓變成你的職業。職場中充滿了機會和風險，今天從事的主業明天可能就是雞肋，今天的副業可能就是明天的熱門產業。從事斜槓能讓人多一些對別的工作的體驗，尋找更適合自己的工作。當你的斜槓累積了一定的能力和成績時，自然而然的就可以將斜槓過渡成為你的職業。

總結提示：

要玩得有價值，就要節省時間，有效的利用時間，才能堅持下去。

第一，凡事想要進步，需先理解現狀，知道你的時間是如何花掉的。選一個星期，每天記錄下每三十分鐘自己所做的事情，進行分類，如讀書、發呆、和朋友聊天、社團活動等，統計一下，看看自己在什麼方面花了太多的時間。

第二，在斜槓的最初二到三年裡，可以追求自己的理想和愛好，多嘗試一些機會。

第三，要對自己的選擇負責，並且堅持一段時間，直到取得一定的成績。即便結果是失敗的，但至少在這階段裡取得了成就和心得，放棄得太早是最容易失敗的。

第七節　幫你重燃消退的工作熱情

微軟公司招聘員工時，有一個重要的標準：被錄用的人首先必須是一位有熱情的人，對公司有熱情，對工作有熱情。微軟的一位人力資源主管道出了當中的真相：「我們不是把工作看成是幾張鈔票的事，工作是人生的一種樂趣、尊嚴和責任，只有對工作擁有熱情的人，才會明白其中的意義。」

董事會成員的綜合素養

公司還有一個董事會成員的職位，鈺霖和凝芳都是候選人。老闆給鈺霖一週的休假，待他休假結束之後，就正式宣布。整整一週，鈺霖都在等一通祝賀他榮升為董事會成員的電話，但是這通電話始終沒有來。雖然董事長和

他在電話中進行過簡短的談話，但鈺霖沒得到任何明確的資訊。現在的鈺霖有些不安：杳無音訊最終是否會變成壞消息？

九點三十分，鈺霖準時出現在董事長的辦公室。董事長是位說話直率的人，結束客氣話後，告訴鈺霖：「公司無法任命你為董事會成員。」感到天旋地轉的鈺霖，幾分鐘後才稍微平靜下來，這時董事長繼續說：「大家都明白，你為公司找到了好的併購目標，主持的一些大型活動效果也很好，而且在執行委員會會議期間也做出了重要貢獻。但我們所處的行業，人才至關重要。這些人才需要激勵和鼓舞，而不是僅僅被管理好就夠了。董事會成員還需要有三方面的特點：一是構建和描繪團隊往哪個方向發展的可調動人心願景的智慧和藝術。二是鼓舞、激勵客戶和其他相關人員的願景。三是自我激勵能力，以幫助團隊以及每個成員保持鬥志。一個有工作熱情的人才有這些素養，而這些素養綜合起來才構成了激勵他人的能力。」

鈺霖靜靜的聽著，董事長繼續說：「公司不是說你一定缺乏這些能力，只不過公司沒有發現你足夠的發揮了這些能力，或者沒有給予足夠的重視。現在公司決定調你到特別專案部擔任主管，等你花一些時間，把事情想清楚之後再說。」

幾經思索後，鈺霖才想明白，自己每天都是在管理職員、分配工作，幫助職員處理事務，整個部門包括自己，整天只是機械的完成工作，沒有工作熱情。部門的職員總是來了沒多久就走了，大多數是因為他們感覺在這裡工作無味，更看不到未來。

一個優秀的員工，最重要的素養不是能力，而是對工作的熱情，沒有熱情，工作就是一潭死水。聰明的人會想著如何激勵自己身邊的人。在職場中，充滿熱情的人總是顯得尤為難得和重要。

工作熱情是個人價值的體現之一

工作熱情，實際上就是一個人能夠心情愉悅的努力工作。大家在一起工作，就需要共同努力創造一個和諧快樂的氛圍。快樂工作，有助於形成一個團結互助、努力進取的團隊，也可以幫助職員緩解工作壓力、提高工作效率、減少工作失誤，更有助於身心健康。

人工作不只是為了生存，更是為了追求個人理想，實現個人價值。對於年輕人來說，保持高度的工作熱情非常重要。你有工作熱情，不管是客戶還是主管同事都願意把業務交給你，都願意與你合作。你的工作熱情還能感染周圍的人，能帶動團隊的進步，不僅體現了你的價值，而且你的進步也會比別人快，最終你成功的機會就比別人多。企業的管理人員的個人形象不僅僅代表自己，在一定程度上也代表了企業，管理人員的一言一行、一舉一動，都是職員的榜樣。管理人員要協調好上下左右的關係，帶領好自己的團隊，在工作中必須保持積極的工作熱情，用這種狀態感染下屬。

工作和生活不可能永遠是一帆風順的，不如意的事情隨時都可能會出現。無論你今天的心情如何，你都不能因此而影響你的工作。要盡量創造條件讓自己快樂，讓工作快樂，從而保持高度的工作熱情不會消退。

調整自己，保持對工作的熱情

願景與目標。願景就是夢想，每個人都有夢想，當夢想加上明確的目標和具體的行動計劃以後就會變成理想。知道是為了什麼而工作非常重要，如果你是為了理想，為了讓自己活得有實實在在的價值、被他人和社會認可，為了沒有白活一生而工作，而不是為了一份薪水而工作，那麼你就會感到快樂，在工作中總是有熱情。

人在爬坡的時候，充滿熱情，爬上山頂的時候，反而覺得迷茫，所以在職場上要分解目標。每發展到一個階段，就給自己樹立新的目標。這樣總是

覺得有方向、有動力,有助於保持工作熱情。同時,要為每一個階段制定並執行學習計劃,以確保你的目標的完成率。人若從二十到二十五歲算起應該給自己訂定三個十年的長期計劃,並把每個十年再分解成多個階段,多少個階段根據你的變化而定。耶魯與哈佛曾合作過一個專案,結果是有百分之二十七加百分之六十的人因人生缺乏目標而最終成為平庸之輩,另有百分之十的人因有明確的人生財務、事業、自我成長各方面的目標而事業有成,有百分之三的人把所有目標都書面化並列出計劃,最終成就非凡!

工作信念到位。多數人總是常想「我在付出,應該有回報」,當回報不如所願時,便灰心失望,失去工作熱情。再爛的工作或者公司都有很多你可以學習的地方,工作即學習。把埋怨的時間拿來尋找學習機會才會有建樹,不斷成長和進步。你要記住以下這四個工作信念:

第一,工作是為自己做的,不只是為公司、主管。

第二,工作做不好,不是能力問題,而是態度問題,只要你願意,總會找到解決方法。

第三,在這個公司做不好,到了另一個公司同樣做不好。別以為跳槽就能改善境遇,只有你改變了態度、停止埋怨了境遇才會有改善。

第四,學會創造自己的工作價值。這主要體現在:假如有一天你要離職了,有多少人會挽留你或者唾棄你。

總結提示:

要保持長久的工作熱情,與自身的努力是分不開的。
首先,要調動自身的潛力,全心全意做好自己的本職工作。要敬業,工作有了績效,自己也會產生成就感和優越感,工作時也就有了動力。
其次,在工作中,要學會放棄。有時候,該放棄的就放棄,人沒有必要活得太累,快樂是最重要的。心情愉快了,做什麼事情都有熱情,也就不用擔心產生工作「疲乏」了。

最後，在同事之間，朋友之間，多多謙讓一點，大家關係融洽了，也就創造了一個和諧的工作氛圍。保持一種平和的心境，就不用擔心熱情消失了。

第八節　想當將才就從現在開始扮演

在高度競爭下兼顧成長與內涵，在速度之外力求其穩健度與扎實度。這是自然生長的規律，也是人才成長的規律，需敬畏它、遵循它。想實現從「士才」到「將才」的飛躍，就需要建立正確的職場價值觀，遵循人才成長的規律，潛心修煉基本功。

不想當職場將才的員工不是好員工

采妍是一名普通的大學生，畢業後就在一家知名企業從事文書管理的工作。但企業部門多，文書要處理的事務繁雜，同時還要管理資料檔案，采妍經常忙到最後一個離開辦公室，踏著月色回家。雖然較為辛苦，但采妍的工作絕不打偷懶，特別是文件的排版和印刷品質，她會傾其所能做到盡善盡美。

為了在工作上能進一步提升自己，采妍利用業餘時間完成企業管理學分的學習。企業在很多時候要和多個國家的企業往來，熟悉外語也會對工作的效率和品質帶來一定的效益。發現這一點後，采妍透過培訓班的學習，通過了全國德語二級考試。三年後，辦公室剛好需要一名副主任，由於采妍踏實肯幹、勤奮、努力，得到上司和同事的認可，順利的走馬上任。在工作中，采妍注重自身專業能力的培養和提高，充分發揮自己的工作潛力，獲得了上司的讚許和信任。兩年後，在內部競爭行政助理這一職位的時候，采妍憑著自信和實力在眾多的競爭者中一舉獲勝。

成就永遠屬於有準備的人。采妍不斷完善自己的工作弱項，全面發揮自

己的工作才能，同時參加了人力資源培訓等課程，針對自己較為薄弱的地方，不斷的學習、累積經驗。即使勝任行政主管以後，勇於創新的采妍依舊虛心學習，堅持著自己「沒有夠好，只有更好」的工作原則，積極進取，用心演繹著自己的每一天……十年後，在大學同學的聚會中，采妍遞給同學的名片上的職稱是「總經理」。

如果你與一位已經十年沒見面的同學、朋友偶然相遇，遞給對方一張名片，你最希望這張名片上有些什麼內容？名片上的職務或稱呼是什麼？這張名片上的什麼工作內容讓你羨慕？可能這些問題你從未認真想過。不過，成為一名將才、帥才，肯定是你職業發展的方向和目標。在戰場上，不想當將軍的士兵不是好士兵，同樣的，在職場上不想當職場將才的員工也不是好員工。

將才特質

將才既不同於帥才，也不同於一般人才，是介於帥才和一般人才之間的人物。各行各業包括經濟、政治、軍事組織中，將帥無處不存在，不同行業不同領域中將帥的能力要求也不同。處於領導和管理之位的將帥決定著整個企業命運和策略管理水準的高低。

將才不僅要有良好的政治思想素養、專業知識、心理和身體素養，還需具備較強的人際關係，愛才用才、協調控制、預測和決策能力等。將才按職能細分為：各業務部門的負責人、部門經理、專案經理、分公司、區域經理等。帥才需有領袖氣質：深謀遠慮有前瞻思想，懂得智慧的掌控全局。帥才領導將才，能不斷給將才提供方向，設定企業前行的軌道，並創造完備的策略使將才沿著軌道疾速前進。

在經濟全球化過程中，匱乏的不再是市場與資金，商戰中決勝的關鍵是在組織中是否擁有核心能力與人才。如何招募、培育與發展人才也是企業面

臨的首要任務和最大挑戰。將才不需要萬中選一的天賦異稟，也絕對沒有速成的方程式。

將才需有全面的能力、完善的人格特質，並且能將思考範疇、主動積極、負責等內化成為一種習慣，這些都需要長時間的淬煉，才能逐步養成。想要成為將才，必須踏踏實實的打好將才的基礎，等待戰場的出現。若是一味冀求速成，只會是一閃即逝的流星，無法獲致長久的功業。

想當職場將才，先成為職場人才

人才等於能力加人格特質加積極性，而能力來自於五大習慣的建立，再加上一定的經歷、邏輯、廣泛涉獵各種事務。

人格特質是指在組成人格的因素中，能引發行為和主動引導他人的行為，並且在面對各種刺激時，都能做出相同反應的心理結構。將才必須具備的人格特質包括正向踏實、穩健成熟、積極負責等。

五種習慣包括思考習慣、整理資訊習慣、分析習慣、系統習慣、結構習慣等。如果一個人能建立起這五種習慣，對事物就能融會貫通、舉一反三，其創新、領導、判斷、遠見等各種能力不斷的得以發展，進而一步步建立起價值觀，並且保持一定的積極度。在這五種習慣中，思考習慣又是最重要的。思考習慣其實就是把外界的資訊、知識和方法內化。關於思考的習慣，要注重兩點，一是客觀的看待所有事物，二是思考、判斷事物時的平衡感。客觀是思考的基礎，平衡是思考的品質。在思考過程中，能綜觀全局，並且保持視野的廣度和思考的深度始終是重要的。你可以透過「變革觀念 —— 思考 —— 深度思考」的方式，來逐步形成自己的思考習慣。

將心是非常重要的，所謂將心就是擴大思考的範圍，不受限於自己的職位，能跨越自己職責範圍和所屬部門，甚至整個企業與整個產業，發揮主動的工作心態，積極提升職位、部門和企業的價值。一個人的職場基本態度與

觀念，是潛藏於一個人內心中的理念、價值觀，也是所有行為的來源，它影響著一個人的職業生涯。如果方向走偏了，那麼所有努力都是枉然。你要培養「心大於職」的習慣，如果經常有著「心等於職」、「心小於職」的態度，職業生涯的提升空間就小了。要想成為將才，就要將「被動的積極」的職員心態，變成「獨立、積極、主動思考」的將才特質。

總體來說，有著思考的習慣和良好的工作心態，是成為獨當一面的將才的先決條件。在這個基礎上利用各種資源，不斷拓寬自己的知識面，提高自身的綜合能力，既要累積工作經驗，也要懂得為人處世，能處理好各方面的關係，這樣才能成為將才。

總結提示：

無論你是工作五年、十年或者二十年，既然都是希望能夠生活得更好，那麼對於職業更要懂得審時度勢、對症下藥，要知道工作是幸福的基礎。職場路漫漫，每個階段都會遇到不同的問題，工作最初的一到五年裡，你需要審視的是自己是不是朝著一個明確的方向；工作五到十年裡，你需要審視的是目前的位置是不是相對來說已經上升到新的高度；等過了十年這個坎，你需要審視的就是新的攀登了……

第九節　別讓年輕的你變得麻木

不少人工作了一段時間之後，不知不覺中成了一個無所適從、麻木的機器人。雖然完成了一個又一個專案，解決了一個又一個問題，但原本熱火朝天的奮鬥熱情，只剩下對薪水獎金的計較、抱怨;原本創意十足的工作靈感，如今已轉變成準點下班的機械模式;關於人生，只是隨遇而安……種種跡象，都或多或少的暴露了一些職業麻木。

平靜背後的險境

從科技大學畢業已經七年了，瑞德在已經做到了高級主管的位置。對任何事物都表現得很平靜了，工作中出現普通的問題也不會著急了，因為他相信「存在問題很正常，沒有問題那才不正常」。起初，瑞德以為是時間磨平了自己的棱角，自己適應社會了，變得「成熟、沉穩」了。得知同學玉霖讀完博士後當了大學老師，如今正在帶著一批研究生研究課題，新成果不斷見報，有的還獲得了國家科技獎，生活、事業有目標時候，瑞德才發現，自己整天是在機械式的生活和工作。這份工作，說好不好，說不好也好，因為收入，因為職位，因為一些這樣那樣的原因，慢慢就變成了溫水裡煮的青蛙，雖然溫暖，但不知不覺中就跳不動了。

麻木是一個貶義詞，也許有人看到會不舒服，不願意承認麻木的存在，也有的人把麻木當做適應，就像被溫水煮的青蛙一樣，早已經習以為常了，絲毫感覺不到危險的存在。

透視職業麻木的表現

責任感的缺乏是職業麻木表現之一。回過頭來想一想，剛進入職場的時候，你是不是對本職工作兢兢業業，從身邊的小事做起，關注每一個細節，關心企業的命運？但幾年後，你就變得麻木不仁了。就拿上班打卡來說吧。當你因為忘記打卡被告誡或者被罰款的時候，你想的是什麼？是不是在抱怨：「這麼一點小事，至於這樣嗎！」如果你是新職員，你可能會考慮「如何解決忘記打卡的問題」，進而給出「製作打卡溫馨提示牌」的建議。

過度自信是職業麻木表現之二。有時候你有著滿滿的自信，認為這件事情非常簡單，處理起問題來「瀟灑利索」，不帶猶豫。你有沒有問過自己：過於相信自己能力的同時，所表現出來的是不是也是一種麻木？

對於習慣的堅持是職業麻木表現之三。固然，一個人在某一階段有自己

成功的一面，但是固步自封，用舊習慣引導著新實踐往往會犯下錯誤。時間、機遇、因素都已經改變，如果你在討論工作時還有著「以前怎麼做」的壞習慣，那麼不僅不會產生卓越的成就，還會栽跟頭。成功的案例是不可複製的，「完全照搬」就是患上職業麻木最明顯的表現。

思想落後是職業麻木表現之四。思路決定出路，有什麼樣的思想觀念，就會有什麼樣的行為。人類的發展歷史證明，思想觀念落後，會導致社會停滯不前，甚至倒退。同樣的，一個思想觀念落後的人，看不到世界前進的腳步，看不到時代發展的潮流，看不到與別人的差距，只會沉迷於現狀，不思進取。看不到差距是最大的差距，看不到危機是最大的危機。思想落後、觀念陳舊的人常常會變得麻木。

改變現狀，預防麻木

培養新觀念，學習新知識。當今的時代是一個變卓的時代，社會生活日新月異，參加課程設置內容新穎、前衛，既有深度又有品位的學習，可以收獲新知識、新理念，開闊新視野。從學習中，你可以發現經濟發展速度之快，找到自己的差距，深切感悟到終身學習才不會被淘汰，防止出現職業麻木現象。同時，將你的學習成果轉化為謀劃工作的思路和展開工作的措施，能幫助你順利解決問題。

創造新目標。從某種意義上說，處於逆境中的人往往比身在安穩狀態、毫無憂慮的人更有進取的動力。在逆境中，人往往會格外勤奮，為了目標，往往會不懈的努力，生活工作因此變得有意義。然而，經過一番努力，達到一個相對安穩的狀態後，有意義的生活狀態就有可能被打破，隨之而來的是迷茫、麻木。要擺脫這種狀態，就需要繼續給自己尋找新的目標。你的新目標可以是對未來新的憧憬，也可以是回首以前，發現未曾實現的夢想。每個人都是這樣，偶然間的梳理思緒，才發現原來自己還有那麼多可以讓自己激

動不已的夢想沒有實現。當你豁然醒悟了，就會迫不及待的要投入到新的「戰鬥」中去。

　　積極參與活動。常言道，百聞不如一見。無論是企業的公益活動、商業活動，還是朋友之間的聚會、各種休閒活動，你都會發掘新的機會和今後工作的動力。每個人都有自身固有的特質、潛能和智慧，和不同的人溝通，有形和無形中你都會受到影響和薰陶。尤其是與獨立自信、博學多才、才思敏捷、充滿活力的人相處，你會收獲許多經驗和啟示，才不會在不知不覺中變得麻木。

總結提示：

水滿則溢，日滿則虧。人在達到一定的程度的時候，應該把那些陳雜的、擾亂己心的東西清理一番，不斷的領悟，不斷的超越、完善自己。這樣就不會變得麻木，因為有許多東西要學習，因為自身還有許多不足。同時，要以腳踏實地為中心，有積極、自信、勇氣、開闊的人生態度去追尋理想，發現興趣，努力學習，以跟得上時代的發展。

第十節　客戶也是你寶貴的資源

　　如果你的工作需要與客戶接觸，那麼你完全可以向你的客戶學習。這種學習，會讓客戶的知識經驗，成為你自己工作知識的一部分。客戶也是你的人脈。你在一家企業工作，最大的收穫是你認識了多少人，累積了多少人脈資源。這些資源不僅對你在工作時有用，即使你以後離開了這家企業，也是你終身受用的無形資產和潛在財富。

客戶是你的人脈資源

　　二〇〇七年的時候，芝菁開始負責售後工作。在工作中，芝菁千方百計的為客戶著想。得知專案負責人喜歡繪畫和陶瓷。她走遍了北京的各大書

店，聯絡了許多在國外的同學，芝菁終於找到一本系統的介紹中國陶瓷的英文版圖書。當芝菁拿著這本書去拜訪這位負責人的時候，她很意外。接著，芝菁努力補充相關知識，例如陶土的選擇等等。有一次這位負責人在母校舉行個人手工陶瓷展，芝菁還特地飛到美國去展場現場拜訪。皇天不負有心人，二〇〇七年底，在簽訂此大案子的時候，芝菁和這位負責人已經完全成為朋友。

後來的工作也相當的順利。關於該營運商的年度預算，芝菁自然是所有設備供應商中第一個知道詳情的，因為在做預算的時候她就告知了芝菁初步報價。芝菁及時提供了符合要求的建議書，在時間上取得了較大優勢。再加上其他朋友的幫忙，最後的合約額遠遠高於競爭對手。

你如何對待客戶，客戶也會同樣的對待你。在你成長的過程中要注意，始終保持對客戶資訊的靈敏度，以累積自己的人脈資源。

做事先做人

在未來的商業運作中，競爭的成敗將更多取決於獲取資訊是否充分、及時。每個人總是在不斷的開發自己的人脈網路，以建立更龐大和更有力量的人脈網路，才能及時發現資訊，並且從資訊中進行提取和總結，發現新的市場機遇。

人脈與人際關係有著千絲萬縷的聯繫，如果沒有人脈資源，人際關係就是空泛的、毫無任何意義，而人脈資源的開花結果則依賴於良好的人際關係為基礎。可以說經營你的人際關係是面，經營你的人脈資源是點。人際關係是花，人脈資源是果；人際關係是目標，人脈資源是目的；人際關係是過程，人脈資源是結果。

工作中你會與各類客戶接觸，如廠商、供應商、零售商、加盟商、合作商、消費者等，這種商業活動在考驗著你的能力和品格。在進行商務交易和

往來的過程中，在為顧客做好服務，提高經濟效益的同時，切莫忘了投入自己的誠信和情感。一次短暫的聚會，一次偶然的邂逅，都是隨緣的機遇。你不能看輕任何一個人，也不要疏忽任何一個可以助人的機會。對每一個人你都應熱情以待，學習把每一件事做到完善，善於表現自己，而又理解他人，你的人生或事業也可能從此就會與眾不同。

經營客戶，拓展資源

將客戶分類。客戶人脈資源根據重要程度的不同，可以分為：核心層人脈資源、緊密層人脈資源、鬆散備用層人脈資源。核心層人脈資源是指對職涯和事業能起到關鍵、重要、決定作用的客戶。這些資源根據你目前所處的職業位置、事業階段以及未來的發展方向不同而不同。比如對自身業績有重大影響的重要客戶、以及其他可能影響職業與事業發展的重要人物等。緊密層人脈資源是指在核心層人脈資源的基礎上的適當擴展，例如次重點客戶、對自己有影響的人等。鬆散備用層人脈資源是指根據自己的職業與事業生涯，在將來可能對自己有重大或一定影響的人脈資源。比如一般的客戶，或者有聯絡、熟悉的而沒有實際業務往來的客戶。

向客戶學習。如果你面對的是中高階客戶，你就有更多的學習機會了。因為這樣的客戶，往往處於企業中的中高管理層，無論是閱歷和能力都是你所不具備的。在與客戶相處的過程中，如果把自己擺在下屬的位置，那麼，這些客戶是非常樂意指點你的。

一個人能成為企業的中高層，肯定有一些成功的經驗和獨到的見解。有的客戶在採購過程中，要考察、評估很多供應商，他們的認識可能比你更全面。如果在溝通中用些請教式的語句，可以創造更多讓客戶指點的機會，同時也可以在客戶的指點中發現他們的需求。如你可以用「您認為呢？」、「您的建議呢？」、「我們公司的產品您覺得還需要哪些改進呢？」、「您覺得我們

和同行相比還有哪些不足呢？」

對於客戶提的建議和指點，哪怕是一件很小的事，也要及時落實，否則，客戶會覺得你在做表面文章。有一位銷售人員去拜訪客戶時，客戶建議她讀一本書，出差回來後，這位銷售人員很快就買了這本書，認真讀了一遍。當她再次拜訪客戶的時候，就談了很多對這本書的體會。客戶對她有了新的認識，從心裡認可了她。後來雖然這位銷售人員換了家公司，但是客戶依然會與她合作。

總結提示：

如何開發潛在的客戶資源？

第一，客戶介紹，擴展你的人脈資源。根據你的發展規劃，列出需要開發的客戶，你就可以讓你現在的客戶幫你尋找或介紹你所希望的目標客戶。

第二，參與社團。平常太主動親近陌生人時，容易遭受拒絕，但是參與社團時，人與人的接觸是在「自然」的情況下順利進行的。為什麼強調自然？因為自然的情況下人與人的互動，有助於建立情感和信任。你可以透過社團裡面的公益活動、休閒活動，產生人際互動和聯繫。參加某個社團時，你最好能爭取到一個幹部的角色，如果是理事長、會長、祕書長更好，求其次也要當一個發起者。這樣你就得到了一個服務他人、接觸他人的機會，在這個過程中，也自然的就增加了你與他人聯繫、了解的時間。在選擇社團時，要選擇有潛力和實力，能獲取最前端、最新鮮資訊的社團。

第四章　優異的才能充分展現 ——
贏得上司賞識

　　一個人想在社會上有所作為，離不開上司的賞識。要讓上司肯定你、重視你，最有說服力、最能讓人信賴的方法首先就是：你有良好的工作成績。你能盡職盡責、認真做事是基礎，另一方面還需給上司留下好印象，與上司保持良好的關係。與上司溝通是一種藝術，也是職場人士不可或缺的能力之一。

第一節　二十歲跟對人三十歲才能做對事

　　人很容易受到別人暗示的影響。在現實生活中，和什麼樣的人在一起，有時能改變你的成長軌跡。和勤奮的人在一起，你不會懶惰；和積極的人在一起，你不會消沉；與智者同行，你會不同凡響。跟對人，即在工作場合中，與上司建立良好關係，是創造優異業績並取得輝煌事業的必要條件，也會使你的升遷之路走得順暢。

跟對人更能做對事

　　初入職場的祺鳳，對資深同事告誡自己的「跟對人才能做對事」並不贊同，她認為受到上司的關照是走旁門左道，只有「做對事」拿出好的業績才是真本事。因為自己現在的上司，從一名普通的行銷員做到銷售經理，再到北部銷售經理，從一個月幾萬元薪水做到現在的幾十萬元月薪，也都是完全靠自己的業績得來的。

　　祺鳳努力工作，想憑著踏實本分和努力，提高業績，獲得公司和客戶的認可。奇怪的是，收效並不與她的付出成正比。偶爾一次，祺鳳發現與她一起進公司的其他同事更有效率，大家都看得出新同事並沒有比她更努力工作，為什麼會這樣呢？悄悄觀察，祺鳳才明白原因，為什麼同事會如此高效率。原來同事把上司當老師兼朋友，不懂就跑去問，甚至爭取成為上司的「助理」。成為「助理」以後，工作量增加了，有時候週末還主動加班。祺鳳向同事請教，同事告訴她：「雖然辛苦了一些，但是自己的實力在倍增，因為跟著上司做事情，視野馬上變得不一樣，並且學到了許多面對和維護客戶的方法。」

　　一味強調憑藉自己努力，認為「與上司處理好關係就是阿諛奉承」的看法是錯誤的。作為下屬的你，若是將上司擴展成良師益友，可以使你不

至於在職場中走得跌跌撞撞。若是經常和上司共同工作，你也會更加睿智和優秀。

跟對人，你會少走很多彎路

什麼是跟對人，就是入行後要跟個好上司好老師。對於一個人的發展來說，一個好上司是非常重要的。所謂「好」的標準，不是他發給你多少薪水，而是你從他那裡學到多少東西，對於人生的發展有什麼樣的影響。就像那些取得成就的創業人一樣，這些人當年也都多處於逆境，在逆境中苦苦掙扎後，最終獲得發展機遇成就了一番事業。和這樣的人在一起工作，即使身體很辛苦，但是你永遠不覺得疲勞。即使當時你沒有得到什麼實惠，但是你還覺得你得到了許多。為什麼？因為你從他們的身上學到企業管理的學問和做人的學問，學到了許多先進知識，你獲得的心靈力量永遠大於你獲得的物質力量。

人生就是這樣。和聰明的人在一起，你就會變得聰明；和優秀的人在一起，你也會變得優秀。這也許就是潛移默化的力量和耳濡目染的作用。學最好的別人，做最好的自己。有些機會，你以為是偶然，其實都是必然。有些命運，你以為是必然，其實只是偶然。如果在你的職業生涯裡遇到這樣的人，該出手時你就出手。因為和這樣的人在一起工作，你永遠都不會失望，每一天都會有無窮盡的收穫，你應該最大限度的去發展自己的才能，這樣你才能快速成長。

現在企業都講究團隊協作，在一個高效率的組織中，上司與下屬總是一個相輔相成、親密合作、有效協調的統一體。而一個團隊必定有一個核心領導人，任何一位領導人，只要他坐在領導者的位置上，就說明他有高明或過人之處。任何人的專業、能力和視野都是有限的，沒有上司的支持，有時候你會走許多彎路。你需要以職業化的思維解讀下屬的角色，並在成就上司的

過程中，更好的成就自我。

「好」領導者的標準

有遠見，綜觀全局。好上司首先要有遠見，能夠以整合的務實觀點綜觀全局，要能制定政策，建立長遠、切實可行的，能為企業解決問題的政策。並且要有能力執行政策，為政策辯護。因為勇於辯護是要維護執行政策、解決問題的形象和能力，能讓企業和職業有所期待。好上司需有遠見，全面的分配資源及相關投資，用「對」的方式做「好」的事情。同時，能夠脫離事物的表象，看到事物的本質，用策略和全局的眼光協調各種利益關係。

有較強的團隊領導能力，能建立一個團隊的文化。好上司能洞察和掌握企業整個商業環節的全過程及因果關係。在這個基礎上，能正確判定和區分事務的輕重緩急，從資訊的收集、整理、分析、加工、備案等方面來設置相應的企業機制和規則，並在處理事務之後正確的總結評價，使決策效果能夠持續改進和提高。

上司的人格魅力。真正的領導能力來自於讓人欽佩的人格。人格魅力是指由一個人的信仰、氣質、性情、相貌、品行、智慧、才學和經驗等諸多因素綜合體現出來的一種人格凝聚力和感召力。好上司不僅能協調自己人格中的各方面，保持自己人格的統一與和諧，而且保持心理健康。這樣的上司用尊重、理解的方法去幫助別人，用工作能力和積極的品格去影響別人，為別人提供舞臺和機遇，以自己的人格特徵贏得下屬的信任與支持。

總結提示：

什麼樣的上司不能跟？

第一，不善用人型。不善用人的上司並不是不想給人才一個適合的職位，只是因為他們缺乏對人才深刻、全面的認識，不能根據人才的優點和缺點，合理安排使用，最終導致了用人不當。「善」

包括善用、善待、善意，了解、關心職員的成長，發掘職員的潛能，激勵職員的創新。不「善」常常會造成下屬和上司之間溝通有障礙。

第二，目光短淺型。這樣的上司缺乏策略的眼光，容易安於現狀，自然就不會去對全局進行長遠的規劃。一個好的上司，天時、地利、人和，哪一個方面都會考慮到，對事態發展的考慮周詳，善於長期規劃與運作。

第三，過河拆橋型。這樣的上司總是懷疑別人，能共患難，不能共富貴。在需要幫助的時候，讓下屬盡心盡力輔佐。過了河以後，往往不顧昔日情分，將其打入冷宮或者一腳踢開。

第二節　先把上司當前輩

上司與你是友不是敵

每個上司都希望自己的下屬能夠獨當一面，把工作做得更好。很多下屬往往不了解上司的這種心態，總是將上司與自己看成是管理者與被管理者的關係，有的下屬甚至認為，由於雙方之間立場不同而存在著衝突。一名下屬如果有這樣的心態，在工作中往往帶著抵觸、對抗和抱怨，這對自己的發展是極為不利的。實際上，對於下屬來說，應該先把上司當前輩，這樣既有助於自己的發展，也可以實現自己與上司建立和諧的合作關係。

士敏三年前大學畢業，原本是很有前途的人。剛剛進入這家公司的時候，士敏和所有剛踏入社會的大學生一樣信心百倍。但是在這個職位上工作了兩年之後，士敏開始變得憤世嫉俗，甚至對顧客也不滿。士敏總覺得自己不受重視，提交的升遷報告也一次又一次石沉大海。事實上，她的上司在半年前就和老闆商議過，準備選一個合適的機會宣布升遷她為銷售經理。但士敏並不了解上司對她的期望，她不像剛來公司時那樣兢兢業業的工作，反而

喋喋不休的抱怨不公平。士敏的工作態度和行為讓上司非常失望。其實,上司對士敏抱有很高的期望,不過上司認為,士敏太年輕,還需要接受基層業務的扎實訓練。當上司聽到士敏的抱怨和實際工作狀況時,便打消了升遷她的想法。

職場中,我們經常聽到很多下屬抱怨上司的聲音。上司和企業支付薪水給下屬,給予下屬適當職位,是希望下屬能為企業創造績效。下屬沒有得到升遷或加薪,只有兩種情況,不是上司想繼續考察下屬,就是下屬做得還不夠好。就像老師希望自己的學生成績優異一樣,上司也希望下屬努力工作,可以放心的委以重任。

嚴厲的上司其實是對你有期望

上司與下屬是一種相互依賴的關係。上司為了有效的完成工作需要下屬的協助與合作,而下屬想要獲得比其他人更多的成功機會,唯一的選擇就是達到甚至超越上司的期望。能夠超越上司期望的下屬,才能獲得上司的賞識和信賴,使上司在有限的資源配置、資訊共用、物質利益等方面向你傾斜。

另一方面,上司的期望也是下屬成長的最佳通道。多數人都希望能學到更多知識,累積更多經驗,除薪資外,職業發展是許多人第二重要的考量內容。人人都希望獲得升遷機會,都希望自己能在職場上一帆風順、快速成長,而實際工作中,每個人都會遭遇成長的迷茫。儘管許多年輕人認為「我的地盤,我做主」,自己在摸索中前行也會取得成績。但這樣不僅會碰壁,最大的問題是成長速度緩慢,有時甚至會走錯方向。借助上司的幫助和指導,可以避開這些挫折。

上司基於部門的規劃和發展,對下屬的個人定位和努力方向有所期望,加上豐富的經驗與管理智慧,其指導意見最具實用價值。和你一樣,上司的時間和影響力也是有限的,他不會因為一些相對來說微不足道的小事而消耗

自己的資源，所以會有所選擇。如果你想讓上司的眼光在掃視眾人、停留在你頭上時眼前一亮，就要超越上司對自己的期望。

與上司保持一致

了解上司對自己的期望。工作中，要清楚和明確了解上司對自己的期望。如果上司關心明年的規劃問題，你就別忙著做年度績效考評；如果上司最近希望提高利潤，你就不要忙著提升銷售額。有的上司會直接說出來，有的上司並不明確的說明他對你的期望。不過，對於有上進心的你而言，應當主動跟上司溝通，不要等著上司來跟你討論發展期望。如果你搞不太清楚上司對你的期望，不要從表面現象去判斷，可以嘗試從上司的要求中分析。

工作風格需協調一致。上司在接受資訊的時候，會有不同的風格，與上司建立良好的工作關係，首要的是照顧到各自的工作風格差異。下屬可以根據上司獲取資訊的首選方式來調整自己的工作風格。上司一般分為閱讀型和傾聽型。傾聽型上司通常喜歡下屬親自彙報資訊，以便於提出疑問。閱讀型上司通常喜歡以書面報告的形式獲取資訊，他們覺得白紙黑字的東西看起來很清楚，可以對其進行閱讀和研究。如果你的上司是傾聽型，你就用講的向他彙報工作，同時再提交一份備忘錄。如果你的上司是閱讀型，你就需將重要的事項或者提議放在備忘錄或報告中，然後再對此加以討論。

根據上司參與下屬工作的程度，把上司分為參與型和放任型。參與型的上司希望下屬事無巨細的跟他彙報清楚。在工作過程中，你也最好每次有進展或者有困難的時候都要告訴他，下一步你有什麼計劃和打算，也要及時彙報。如果你的上司和你不在同一處辦公，那麼每天至少打一個半小時以上的工作電話，把你當天的工作扼要的彙報一遍。因為了解足夠的細節你的上司才會放心，他通常樂意向你提供工作指導。放任型的上司則完全相反，在一開始跟你接觸的時候，他可能也會顯得像參與型上司，當他對你的能力有信

心了，覺得你是專業人士了，就會慢慢減少對你工作的參與。當他交代了一個工作給你，除非你不能完成，基本上就不用找他。如果你還是整天向他彙報工作細節，他可能會覺得你不專業或者缺乏工作能力。

從上司批示和資料中領會。上司閱讀文件、資料後的批註，體現了對某一問題、某項工作、某個事物的看法，悉心研究批註中的思想觀點，你能從中發現上司對一些問題的基本看法。有些下屬沒有認識到這一點，對上司的一些指示、意見，不細心領會。這正是有的下屬整天在上司身邊轉，卻摸不清上司意圖的重要原因。另外也要重視上司的談話。上司在一個時期的決心意圖，大都體現在一些談話和會議中，在各種場合、各種時機也會透過言行流露出來。下屬留心觀察上司的言行，注意收集上司平時一些零碎的思想，長期堅持，積少成多，連貫起來思考分析，準確的掌握上司的意圖也是水到渠成的事了。

總結提示：

每個上司都喜歡下屬工作時一心一意，厭惡那些不負責、不自量力、不識大體的下屬。在跳槽成風的今天，誠信顯得尤為重要。如果你態度消極、工作不專心，雖然可能並沒有荒廢自己的職位職責，但被上司發覺後必然沒有好結果。即使沒有被辭退，以後的發展和升遷肯定不會再被考慮了。有的人在上班的時候處理私人事務，有的人甚至在上班時間利用公司的電話與朋友聊天，這些行為都是違背最基本的職業道德，被上司發現後肯定對你印象不佳，他會認為你對公司和工作不夠尊重。既使你技術出眾或者能力過人，也不能有驕傲或者看不起同事、上司的習慣，而應時刻保持對同事和上司的尊重。一個有能力而識大體的下屬容易得到上司的信賴和重視。

第三節　上司是你學習的榜樣

在實現職業生涯發展目標的道路上，大多數人走得並不輕鬆。當職場人

士為破解這道難題而「絞盡腦汁」時，卻忽略了看起來似乎已經過時的方式
—— 榜樣。成長的動力源自榜樣，在職場中也不例外。實現職業生涯路上更
快更好的發展，以榜樣為鑒，找到自己的不足，從榜樣身上找到解決之道，
是最原始最有效的辦法。

學習職場好榜樣

初出茅廬的太哲以寫文案的身分進了一家公司，沒待兩個月，主管突然
離職，市場總監便安排太哲補缺。沒有交接，沒有指導，一切都要靠自己摸
索。太哲經過幾個月的努力，一切才慢慢走上正軌。而此時，上司把整個市
場部裁掉，只留下太哲一個人。

和上司一起工作，太哲偶爾也會耍耍小聰明。一個週末，太哲和上司去
參加節目錄製，之前，上司提醒他帶上幾本新書，太哲給忘在了腦後。上車
後，上司突然問：「新書帶了嗎？」「哦，今天公司沒人，我就沒上樓。」太
哲努力保持鎮定。上司問他：「你確定？」太哲只好說了實話。上司沒有責怪
太哲，只是提醒她，小聰明雖然可以贏得暫時的原諒，但真正輸掉的卻是個
人的職業素養。自此以後，太哲就把上司常說的「認真第一，聰明第二」理
念作為工作準則。

有一次，上司正要去外地，卻接到報社打來的電話，請上司寫一篇經
濟評論文章。上司詢問編輯：「你覺得我應該怎樣寫，才能配合你們這個專
題？」太哲不解，上司的稿子從來都是編輯所搶著要的，他完全可以發表自
己的獨立見解。上司告訴太哲要站在客戶角度去考量，這就是客戶價值。
在工作中，太哲也慢慢的參透其中的奧祕。在招聘面試時，太哲不再高高在
上，而是把應徵者當成自己的客戶，先查閱應徵者的履歷，了解應徵者的需
求。面試結束後，太哲不會說應徵者是否適合公司，而是問應徵者覺得是否
適合。太哲清楚，每次面試，都是傳播公司品牌的好機會，積極的客戶價值

是最重要的。

學習榜樣的目的在於透過成功經驗以及累積的智慧，幫助職場人士改進自己在職業生涯中的不足之處和某些錯誤認知，避免犯一些錯誤，減少摸索的時間，從而快速達到在職場順暢發展的目標。

榜樣就在你身邊

長久以來，許多人都有一種誤解，認為榜樣應該是那種高高在上的形象，似乎像明星經理人、企業家這些非凡成功的人物才能成為榜樣。其實榜樣就在你的身邊 —— 你的上司。

的確，沒有哪位上司在下屬眼中是完美的，但上司之所以能成為上司，肯定有他的過人之處，而這些恰恰是下屬所不及的。不管是他銷售經驗豐富、業績突出；或者是他性格特點、能力潛質得到老闆認可；或者是他為人處世頗受歡迎；又或者是他思路清晰、方法新穎而得當等等。總之他們都有下屬所不具備的經歷、技能和一定的優勢。

你的上司是一座藏有無數珍寶的露天「寶藏」：行事清晰且思路完整，處事方法得當，能夠輕鬆的應對各種問題和風險，處理人際關係遊刃有餘……這些經驗、方法擺在你的面前，唾手可得，你無需費心費力去尋找、挖掘。你的上司也是一面「鏡子」，透過對照，你知道自己哪些做得好，哪些做得不好。

像上司一樣工作

善於發現上司的優點，啟發自己。學榜樣是件知易行難的事情，詳細了解其中的細節和關鍵，才能得到期望的結果。用積極的眼光去發現上司的優點，因為職場所需的是綜合素養，不是單一的技能。你要了解「學什麼，怎麼學」，發現自己的問題，從自己身上找原因，而不是不顧個人的實際情況，

照搬照抄。同時，你在學習過程中，要善於用智慧啟發和剖析自我，學習上司是如何成為上司的，而不是盯著上司的最終成果。

　　熱愛工作，把每一項任務當成學習。像上司那樣，對工作戒除浮躁、孜孜以求、潛心思考，努力在工作實踐中豐富閱歷，累積經驗，以量變求質變。像上司那樣實現工作學習化，把學習貫穿滲透在每一個工作環節中。培養學習式的工作思維，就是要像上司那樣學習，縝密研究和思考問題，努力尋求解決問題的正確方法，並從中提煉出規律，做到舉一反三，觸類旁通。

　　站在上司的立場想問題。遇到一件事情，你需要深入的思考，並進行換位思考。上司交給你的一件事情，許多人只會想自己能不能做好，有多大的好處。但這件事情的來龍去脈，對你上司的好處，將會產生的影響力，你必須思考。因為只有你了解這一切，你才能做出正確的判斷。如當上司讓你完成一項任務時，你應該想想：這項工作是不是一個獨立的事件？為什麼要做，為什麼找你做，你的同事會有什麼看法？你上司的同僚會有什麼看法？在公司裡會有什麼反響？這些都是你上司每天都在考慮的，若你站在上司的立場，把整個問題想清楚，就知道，他為什麼會命令你做，這件事情對你上司有多重要，這件事情是不是可以推脫。這也是他為什麼是領導人，而不是在底層做小職員的原因。

總結提示：

職場中奮鬥的你，如果希望自己能夠更快速成長，希望自己能夠在職場上有所成就，那麼就要像上司一樣工作，看看上司的工作態度，確保自己是自然的和積極的；模仿上司跟客戶談判的模式與說辭，了解他們用了哪些方法；學習上司處理工作的思路；觀察上司是如何規劃、設計和安排工作的；模擬上司在遇到問題時，是怎樣利用資源解決問題的……把這些融化到自己的習慣和行動中，不知不覺你就會發生潛移默化的改變。

第四節　理智看待上司的缺點與錯誤

你的上司也只是一個普通人，他也會有缺點，也會有犯錯誤的時候，也會有情緒低落的時候，也會有發脾氣的時候，工作當然也有失誤或者考慮不周的地方。別以為當上司很容易，上司也有無助的時候，上司也需要不斷鼓勵，每個上司都有「心理底線」。別希望上司會給你溫暖，因為他站的位置比你高，他比你更寒冷。面對上司出現的失誤，你需要理智對待。

上司錯了，怎麼辦？

當眾揭發型：康釗慧在銷售部工作已經三年了，卻一直沒有得到升遷。她私下向已經當上財務部門經理的校友抱怨。校友告訴釗慧，上司是你的上級，尊嚴不容冒犯。你經常不給上司面子，她又怎麼會給你面子呢？釗慧不明白，校友舉了兩個例子。來公司的第一年，有一次經理和公司的董事長一起來檢查工作，當來到她的辦公室時，釗慧對經理說：「經理，我發現公司的內部管理比較混亂，有時候連一些重要客戶的訂單都找不到。」當時董事長就在身邊，經理的面色立刻大變。去年公司召開年終總結大會，主任講話時出了個錯，主任說：「今年本公司的合作企業進一步擴充，到現在已發展到五十六個」。話音未落，康釗慧站起來，對著臺上正講得眉飛色舞的主任高聲糾正：「錯了！錯了！那是今年年初的數字，現在已達到七十九個了。」全場譁然，主任的面子被這一句突如其來的話丟得乾乾淨淨。

委婉建議型：照航是一家網路公司的總經理助理，他的上司劉總是做學術研究的專家型幹部。由於工作重心長期放在研究領域，劉總對於企業管理是一知半解的。出於對技術的關心，劉總直接管理技術部門的事物，結果導致公司整個管理層職責不明確，工作效率下降。其他部門雖然有意見，但也不敢直言，這讓照航和其他部門溝通起來增加了困難。仔細思考後，照航向劉總提出了建言。照航對劉總說真正意義上的領導權威包含技術權威和管理

權威兩方面，劉總雖在技術方面有著資深的權威，但是在管理權威方面，極待加強。劉總幾經思索後，接受了照航的建議，將更多的時間放在人事、行銷和財務的管理上。公司不穩定的現象得以控制，整體營運進入了高速發展狀態。

誰願意當眾下不了臺？如果你有意見，也不能當眾指責上司。讓上司的顏面掃盡，最終吞下苦果的還是你自己。

你也需要包容上司

當上司絕對不像有些人想像的那麼簡單和舒服，其實上司往往是公司中最辛苦的人。你下了班可以不想公司的事情，但上司要隨時隨地的想。職員沒有完成工作卻照樣拿薪水，而上司不能因為職員沒有完成工作就不發薪水。職員可以偷懶、隨意評論，上司要為公司的業務負責，讓一切井然有序。

因此，要理解你的上司，你當上司不一定有他做得好，即使換一家公司或者換一個上司，你也不一定比他強。設想一下，如果有一天你成為了上司，你會是什麼樣的上司？你是不是也會碰到同樣的問題？你是否能夠比你現在的上司做得更好？你是否能夠讓職員主動自覺的工作？你是否能夠讓同事之間關係融洽，讓職員能全心全意放在工作上？你能否讓下屬聽從你的決定，和你一起經歷各種困難走向勝利？你能否管理好職員，讓他們知道什麼是應得，什麼是非分的？你能否在懲罰過犯錯的職員以後，使他們仍然能死心塌地的和你一起奮鬥，而不會暗中抱怨、算計你？你能否人盡其材，讓職員覺得在你手下工作很快樂而不是很壓抑？恐怕你做不到，否則你就不是下屬，而是成為上司了。

每個人都有缺點，你犯了錯誤，上司常不計較，當上司犯錯誤的時候，你有他那麼有風度嗎？許多人能容納朋友的缺點，能原諒朋友的錯誤，卻不

能理智的看待上司的缺點和錯誤。仔細想想，職場中，你的周圍無非有三種人：下屬、同事、上司。在工作中對你幫助最大的，莫過於你的上司，他能給你需要的資源，當你需要人手幫助、需要提升的時候，都要上司的支持。也許你和同事、下屬關係融洽，但職場不是用來建立感情的，而是要做成事情，是為了取得成就而來的。你的同事與下屬，最多給你道義上的支持，有誰能拿出實際的東西來支持你？如果上司不支持你，你什麼也得不到。上司是你工作中最大的貴人，處理好和上司的關係是你的義務。

如何「指點」上司

化指責為提醒。有時候上司會把文件擱在一邊，既忘記翻閱也沒簽字。當有關部門索要時，他反而質問下屬為何不提醒他或者早點給她，這是非常令人氣憤的，明顯是在推卸責任。聰明的下屬在此時不會說批評的話，而是在以後的工作中會多提醒。比如你每天可以很關心上司的報告有沒有簽或者報告沒到他手上的問題，故意提醒他。上司為了不會忘記，會及時主動的看文件。這樣一來，不僅可以保證工作如期完成，而且保留了上司的尊嚴和權威，還增加了你的重要程度。

化意見為建議。向上司提意見，如果能立刻獲得認可，那就非常順利。不過，通常情況下，不認可的現象較多，因為上司需從部門、企業的長遠發展方面來慎重考慮。當你的意見被以「不合適」或者「不贊成」而駁回時，你也不用心灰意冷。你需要檢視看看自己的意見在內容或方法上是否言之有據。你可以把意見變成改善的建議，以資料和事實為依據，讓上司認為可以在實際工作中付諸實施。

多體諒少批評。下屬怎麼應對上司的錯誤，不能簡單的一概而論，其中的影響因素太多，需要下屬根據實際情況採取相應的措施。有一次，一位下屬和上司爭論一個上司明顯犯錯的問題，下屬始終堅持自己的觀點，結果氣

得上司差點高血壓發作。所以，你不能和身體不好的上司進行激烈的爭論。雖然你急於讓上司接受自己的觀點，但實際情況是任何人在遇到一個對立的觀點時，都需要花費一定的時間去轉變心態。所以，當你認為上司有錯時，應當多點細心和耐心。同時，在指出上司錯誤之前，先從他的角度想想。不要忽視了周圍的人際環境和時間安排，要注意維護上司的權威和尊嚴。

總結提示：

企業既然招聘你為職員，就是想栽培你。能如何發展，就看你自己的態度和努力程度了。有時上司明明知道你這樣做會犯錯誤，但還是不得不看著你去犯錯，因為你遲早會犯這個錯誤，早犯錯誤早明白。在培養人才時，上司更是有很多的苦衷：找沒經驗的慢慢培養吧，許多人翅膀硬了就遠走高飛了，等於花錢、花時間為別人培養人才；找有經驗的吧，一來代價較大，二來這些人大多思維已經定型，很難培養成為可以委以重任的管理人才。培養一個人成才，不僅公司要花費很多的錢和心血，上司和公司都要為你的每一次錯誤付出代價，還要教會你很多事情。有些人，對於上司和公司給予的恩惠並不知道感激，反而把那當成是自己應得的，當下一次沒有恩惠的時候則開始怨恨，這實在是極其錯誤的。

第五節　同時面對多個上司如何應對

一個人的工作，如果由多個上司安排，所安排的工作各有差別，那麼做起事來就不知該向左還是該向右。最令人頭痛的是如果上司之間不合，一個這樣說一個那樣講，你這麼做不對，那麼做也不對。都是上司，該聽誰的？不聽誰的？怎麼辦？

被「多頭領導」的苦日子

歐洲一家產品製造和服務供應商，在臺收購了兩家同類產品的製造商和

原來的代理商以後，成立了有限公司，設置了一位臺灣地區的董事長，被收購的那兩家公司的經理分別任新公司的執行副總裁、資深副總裁。

面對新興市場，為了能迅速打開局面，歐洲方面希望能找到一位了解臺灣市場，並在同類產品和服務方面經驗豐富、能力出眾的本地市場行銷總監。海嵐在這種情況下進入了公司的視野。令海嵐困擾的是，由於上司過多，她開展起工作來總是匆匆忙忙、毫無頭緒。

在新加坡的亞太區總裁強調「在臺北，市場占有率是最重要的，必須不惜一切代價去爭取！」但兩位副總不願意做直銷和通路，因為這樣會影響公司的業績，進而影響到他們的業績。因為歐洲公司在收購的過程中先支付臺灣公司一筆資金，在兩年之後才會根據公司的業績支付餘下的購買資金。

在此之後，每位上司都會找各種機會與海嵐單獨溝通，希望能夠在這位新上任的市場行銷總監身上多發揮點「領導力」。在這樣的情況下，海嵐現在不像是市場行銷總監，而成了公關總監，在三位上司之間來回周旋和溝通幾乎占去她三分之二的工作時間。一個小小的方案也會改來改去，市場策略根本無從考慮起。市場部每次策劃的行銷活動最後都匆忙上陣，有幾次董事長提前兩天才決定把已經取消的方案重新實施，而且要按照原計劃執行。結果海嵐的團隊連續三天沒人能回家休息，由於準備匆忙，效果自然差強人意……

海嵐的一些下屬準備離職了，他們告訴海嵐：「向經理，妳對我很好，妳做市場行銷也有實力，但上面的情況妳也控制不了，我們雖然願意跟妳一起把市場建立起來，但不想反覆修改。實在不想再在公司浪費時間，下次有緣我們再繼續合作吧。」

海嵐明裡暗裡不止一次給三位上司暗示：得有個定見才行呀！然而，一切照舊。海嵐開始彷徨，不知道是該留還是該走……

當你的上司有好幾位，上司之間的指示會出現矛盾。每位上司都想掌握

你在他這條線上的最新工作進展情況，總是希望獲得第一手資料。你該怎麼辦？進行有效溝通才是最佳的應對措施。

「隱形」能力

傳統的領導理念是：下屬對一個上司負責；一個公司只有一個老闆，只要把他「搞定」就好。而許多跨國公司是矩陣式管理模式。尤其是許多典型的歐洲企業，非常注重傳統和內部關係網路。作為「空降兵」的海嵐，如何在短期內建立起和上司的關係是應該攻克的第一道難關。

海嵐沒有正確定位自己，她的職位是「帥」，首先應該冷靜的對局勢作一個全面的分析，但實際上她把自己定位成一個指揮衝鋒陷陣的「將」。海嵐本該主動和區域總部、全球總部進行溝通，認真分析臺灣市場在亞太以及全球的位置以及現狀。亞太區總裁和其他上司應該是她的策略夥伴，但海嵐並沒有拓寬自己的空間，也沒有充分發揮自己的職位優勢，而是受制於三位上司的不同意見，使自己成了一個救火隊員，只是頭痛醫頭，腳痛醫腳。另一方面，海嵐沒有分清輕重緩急，海嵐把大部分的時間花在與三個上司的周旋之中，沒有抓住工作的主要矛盾。海嵐真正要做的是按「總部的策略要求和期望制定一個清晰的市場策略，擴大市場占有率」這一個工作。但實際工作中，海嵐要麼拖延、擱置市場方案，不然就是匆忙上陣，以致下屬也對她失去信心而紛紛辭職。

換句話說，由於海嵐不清楚自己的職位對公司的價值。海嵐的「有形」經驗，即開拓市場的能力是有的，但她缺乏的是協調、溝通的「隱形」能力，而這些能力往往對成敗起著關鍵作用。

解開多頭管理的亂麻

關注目標。目標是行動的最高決策依據，怎樣行動最有利於達成目標，

就怎樣做，這是工作的基本原則。關注目標，意味著要敢於做出選擇，要敢於負責，不要怕得罪人。

乾坤大挪移。乾坤大挪移是避免與上司摩擦和對立的辦法，可以結束混亂的職責權利狀況，為自己創造相對簡捷而安全的工作環境。即上司的話都聽，只是不採取任何實質行動。當 A 上司詢問時，告訴她自己正在忙於處理 B 上司交代的事；當 B 上司責問時，告訴她自己正在忙於處理 A 上司交代的事。這樣，就把矛盾轉移到了多頭管理的問題上。上司們要麼協調好了再發出指令，做什麼不做什麼，必須給你一個明確的態度。

行動比上司快，堅持主見。上司之所以可以管到你的事務，多數是因為你的工作有漏洞，或者是你沒有得到上司的支持，就獨自行事。作一個決策快、執行快、彙報快、有主見的人，讓上司還來不及管你的事務，你已經拿出了結果。這樣的人，通常也容易讓人放心。

以退為進。企業領導人通常都是站在全局的角度考慮問題的，他的行為是為了大局。如果上司調用你的下屬不如期「歸還」，這當然會造成本部門工作不便，但如果站在全局的角度看，也許只有你的下屬最合適。當然，你也不一定要犧牲自己，你完全可以表明自己的態度，如讓上司心理清楚：這件事對自己部門造成的損失，工作遇到的諸多困難，同時可以爭取相應的資源來彌補，讓上司感激你的讓步。

總結提示：

如果上司之間沒有衝突或衝突不大，就盡量都要照顧到，都去執行。上司的話要聽，這是你的職責。如果你不願意這樣做，那麼你就要在自己身上找找原因，是你對某個上司有意見？還是你太功利，覺得不是自己的直屬上司就可以不聽？還是自己不願意付出？人在做任何事情時，都會不自覺的設置心理底線。如買東西時能承受的價格。在工作中也會不自覺的設定心理底線，當難度超過這個底線時，就會有情

緒。這個時候，你要做的，是調整這個底線，不要計較付出。

第六節　多做事別問為什麼

不少職場人士都有過「不公平」的感覺：有的人會覺得為什麼自己做的工作多，反而拿的薪水比別人少；自己一身才氣在公司卻不受重用；提案或者企劃總是不被採納……為了獲得答案，往往會質問上司為什麼。其實，無論是選才還是處理公司事務，上司都會從整體出發，都有一定的標準。你應該平和的看待這些事情，彌補自己所欠缺的部分，努力把工作做好，而不是把情緒帶到工作中去。

等值交換和「公平的標準」

禹涵滿臉怨氣的走進辦公室，問經理：「我和妤凌同時進公司，為什麼這次升遷她而沒有升遷我？」經理愣了一下，這時，旁邊的堯棟拉著禹涵出去了。禹涵抱怨說：「妤凌有什麼能力？不就是長得漂亮會說話，還會寫個文章嗎！」堯棟說：「就是因為妤凌長得漂亮會說話，還會寫文章，才會提拔這樣的『人才』。」禹涵翻翻白眼，認為堯棟也是個利慾薰心的人。堯棟進一步解釋說：「首先，妤凌漂亮，『漂亮』也是一種資源，能為公司形象加分，省下多少廣告費？其次，妤凌「會說話」。「會說話」說明她善於洞察人的心理，善於和人溝通，既有利於公司上下級之間的溝通，又有利於左右協調，對外還能為公司爭取利益。再者，妤凌「會寫」。「會寫」說明妤凌有文學水準，有了好的建議也可以透過最合適的形式展現給大家。還有妤凌有團隊精神，不會自誇自大。公司裡有一些自命不凡的人，單打獨鬥還可以，但一涉及到團隊合作就一團糟。公司是一個整體，流程就是生態鏈，升遷了不懂團隊合作的人，肯定會影響整個公司現階段良好的運轉狀況。」

禹涵若有所思，雖然覺得堯棟說的似乎很有道理，但仍然悶悶不樂。堯

棟繼續說：「人總是習慣看高自己看低別人，妳冷靜分析一下就會發現，事實上，妳的外表和口才不如好凌，團隊協調和文才謀略也不如好凌，好凌升遷而妳原地踏步，從這點上看很公平。公司選好凌，肯定是她的個人能力可以勝任這個職位，適合公司目前的發展需求。事情不是妳想的這麼無奈，妳完全可以透過提高自己的優勢來彌補不足。雖然妳天生就沒好凌漂亮，可以努力變得優雅；妳口才不好，可以做個好的聽眾，注意訓練自己的分析能力；妳文才不好，可以參加寫作培訓班來彌補。妳天生就有親和力，而且沉穩，這些都是妳的優勢。如果妳把這些發揮到極至，何愁上司不升遷你？」禹涵愣住了，第二天便去給經理道歉。

不要講「公平」，無需問上司為什麼，否則你永遠處於抱怨中，並且只會停滯不前。當你把一張充滿怨氣的臉，展現在別人面前時，本身就是一種情緒互換上的不公平。這個世界尊重等值交換，如果你認為受到不公平的待遇，那麼先改變自己的主觀看法，認識到自己的不足，再透過努力和改變，慢慢的達到「公平的標準」。

「成為」和「獲得」，孰先孰後？

有時候，你所了解到的表象，不一定能成為你申訴的證據或理由。一味的追求公平是一種不知天高地厚的莽撞之舉，更是幼稚的行為。企業的事務，只有你考慮不到的，沒有上司考慮不周的。每個企業的一些用人標準和素養都不盡相同，但任何上司的用人原則都是：有德有才破格任用，有德無才培養使用，有才無德盡量不用，無才無德絕對不用。

上司任用誰你不能左右，可是讓自己有被提升、加薪的機會是由自己做主的。你會成為什麼樣的人直接關係到你將獲得什麼。從某種意義上說，你只有先「成為」企業需要的人，做出成績了才有「獲得」。如果你能成為企業需要的人才，自然會「獲得」。

知足，知不足，不知足

做人要知足。知足是一種境界，知足的人會體現出對生活和事業的洞察力。知足才會懂得感恩，一個人再有本領，也離不開別人的幫助。進入一家企業，你不僅應該感謝企業給你的機會，也要感謝同事、上司、客戶的幫助。心懷感恩心理，才能擺正自己的位置。

做事要知不足。知不足是一種智慧，知不足的人會對生活和事業充滿了熱情。許多人工作的時候，總是只看到成績，看不到自己的缺點，總認為自己比別人要強，總是對別人的工作品頭論足，看不到自己工作中的不足之處。這是一種錯誤的態度。每個人都應該既要看到成績，更要找到自己的問題，正視自己存在的不足。這樣才能持續改進，超越昨天的自我，不斷完善自我，使自己在事業和人生的軌跡上不斷前進。

學習、追求事業要不知足。不知足，就是在學習和進取上要不知足。人非生而知之者，孰能無惑？困惑累積多了，就會迷茫。不知就要不斷的學習、實踐。有追求的人，會把學習當做一種覺悟，一種修養，一種愛好。努力開闊視野、開闊思路，對於事業不斷提高要求，多動手，少動口，辛勤耕耘，做個有品格的人。

總結提示：

人不是因為美麗才可愛，而是因為可愛才美麗。人的內心和諧，是內外兼修的美，是外在與內心統一的美。內心和諧也是一種能力，包括不自欺、寵辱不驚、控制情緒、演好角色等等。在平時的工作中，想問題、辦事情要從整體出發，多關心少排斥，多支持少挑剔，多謙讓少爭執。對出現的矛盾和遇到的困難，多溝通少誤解，多信任少猜疑，多寬容少計較。經過長時間的歷練，提高自我修養，並且會不斷完善。

第七節　當好上司的勤務兵也不簡單

　　無論做任何事情，基本的職業功底和磨練，是不可少的入門課，上司安排給你的工作都有其意義和目的。所有的企業管理人員都認為：眼高手低者不能重用。連小事都做不好的人，怎麼可能有所作為呢？即使委以重任，十有八九也做不好。這與我們常說的「一屋不掃，何以掃天下」的道理是一樣的。

不能忽視的打雜生涯

　　欣凌是一家機械股份有限公司總裁辦公室的祕書，由於機械加工行業的利潤率持續下降，為了創造利潤，公司決定開發奈米產品。有一天，公司召開臨時董事會，討論奈米產品專案的投資問題。大多數董事會成員都是長期從事機械加工的，對奈米了解不多，儘管技術總監用原子、電子負荷等理論解釋了一遍又一遍，大家還是霧裡看花的。會議陷入僵局，總裁思索著……這時，坐在旁邊負責會議記錄的欣凌悄聲問總裁：是否可以讓自己給大家解釋一下什麼是奈米。總裁馬上點頭。欣凌用通俗的語言解釋了什麼是奈米、奈米產品的功效……會議收到了預期的效果。會議快結束時，總裁宣布由欣凌負責整個奈米專案的協調工作。

　　欣凌的表現令大家對她刮目相看，第二天，同事誇欣凌時，欣凌謙虛的說，這是抽空學習的結果。原來，英語專業碩士畢業的欣凌半年前來到總裁辦公室工作，平時只是打打雜，像接電話、送文件、寫通知、安排總裁的事務等等。但欣凌並不認為是大材小用，她認為如果自己連「雜」都打不好，上司肯定不會把重要的工作交給自己。上個月，總裁讓她到三樓研發部取一份公司開發奈米產品的可行性報告。欣凌有一個習慣，就是對自己經手的資料都會仔細的閱讀。看完這份報告後，欣凌預感公司有可能會投資，於是，

便開始注意收集有關奈米的資料。欣凌不僅注意收集有關奈米的最新資訊，還充分利用自己工作上的便利條件，向研發部的工程師請教有關奈米方面的一些問題。就這樣，欣凌不僅累積了豐富的奈米專業知識，還與從事奈米產品前期研發的工程師建立了良好的關係。當總裁讓她負責協調整個專案時，她也信心十足。

由於被指派一些繁鎖的工作，有些人就產生了大材小用的感覺，不能安於現狀。其實職場無小事，踏踏實實做好每項工作，就是在給自己加分。

給工作增加「附加值」

任何事情你不能只看眼前，應該有個長遠的規劃。大部分勤務兵的工作顯得平凡和瑣碎，但這些勤務兵在企業運行的過程中是不可或缺的。雖然勤務兵的主要工作是「打雜」，但如果你把每一件小事情做好，對每一項雜務都有著學習的態度，為自己做的每一項工作都增加「附加值」，那麼你的競爭力也會水漲船高。欣凌之所以能讓人刮目相看，在於她不僅腳踏實地的工作，而且為工作增加「附加值」。如果你一心只想如何給上司當「參謀」，或者只想把現在的工作當做跳板，只會讓上司厭惡。

勤務兵是幫上司辦理雜事的，而上司大多身負重任，如果你準備不周到，以致於發生意外情況後措手不及，使上司的工作出現失誤，那麼就有可能牽一髮而動全身，給上司甚至給企業造成無可挽回的損失。同時，日常工作中突發事件較多，為了應對那些無法預料的事件發生，需要將有可能出現的各種意外狀況都考慮進去。不怕一萬，只怕萬一。如果你辦事縝密、留有餘地，上司和同事會認為你是一個辦事穩重，值得信賴的勤務兵！相反，如果你缺乏大局意識，認為勤務兵的工作只是「打雜」，那麼，在上司看來是難以重用的，有可能就會安排你永遠「打雜」。所以，要當好上司的勤務兵，就需要競競業業的工作，給自己創造機會。

當個優秀的勤務兵

了解上司，幫助上司。作為勤務兵需細心的去觀察和了解上司，比如他每天見了哪些人，打了哪些電話，批了哪些文件；上司在約見客人時，安排的先後次序、談話的時間、說話時的語氣、所關注的問題等等。透過這些，你就可以了解上司目前正在想些什麼事務，最關心哪些問題，哪些事務是當前需實現的，他正在籌畫什麼專案等等。當你了解了這些，那麼你也就基本掌握了自己的工作重點，在上司需要資料的時候，你已經準備好了；在上司準備見什麼人的時候，你已經把對方的電話號碼查找出來了；在上司要咖啡的時候，你也已經把咖啡沖好了……時間久了，即使上司的指示較為含糊，透過他的一個手勢或一個眼神，你也可以猜得八九不離十。

著眼全局。勤務兵要學會運用自己的職位優勢，逐步開闊視野，從整個企業的角度來觀察問題，像上司一樣思考問題。如像欣凌那樣仔細閱讀和思考經自己轉發的各種文件和資料；留意上司的電話、上司與各方面的談話；經常關注本行業有關的最新新聞和動向；遇到不清楚的事及時請教等等。這樣的勤務兵能想上司所想，急上司所急，把一些工作提前做好，上司才會真正把你當成人才使用。

多與上司溝通，確定雙方的「權責」。勤務兵需與上司溝通良好，確定雙方的「權責」。有了一定的規定後，你就無需事事都請示，這樣既提高了工作效率，又降低上司的誤會。如什麼樣的電話祕書可以自行處理，不同的客人以什麼方式接待……不過，勤務兵與上司「約法三章」的前提條件是：上司非常信任你的品德和能力。

總結提示：

為了使上司決策方便快捷，你在請示工作時少讓上司回答「怎麼辦」「如何做」之類的問答題，盡量讓上司多做選擇題。即當你把問題彙

報給上司時，準備相應的解決方案，讓上司在你提出的方案中作肯定
或否定的選擇，或者只要在備選方案中選擇一個即可。這不僅降低了
上司的決策難度，履行了自己作為勤務兵的職責，而且你也在設計選
擇題的過程中，鍛鍊了自己的能力，提高了自己的水準。

第八節　成為上司的得力助手才是關鍵

每個人都是茫茫人海中的一個，平凡不是你的錯，但如果甘於平庸就是
大錯特錯了。不同的人有不同的生存方式，不同的職員工作能力也有差異。
如果你對企業來說是一個可有可無的角色，那麼你的前途注定堪憂。如果你
不想被社會所淘汰，不想被判出局，那麼就需讓自己變得不可替代，讓自己
成為上司的得力助手。

上司眼中的理想雇員

上班的第一天，老闆就把盈穎領到財務室，把廠裡的財務情況仔細跟盈
穎說了。前任會計是一位只受過兩個月會計培訓的外行，不懂得財務，也不
會做帳。接到要上報年終報表的官方通知後，根本弄不出來。領完當月薪
水，留下一本糊塗帳就走了，現在離最後期限只有二十天了。盈穎十分理解
目前的狀況，對老闆說：「您放心，既然我要做就一定會做好的。」

盈穎迅速流覽了整個帳目，亂得一塌糊塗，便對老闆說：「這些帳必須重
做。」老闆著急了：「時間來不及了！還是先把帳目表報上去，以後再慢慢理
帳，要不然會罰款的。」盈穎說道：「但是帳不理清，怎麼出報表呢？萬一將
來稅務部門查出報表有假，麻煩更大。」老闆聽了這話，就問盈穎：「妳認為
該怎麼辦？」盈穎想了想說：「不是有一家分公司嗎，如果您將那兒的會計調
來給我幫幾天忙，我再加加班，估計能按時完成。」老闆欣然應允。沒過兩
天，分公司的會計來了，看到盈穎每天加班加點，女孩勸盈穎：「妳這麼玩命

做什麼？難道妳想在這裡工作一輩子？老闆很小氣，就是搭上半條命，大不了多給妳幾個小錢。」盈穎回道：「老闆怎麼樣，那是他的事，我得顧全自己的名譽。我當會計四五年了，還沒有隨便理帳的習慣。」女孩見她這樣認真，沒好氣的說：「簡直是個老古董。」女孩不認真對待盈穎分給她的工作，盈穎也沒心思管她，只顧理帳。累了，就趴在辦公桌前休息兩三個小時，醒了接著理帳，一連幾天，盈穎都沒有躺在床上睡過覺。由於盈穎業務非常熟練，總算按時把帳目表報上去了。再次遇到那位女孩時，女孩無所不知的說：「就說老闆很小氣，沒給妳獎勵吧。」盈穎不在意，因為這是本職工作。

然而到了年終的時候，老闆在宣布盈穎成為部門主任的時候還順帶著遞上了一個紅包。在老闆的心中，盈穎是一個又負責又有能力的人才。

人，既要有做人的原則，又要有做事的原則。每個人的時間都有限，不要把時間浪費在別人的生活裡，不要被條條框框束縛，不要生活在他人思考的結果裡，不要讓他人的觀點所發出的噪音淹沒你內心的聲音。最為重要的是，有遵從你的內心和直覺的勇氣，履行自己的職責，形成自己獨特的人格魅力。

企業中的「短缺元素」

十九世紀中期，德國農學家李比希發現了短缺元素規律，即植物在生長的不同時期需要不同的元素，某一時期缺乏的某種元素就稱為短缺元素。只要給植物補充了這種短缺元素，植物就會有新的生長。而植物本身不缺乏的元素即使補充的再多，不僅徒勞，反而有害。不可替代，就是使自己成為企業發展中的「短缺元素」。

企業發展規律表明，企業在經營管理中存在著短缺元素，猶如人生活成長過程一樣，是一種必然現象，任何規模任何行業之中，沒有哪一家企業不存在短缺元素。「唯才是舉」是企業補充差異缺失的重要措施之一。每個人

與別人的差別只是那麼一點點，但正是這一點微妙的不同讓人與人之間區別開來。因為這份獨特只屬於你，不會與任何人重複。有優勢不能發現，等於沒有優勢。充分意識到你的獨特和唯一，不斷的思考、學習、創造，才能成為企業中的「短缺元素」，成為上司的得力助手。

讓自己變得不可替代

認真高效的工作。完美不能實現，卻可無限接近。做事要有做事的態度，要關心自己的工作，不管多麼小的事情，都要用心去做，同時注意避免錯誤，增進速度。完成一項工作任務的時間確定後，一定要在指定的期限內完成，最好預留一些檢查的時間，以便檢查是否有疏失或遺漏的地方，確保工作的品質。你只有充分發揮職能作用，贏得上司肯定和信任，才能做好上司最得力的參謀和助手。

嚴謹的工作作風。純淨白己的心靈，端正自己的人生觀，做一個純樸正直的人，培養嚴謹的工作作風。從你上班的第一天起，你就自然而然有了兩種身分。第一種身分就是你的職務，也就是你名片上表明的身分。在職場中，你要與公司內外的人往來，在接人待物時表現出來的習慣和修養，這就是你在職場的第二張名片和身分。雖然這種身分是無形的，但是在職場中，它會比你的第一種身分更受人關注，因為它反映出你的社會價值。如你說話有沒有分寸，辦事有沒有原則，是否有禮貌，是否守時重諾等等。如果你是個有能力沒教養的人，上司不會真正信任你，更不會與你同舟共濟。上司安排給你的職位是信任，也是考驗，你需時刻謹言慎行，牢記自己在職場中的一言一行並不只是個人行為。

當然嚴謹也不是說唯唯喏喏、畏畏縮縮，相反，你要放開手腳，在堅持原則的基礎上，在上司面前展現自我，敢於表達自己的想法和看法，善於為上司拾遺補闕，真正成為上司的參謀助手。

總結提示：

要成為上司的得力助手，在實際工作中，你需考慮周全、細緻，全面分析利害關係，提高辦事效率。

首先制定一個全面的工作計劃，這是安排工作的基礎和前提。制定工作計劃要考慮到是否與企業政策一致；是否對今後工作的展開產生不良影響；是否能促進和帶動其他各方面的工作。

其次，工作程序化。做到思路清晰，使工作的各個步驟緊密聯繫，收到水到渠成的效果。同時注意「己所不欲，勿施與人」，把自己置於執行者的位置，自己做不到的事，不要安排給別人做。

最後，辦事公平、穩妥，工作不出紕漏。對分管的工作或者份內的事務，做到心中有數，什麼時候做什麼事，做到什麼程度，都要有清楚的認識和準備，避免出現問題時，因措手不及而倉促上陣。

第九節　有眼色必須先有心

出門看天色，說話要看人眼色。看天色，可以免受風雨之苦；看眼色，善於變通，則人際關係暢通無阻。聰明伶俐、隨機應變是件好事，例如和上司共處時，洞悉其內心，適時的自然展示自己，可以給上司留下最佳印象。但如果表面上看著上司的眼色行事，背地裡卻對上司意見很多，這樣的人不僅難以獲得同事的喜愛，更會引起上司的反感。與上司相處，要懂得看眼色，更要真正尊重上司。

別讓上司「跌眼鏡」

秀文是一家公司的職員，有一次，她正在整理一個文案時，經理進來時偶然看了看秀文電腦上的文案。見此，秀文立即問道：「經理，您看我這樣寫行嗎？我是這麼想的……」就這樣秀文和經理開始就這個問題展開討論，使經理了解到她的想法和思路，也看到了她的工作潛力。

　　在結算了上個月部門的招待費後，財務部的經理發現有五千多元沒有用完。按照慣例她想用這筆錢請下屬吃一頓，她讓秀文通知其他人晚上吃飯。走到休息室門口，經理聽到有人在聊天，從門縫看過去，原來是秀文和銷售部職員酈梅。只聽酈梅說：「妳們經理對妳們很關心嘛，我看她經常用招待費請妳們吃飯。」秀文不屑的說：「「她就用這麼點本事來籠絡人心，遇到真正需要她關心、幫助的事情，沒一件辦成的。就拿上次公司辦培訓班的事來說，誰都知道如果能上這個培訓班，能學到東西不說，升遷的機會也會增加不少。我們部門的人都想去，但經理一點都沒察覺到，也沒積極為我們爭取，結果讓別的部門搶了先。我真懷疑她有沒有真正關心過我們？」

　　面對秀文的誤解，經理滿腹委屈的走回自己的辦公室，經理仔細想了想，便通知秀文來她辦公室。「最近工作怎麼樣？有沒有事需要我幫忙？」秀文感到很突然，不知道經理找她的真實目的是什麼，很圓滑的說：「沒有什麼特別的，一切正常。」「這樣呀！過幾個月公司有個公司管理培訓，不知道妳有沒有興趣。」雖然經理也不確定，但一般每半年公司都會有培訓。秀文兩眼發光，急切的說：「有培訓當然好呀，上次培訓，我們部門沒人參加，大家還後悔失去了一次學習的機會，這次您一定要幫我們爭取。」經理看著秀文，說道：「上次培訓我還以為妳們不想參加呢，也沒有人催我，妳也不提醒一下。既然想參加就要努力爭取，我們公司就是這樣，不爭取就得不到。再說了，我每天的事太多，可能也關心不了那麼多，妳們也多體諒。下次培訓我努力幫妳爭取。不過，培訓回來可要給我們上課的，不能光妳學了就算了，要教我們。妳通知大家，今天晚上我請客，就當是我的賠罪。」

　　秀文感激的看著經理說：「多謝經理了，您又要破費了。」等秀文快要出門時，經理說：「秀文，等一下。」秀文回頭問：「經理還有什麼事？」經理嚴肅的告訴秀文：「以後注意一點，別讓其他部門的人知道我們經常有聚餐，影響不好。」

表裡不一實質上是對上司的不尊重，也可說是對上司的另一種欺騙。作為下屬，應當從心裡尊重上司，這不僅是工作的需要，也是道德的體現。

尊重上司

尊重上司是指下屬尊敬、敬重上司，主要是內心的敬重，它來源於思想上的一致以及對上司言行、品格、作風和處事方式的認可，這種尊重以由衷的、發自內心的欽佩為前提。真正尊重上司，就要端正態度，做到尊敬不怠慢，不說損害上司形象的話，不做影響上司威信的事。

秀文太不給自己上司面子，當著「外人」，隨便議論自己上司的不是。雖說老闆會認為，只要是預算內的錢，如果剩餘的數目不是太多，妳沒有裝到自己的口袋中，而是用來招待同事，主觀上還是為了工作，可見妳心裡還是為了公司。一般老闆不會管，而是會默許。然而這樣的事可以做，卻不可以說，更不能讓其他部門知道。實際上，其他經理也都這麼做，大家都心照不宣而已。但如果有人把這件事公開了，老闆肯定得仔細追查，那麼對經理進行問話是免不了的，甚至會更嚴重。經理只有自認運氣差，誰讓自己違反了公司的規章制度！

對於培訓機會，秀文不從自己那裡找問題，反而抱怨經理。經理每天的工作很多，妳不強調培訓機會的重要，她哪裡有時間考慮這個問題？即使有時間考慮，下屬不爭取，經理會認為下屬對培訓沒興趣。其實，這本身就是秀文的問題。好在經理通情達理，在一定程度上理解秀文的不滿，給秀文一個合情合理的解釋，用自己的風度，贏得了秀文的尊重。但如果是遇上一位心胸狹隘的上司，後果又會怎樣？

調整思路，改進方法

加強自我修養。在不清楚事物原委的前提下，不要肆意的揣測和兀自判

斷，更不能和其他人誇誇其談。說話要有原則，注意場合，分清輕重，對影響上司形象、損害上司權威、妨礙上司工作的話，注意出言慎重。在揣測某些事物時，應基於事實，有理有據，了解事物的各個方面，看清事物的本質，做到推測有據，言之有理。

學會向上司當面提建議。向上司提建議也有很多學問，你需注意以下幾個方面。

第一，找適當的時機與上司進行面對面的交流溝通。透過適當的方式把自己的建議傳遞給上司，在陳述時不要讓上司感覺他非運用你的建議不可，你是提建議，應該踩著謙虛的梯子。

第二，即使你的建議是正確的，也要考慮相關因素。如這個問題有解決的可能性嗎？很多問題是暫時無法解決的，你關注的範圍往往比你所能影響的範圍要廣得多。同時，要注意不要提一些表面上的問題，即使這個問題現在解決了，但如果根本原因不解決，以後也會再次出現。像這樣的問題可以暫時放一放，是否能分清現象和本質也是顯示你的能力高低的重要標誌。另外，要確認建議能否被實施？有些問題是根本問題，但因為沒有資源，所以只能暫且擱在一邊。有的問題需要很多資源，像人、資金、設備、管理制度等等都需要一定的條件，條件不成熟，只會造成浪費。所以需要等待資源，這樣才能得到上司的支持和關注。

總結提示：

每個上司都是從下屬走過來的，你職業生涯階段中的每一個想法他都一清二楚。作為下屬，既要看到上司的職務，又要把上司從職務中分離開來，把上司當作朋友、老師，在思想上自覺的尊重上司，這對你沒有任何損失。如果你輕視上司，認為他水準不夠，反而會給上司沒教養的感覺。即使你覺得自己非常優秀，但你的綜合素養依然無法勝任上司現在的這個職務，你應該向上司學習，否則最終栽跟頭的是自己。

第十節　聰明的「拍馬屁」不虛偽

　　一份人才調查報告顯示：「每一百位頭腦出眾、工作績效優異的職場人士中，就有六十七位因人際關係不暢，致使職業生涯嚴重受挫。他們共同的心理障礙是：難以啟齒讚美別人。在一些人眼中，拍馬屁是一個貶義詞，虛假的讚美確實讓人厭惡至極，是一種虛偽的表現。而符合時宜，符合實際的讚美、肯定和欣賞，是每個人都喜歡聽的。當你受到上司的表揚和讚美時，你的心理反應是怎樣的呢？自然是心裡喜滋滋的。作為下屬，是不是也應在適當的時機進行適當的「拍馬屁」呢？

讚美與逢迎

　　故事一：有一位分公司的負責人原來是大學教師，總是一張嚴肅、深沉的臉，職員每次去找她請教問題時，她都是給人留下謹慎和刻板的感覺。後來她被調到另一個公司，以前的同事再去拜訪她時，發現她成了一位煥然一新、熱情洋溢的人。同事說：「靳總，一陣子不見，我們都認不出您了。」她哈哈大笑：「是啊，不少人都這麼說，我也覺得自己變了很多。想了好久，才想出來什麼原因，這裡年輕人多，充滿活力，個個會說笑，經常不失時機的給我這個半老太太來幾句讚美。我照單全收，好話誰都喜歡聽啊！哈哈，心情愉快。」

　　故事二：有一位女上司的女兒生了小孩，大家都覺得這是個喜事。於是連夜布置辦公室，用氣球裝點。第二天，當女上司一進辦公室，大家一擁而出，拉出了一個橫幅，上面寫著「祝賀上司榮升外婆」之類的話。結果女上司笑得非常勉強，說白了，就是不高興。後來，幾位三十來歲的同事討論了兩三天才明白，上司認為大家如此「祝賀」，分明是詔告天下自己老矣。

　　讚美上司是一件悅人悅己的事，可以讓工作氛圍變得更愉快。不過，讚

美雖是一種溝通的手段，也要講究方式方法。如果讓上司覺得你是在恭維、阿諛或者時機不對，反而會有「副作用」。

讚美上司適可而止

現實生活中，人人都喜歡讚美，個個也都反對拍馬屁。我們必須明白，一個環境中的任何指數都要有合適的比例。就像海水中的氧含量，缺氧會造成魚類窒息，而氧含量超過一定的比例，海藻會大量生長、蔓延。人際關係也是如此，如果你一味的把謙虛饋贈給周圍的人，把讚美全部都留給自己，也會使自己的人際關係失衡。

讚美和拍馬屁有明顯的界限，真誠的讚美別人，是令人快樂的事，也使自己有「贈人玫瑰，手有餘香」的感覺。我們讚美生活，生活會向我們張開笑臉，讓我們快樂生活；我們讚美他人，他人會更有信心，表現出更積極的態度。

遺憾的是，現實生活中，許多讚美的聲音都變了味，成了阿諛奉承、溜須拍馬的代名詞。讚美需真誠、實事求是，它是在發現別人的優點和良好品格的基礎上，進行由衷的讚美。這樣的讚美能誇到點子上，效果自然好。讚美上司一定要真誠，能夠做到心領神會，見機行事，更要有的放矢。碰到了機會就拍一拍，沒機會就算了，千萬不要製造機會。否則就會像故事中的那些人一樣，適得其反。

「拍馬」講究策略

選擇恰當的時間和場合。在不同的時間和場合，人的心理和情緒往往不同。你要學會判斷，判斷什麼呢？判斷上司的心情，判斷你和上司關係的親密度。當上司正在緊張工作時，你不能說；當上司焦急萬分時，你也不能說；當上司情緒低落或者正發火時，你千萬別說。最佳的時機是在上司心情

好時。在莊重的場合裡，說話不能太隨便，如果是輕鬆的場合，那就可以歡快一些。

間接讚美。間接讚美就是當事人不在場，借用第三者的話來讚美上司，這樣往往比直接讚美的效果好。通常來說，背後的讚美都會傳達到上司那裡，這除了能起到「拍馬屁」的作用外，也會讓上司感到你對他的讚美是誠摯的，增加了「拍馬屁」的效果。作為下屬，毫不吝嗇的讚美上司，會使你們之間的溝通更有成效。

雪中送炭。一位作家曾經說：只憑一句讚美的話，我就可以快樂兩個月。真實有效的讚美不僅僅是錦上添花，還包括雪中送炭。在上司處於逆境或者不自信等最需要鼓勵的時候，如果能夠聽到下屬一聲真誠的讚美，有十分明顯的激勵作用，能夠更加堅定上司努力的信心。

注意讚美尺度。讚美既不能吝嗇，也不可濫用。一點小事都讚美，說明你品位太低。讚美之前，需將優點找出來，這樣讚美的結果才完善。讚美也要慷慨大方，你應不失時機的給予上司真誠的讚美，不要等到上司做了一些重要的或者不平凡的事時，才讚美他。

讚美需有創意。讚美不是一味空洞的誇上司，你要有靈活的頭腦和敏銳的觀察力，平時應仔細觀察上司，認真傾聽，這樣就可以掌握到可讚美的資訊。如上司的學識、修養、氣度、做事情的態度等等，都是稱讚的好理由。

總結提示：

美存在於觀看者的眼中。任何人都擁有你所欣賞的人格特質。如果你相信他人是優秀的，你就會在他身上找到好的人格品質；如果你不這樣認為，就無法發現別人潛在的優點；如果你的心態是積極的，就容易發現別人積極的一面。這個道理同樣適用於你的上司。從心裡真正欣賞上司，才會發現上司值得讚美的地方。

第五章 年輕的心靈不畏挫折 ——
應對困難打擊

　　沒有人會順利無阻，誰都會遇到困難和打擊。哪一個人不是在失敗中成長，不是在總結經驗後變得越來越堅強？古人早就說過，「苦其心志，勞其筋骨，餓其體膚，空乏其身，行拂亂其所為，所以動心忍性，增益其所不能。」當一個人能謙讓、能合作、能吃虧時，然後才能競爭，才會有所為。追夢是需要付出的，「輸不起」的人也無法適應現代社會。

第一節　你是否離曾經的理想越來越遠

　　人痛苦的往往不是因為缺少什麼，而是忽視現在有的，過分追求和選擇沒有的。這種人看來「太現實」，實際上卻脫離現實。過於理想的人，失去的不僅僅是眼前的健康、快樂，還阻礙了長遠生存和發展的步伐。職場追夢是一個浪漫而艱苦的過程，對於芸芸眾生的我們而言，追求理想時，絕不能忽略了現實問題。其實，工作和生活都是一種磨練，遇到困惑或失敗都很正常，關鍵是你如何看待追夢的過程和結果。腳踏實地為理想而奮鬥，同時在追夢過程中自我欣賞和自我陶醉，才是將理想和現實完美結合的人。

你在職場中丟了自己嗎？

　　昕彤從大學畢業後進了一家公司，工作較輕鬆，但也瑣碎，每天都在生產線上「巡視」，工作環境不錯，同事之間的關係也相當融洽，但每個月所有收入加起來不到兩萬塊，自從開始工作之後，昕彤沒給家裡一毛錢，並且基本上都是在家裡吃飯。買個數位相機，存了半年才咬著牙買了，一付完錢，發覺自己又是窮人了。偶爾和同學聯繫，才知道他們的收入竟是自己的三倍。昕彤決定辭職，之後，她找到一家代理音響的公司，從事銷售工作。做銷售又苦又累，由於沒什麼工作經歷，昕彤的業績一直上不去，一年過去了，業績稍微好些了，不過也沒特別出色，日子得過且過。

　　後來，昕彤到了現在的公司，仍然從事銷售工作。由於經過一定的磨練，業績比在前一個公司好多了。沒過多久，昕彤制定了一份轉正職報告給上司。但上司的意思是還要再看看。上司似乎對昕彤的工作熱情不滿，希望昕彤把一腔熱情全部傾注在工作上。但在昕彤心裡，卻一直有著「你給多少薪水我做多少事」的想法。

　　在公司待久了，昕彤發現人際關係特別複雜。人際關係逐漸疏遠的昕

彤，能力無法得以施展。漸漸的，昕彤只想「無為」，即只要做好自己的事。但實際工作中，由於缺少溝通，使工作難以展開。昕彤很迷茫：究竟是自己頭腦笨，能力差，還是性格或者心理存在問題？

人只有永遠活在現在進行式，按部就班的行動，才能讓人生聽從自己的安排，尋找到自己的快樂，榮獲幸福感。

職場追夢要從內心出發

工作中、生活中，你懂得如何面對自己嗎？面對挫折，面對困境，你是否試圖逃避？面對不足，面對無知，面對同事的競爭，面對上司的批評，你是否心灰意冷？工作和生活就是這樣，讓你的心情起起伏伏，時而有成就感，時而又很落寞。或許你經常會收到朋友傳來的不同的聲音：「我今天煩死了」、「某某簡直是弱智」、「你說我該不該換工作，如果換了會不會好點？」……你是否覺得自己像在演一場情境劇，永遠在不同的情節中？你一直在演別人的故事，從來不曾跳離配角的角色。時間久了，你已經忘記什麼是真實，什麼是故事，自己在哪裡，自己的內心是怎樣的！

人的真正理想無外乎追求快樂和幸福，即每天發自內心的快樂和幸福持續的時間，與明天、明天的明天……希望快樂和幸福存在的每一天、每一刻。也就是說，真正的幸福存在於現在和未來的聯結中，如果你認為幸福只存在於未來，那麼只會導致失望。世界從來不像我們想像的那麼簡單，世界也不是我們認為的那麼醜惡。無論從時間上還是空間上，人的理想無非是處理人與自己、人與人、人與社會、人與自然之間的關係。正視這個世界，你會發現，世界是有序的，人是複雜的。

我們都必須活在物質中，為了一份生計，白天我們要面對真實的現實生活。夜晚，我們要多關心一下自己的精神世界，從內心的需要出發，面對一個真實的自己，找回真實的自己！

做個現實的理想主義者

職場追夢，美在過程。蘇珊大媽說：「在我們多數人的一生之中，有誰不曾暗藏著一些追求？有多少平庸的外表下，躍動著一顆超凡的心？只要有合適的機會，我們也能實現自我。」的確，人一生之中，也許都有過這樣或者那樣不甘平庸生活的追求，但誰能夠耐住長長的寂寞，把追求堅持到底呢？看看蘇珊大媽，三十五年來從未間斷過歌唱，這其中的倔強、辛苦、失落和心血，我們不知道，我們只看到她的成功和耀眼了。如果蘇珊不是特別喜歡唱歌，無法做到自娛自樂，或許一輩子都實現不了自己的夢。然而，蘇珊大媽的耀眼是不是告訴我們：你首先要有想法，其次要有辦法，然後才是等機會呢？職場追夢，美在過程。我們都是一樣的，每個人都可以讓自己開心的追夢。

對自己狠一點。對於許多人來說，每當遇到那些不情願做又不得不做的事情時，就會感覺有壓力，想逃避，想要終日蜷縮在安全的殼子裡。這個時候，你就應該對自己狠一點。為什麼？舉個例子，一個人負重五十斤的重物時，感覺不舒服，減掉十斤後，感覺好多了。如果繼續這樣，恐怕最後你連五十斤的重物都扛不起來。如果在五十斤的基礎上，加上十斤，雖然感覺很累，但是咬咬牙，堅持一下就會過去。慢慢的，你就能挑起六十斤、七十斤，甚至超過一百斤的重物。人生的價值、你的人生理想是在不斷的挑戰中體現和實現的。在挑戰的過程中，貧乏的生活也就變得色彩斑斕。

你就得先有耐心。對現代人來說，耐心是很有用的。餡餅不會從天上掉下來，你有什麼和別人交換，決定了你值多少錢。在追夢的過程中，你得學會多角度的看職場、看社會、看自然規律、看身邊的同事，學會接物待人，不斷學習知識，這就需要思考、及時總結，耐心可以減少焦慮，增強信心，讓你對人生走勢一目了然。

總結提示：

成為自己心靈的主人的方法。

一、從生活中尋找鮮活的人，如果你在模仿別人之後感覺快樂，不妨
　　盡力去模仿。否則，你就應該按自己學會的方式生活。

二、經常使用良好的、積極的語彙暗示自己。平時盡量從「為什麼能
　　做到」方面設想，而不應圍繞「為什麼無法做到」打轉。

三、要明白「人生有風險才會有攀登，有困難才會有突破，有壓力才
　　會有動力，有風浪才會有搏擊。」

四、告訴自己「如果能及時覺察出錯誤，那根本就不算是錯誤。」懂
　　得從錯誤中總結經驗教訓。

五、樂於助人，與志同道合的人成為朋友。

第二節　別人做得少拿得多你平衡嗎

職員的薪資是根據兩方面來制定的，一是達到職位要求；二是按照職位要求完成了各項工作的表現。職場沒有平等主義，如果吃大鍋飯，好壞不分的話，工作也沒有效率和成果。梯形薪資結構告訴我們，有多少有效付出就會獲得多少回報，你只有努力追求工作的量與質，才能獲得你想獲得的。

欺騙自己的「刻苦努力」

珍萍和蘊莉有幸被夢寐以求的汽車公司留了下來，根據公司規定，成為正式員工後，根據實際表現調整薪資待遇。珍萍給自己制定了在這段試用期間的計劃：團結友愛，尊重前輩，虛心學習，最重要的就是刻苦勤奮。

在試用期的那段時間裡，早起第一個來公司的是珍萍，晚上最後走的是珍萍，幫同事買飯的是珍萍，打掃休息室的人還是珍萍。雖然辛苦，但珍萍心裡還是非常高興，因為得到了同事、上司的認可和讚賞。部門經理也非常勤奮，她來得早，走得晚，這樣一來珍萍跟經理接觸的機會增多了，慢慢的

經理對珍萍也有了好印象。有一次為了列印一份策劃書，珍萍工作到很晚。最後，只剩下她和經理了。為了得到經理的欣賞，珍萍堅持要比經理走的更晚，果然有效果，經理臨走時說了：「珍萍，好樣的。」隨後，經理問珍萍：「這兩天怎麼沒見蘊莉？」珍萍心裡暗暗高興，應聲回答說：「她早下班了。」還特地將「早」字拉得很長。想著自己已經占了相當的優勢，珍萍每天都哼著小調回家。

　　終於熬到了試用期結束，想著薪水即將增加不少，珍萍非常自信的走進了經理辦公室。當了解到公司對自己的薪資只是稍微的進行了調整，而蘊莉的薪水幾乎是翻倍的時候，珍萍不服氣：「經理，我很刻苦勤奮，這你是知道的，為什麼是我們的薪水有這麼大的差別？」經理慢慢的說：「珍萍，在試用期裡，妳確實很勤奮，得到了同事和上司的認可，大家心裡都清楚，但妳想過沒有，同樣的工作，蘊莉用了多少時間，妳用了多少時間，她的工作效率很高，而且拿出的方案能在公司推廣，公司認為她應該得到這樣的薪資。還有件事，妳可能不知道，她在業餘時間裡自學了物流方面的知識。」珍萍愣了一下，再也無話可說，灰溜溜的走出了辦公室。

　　對「刻苦努力」的理解，不能以為做得多就是了。職場需要和缺乏的是有效率的人才，有效率的刻苦努力和有效益的工作結果，才是你為企業創造的價值。

有效付出決定薪資

　　薪資是企業對職員為企業創造的價值，包括職員實現的績效，付出的時間、學識、技能、經驗和創造等，所付給的相應回報。儘管薪資不是激勵職員的唯一方法，但薪資是一種最重要的、最易使用的方法。合理有效的薪資制度能夠讓職員發揮出最佳潛能，為企業創造更多的價值。企業會從薪資基礎、薪資設計和薪資提升三個層面著手來規劃薪資體系，使薪資體系體現公

平的原則，從而符合企業整體發展的需要。拉開薪資層次，收入少的人心裡會感到不平衡，但這樣企業才能達到激勵職員認真為企業創造價值的目的。看看外資企業，雖然不同職位薪資差別很大，但職員士氣依然不減。

　　在職員看來，薪資不僅僅是自己的工作所得，在一定程度上也代表了自身的價值和企業對自己工作的認同，甚至還代表著個人能力和發展前景。許多人都遇到這個問題：我的工作報酬與工作付出等價嗎？事實上，在實行按勞分配的今天，有多少有效付出就會獲得多少回報。在關注自己和他人的薪資時，先看看自己工作的量與質，問問自己是否真正創造了價值，創造了多少價值。對待工作需要一份認真和執著的態度，不過，你同時應注意，要以工作的效率和成績來證明你的刻苦努力，而不是像珍萍那樣加班加勞力，向別人展示一些沒有實際效果的行為。

「多」不如「好」

　　探究你的薪水來源。老闆在成立一家企業的時候，須投入一定的資本。企業從它「出生」時，就肩負著一個使命 —— 創造利潤。不管企業在描述自己的企業目標時用了多少華麗的辭藻，實際上企業的目標只有一個 —— 創造利潤。沒有利潤的企業是無法生存的。對於身為企業工作的職員來說，用自己的工作使企業獲得利潤，才能獲取報酬。惠普公司的創始人說過：只有在職員為公司創造出豐厚利潤的條件下，他們的獎金和工作才能得到保障。公司只有實現了盈利，才能把獲得的利益拿出來與職員分享。如果一個人不能在自己的位置上為企業創造利潤，那麼它也就沒有在這個位置上待著的必要了。

　　你的工作績效決定你的薪資。在今天這個競爭激烈的時代，有競爭力的除了能力還是能力。在今天，年薪幾十萬、幾百萬已經非常普遍。這種差距，是人的能力所決定的。能力已經成為商品，我們掙的不再是資歷薪、學

歷薪，而是「能力薪」，每個人都得靠能力來說話、來證明。高薪從優秀能力中來，從工作方法中來，這就需沿著正確的方向主動挑戰，不僅要付出勞力，還要創造績效。你可以透過有計劃的工作，找到正確的思考方法，管理好自己的時間這三個方法每天進步一點點，逐漸養成高效工作的習慣。

　　薪水不是目標，成長才是目的。僅僅為薪資工作的動機，在今天也並不算恥辱，卻也算不上高尚。除了獲得金錢外，還有沒有比薪資更有價值的東西呢？實際上，在薪資之外，你還可以獲得很多很多。從工作中，你還可以累積人生經驗，訓練工作技能，培養才能，鍛造人格，完善自我，為自己的事業奠定基礎。要讓自己的生命豐富而有價值，要實現自己的人生目標和追求，就應認清薪水不是目標，成長才是目的。

總結提示：

提高工作效率既有利於企業經濟效益的提高，個人也能增加收入，實現多勞多得，你可以從五個方面提高工作效率。

一、選擇正確的工作方向，即工作目標，它是一切工作的源頭和指導。如果方向選錯了，工作效率將無從談起，對企業、對個人帶來的只有損失。

二、選擇最適合的工作方法。每項工作都有一個工作方法是某一狀態下效率最高的，因此，你一定要學會費盡心思找出最適合的工作方法。

三、工作前要對工作進行分類，分出重要又緊急、重要不緊急、緊急不重要、不重要不緊急的工作，按計劃、有步驟的做事，喧賓奪主只會影響正常工作的進展。

四、計劃管理。對每項工作都要認真分析，正確量化，結合實際狀況、歷史狀況、行業狀況等，制定出合理的工作計劃，並按照工作計劃認真執行，對於工作計劃執行中出現的突變情況，要及時、正確的進行修正，確保工作效率的提高。

五、養成良好的工作習慣。要按計劃工作，要按流程操作，要服從指揮，

做好工作協調，勤學好問，善於總結，向榜樣學習等等，諸如
此類的工作習慣，都能提高工作效率。

第三節　比你差的人卻升為你的上司

自認為各方面都比同事優秀的你，卻沒有得到升遷。這種時候，心理不
平衡、抱怨的人一定不少，但狀況果真是如此嗎？答案是否定的。因為你屬
於判斷錯誤，如果同事不如你，老闆怎麼可能選她上任。問題純粹出在你自
己身上，只是你沒有意識到而已。你應該學會冷靜客觀的分析，以謙虛的眼
光發現別人的優點，多觀察，多學習，多從自己身上尋找那些影響你升遷
的因素。

職場不可「自我感覺良好」

令秀弦百思不得其解的是：在這次職位調整中，為何比自己差的怡康成
了自己的上司？秀弦回想起這幾年來，對自己要求極高的她全心投入工作
中，整天忙得團團轉，對工作細節處處講究，力求每件工作都做得漂亮。什
麼事到她手上，三兩下就完成了，別人需要一星期做的事她可能三天就綽綽
有餘，效率極高。而怡康呢，整天坐在電腦前忙忙碌碌，經常和同事們有說
有笑，還有和同事自發訂下「八卦零食時間」。想到這些，秀弦有些灰心，她
打算辭職，離開這不公平的環境。

陸總得知後，找秀弦聊了聊，陸總告訴秀弦：「並非妳沒能力、不努力，
問題在於在工作當中，妳忘了關心一下其他成員的工作。有幾次，大家應該
合作完成一份方案，但妳卻選擇了「單挑」。雖說每次完成得都不錯，但是在
討論其他同事的方案時，妳總是將話題引回自己的方案，總是強調自己的方
案中優於其他同事的亮點。」秀弦非常冤屈：「我只是對事不對人的，有些人
太小家子氣、太不大方了！」陸總問她：「在那以後，妳再找其他組員討論合

作方案時，是不是遭到了同事們的冷落和刻意『不合作』？」陸總繼續說：「踏實勤勉，認真工作，這是升遷的基礎。但一切事務獨自包攬，而且處理過程中過於表現自己，不懂得遵守團體的共識，不懂得發揮團隊的整體力量，這樣的人妳會讓她成為團隊的上司嗎？」秀弦沒出聲，陸總告訴秀弦：「一名職員和一名上司所需的能力和素養不同，妳若想升遷，就需努力培養自己各方面的能力和素養。公司發展速度不斷加快，缺乏人才，人力資源部不斷招聘新人、培養新人，就是希望能培養出能為公司所用的將才，當妳有能力勝任時，公司怎麼會放著將才不任用呢？」

　　成為上司，絕不是簡單的業務能力強就可以出任的，妳認為的「比妳差」，只是妳的觀點，妳需改變看待事物的觀念。或許「比妳差」的同事對周遭人際關係的了解程度高，或許剛好她可以使企業組織處於微妙的平衡狀態，或許「比妳差」的同事與企業剛好形成互補……不管如何，「比妳差」的同事所具備的能力和素養正是企業發展所需要的，而沒升遷的妳恰恰沒有這些特徵。

需改變的慣性思考

　　每個人都有自己的思維方式，按照習慣的思維模式去認識自己和周圍的事物，這就是心理學上所說的「慣性思考」。許多人往往會對自己已經接受的思想或者認為正確的觀點深信不疑。殊不知，正是這些「錯誤的確信」扭曲了一個人的感知。每個人在潛意識裡都有自己特定的思維「回應程序」，當自覺或不自覺的接受資訊時，會按照這些錯誤的程序去做反應，去看待和判斷事物。其結果就是使人只看到自己想像的，而排斥實際情況。

　　在一成不變的慣性思考下去認識問題、分析問題，往往會把自己的思維囚禁在一個狹小的「牢籠」裡。錯誤的思維「回應程序」像一堵牆一樣，束縛思想，使人只了解牆內的事物，而不去探尋牆外的客觀事實。實際上，這個

「回應程序」是由我們自己建立的，也只有自己才能改變它。

　　人最難的不是認識別人而是認識自己。看到自己的優點容易，發現、承認自己的缺陷卻很難。這是因為人總是習慣於用舊有的慣性思考和既有的標準去衡量一切，所以看到的是「比自己差」的人獲得的多。如果你不願意改變自己的思維方式，繼續按照舊有的習慣和有限的知識水準去感覺，那麼你永遠無法知曉什麼是非對錯，只會更加的愚昧、無知。所以，時時審視自己的觀念尤為重要，它可以讓你及時發現自己是否正站在「錯誤的位置」或者「狹隘的角度」看事物。

觀察世界，審視自己

　　自省法。自省就是透過觀察世界，有意識的省察自己言行的過程。《論語．里仁》中說：「見賢思齊焉，見不賢而內自省也。」以人為鏡，發現有德行的人向他學習，驅使自己努力趕上。見到沒有德行的人就及時反省自身的缺點，提醒自己、警示自己吸取教訓，不要重蹈「不賢」的覆轍。

　　評價法。當局者迷，旁觀者清。在審視自己的過程中，應該重視他人對自己的評價。他人對自己的評價比自省往往更客觀。如果自我評價與他人的評價相似，則可說明你的自我認知較好。如果兩者的評價相差甚遠，多數表明你的自我認知有偏差。只有一個人指出時，或許這個人的觀點並不全面，但如果周圍的人都說你有某項不足，那你就需要調整了。

　　二分法。對任何事物都要用辨證的觀點看待，審視自己也不例外。你既要發現自己的優點，也要認清自己的不足。將優點變成優勢，彌補不足的話，那麼在職場中你就是獨一無二的。

　　經歷法。在分析問題的時候，你的心要安靜，也要乾淨，不能焦慮，不能憑自己的偏見、喜好、信念、情感等來觀察、判斷事物。通常在這樣的情況下，你的心靈會變得像一塵不染的鏡子一樣，清晰準確的觀察你所面對和

需要解決的問題，你能從中捕捉到非常細微的蛛絲馬跡。長期堅持這個良好的習慣，在你的工作或生活中，持續這樣用心觀察、體驗、分析、總結，你會使自己得到改造並煥發出新的光彩。

總結提示：

> 有些人受一時心態影響，常用「灰色眼光」看人，再加上小瞧同事，往往最招人反感。這樣的人說話不注意態度，儘管有時出發點是好的，但由於表達方式不對，很容易給人壓力。有時候，無傷大雅的玩笑，也會滅人志氣，減低工作積極性。因此，你需重新評估自己的觀念、價值觀、信念、假設、辯解、言語。

第四節　為何總有小人在暗中害你

一樣米養百樣人，職場上最令人受不了的，莫過於小人。無論是邀功卸責，或是找麻煩扯後腿，或是有好處盡量占，得了便宜還賣乖，或是打小報告、散布傳聞、笑裡藏刀、得志便猖狂、貶低他人抬高自己……小人就像雜草一樣，無所不在。生命重心幾乎都在工作中的你，或許曾碰到討人厭的小人，甚至有過因「敗於」小人而黯然離職的經歷。與其生氣，不如爭氣。你可以找出小人的弱點，或對症下藥或自我防範。

警惕小人裝神弄鬼

景婷被上司派去參加一個全國的學術會議，說實話她心裡還真有些忐忑不安。只有一個名額，但自己的部門主任對這件事情很重視。上司告訴景婷，她是這個科系的碩士研究生，跟很多與會者都曾見過面或是有往來，是公司裡最適合參加這個會議的。部門主任還不知道這件事，景婷猶豫著告訴她還是不告訴她？或者，乾脆讓賢一下？景婷一點兒都高興不起來，覺得左右都不是人。

　　還沒想明白的時候，部門主任不知道從哪裡得到了消息：「景婷，聽說你要去開會，能不能把與會的表格給我看一下？」景婷將表格遞給了主任。主任還表格的時候，不經意的說了一句：「這種會，其實也沒什麼意思，不過你去看看也好，去了你就知道了。」第二天，上司一副恨鐵不成鋼的樣子，把景婷叫到辦公室訓了一通，「給妳的表格妳給誰看了？知不知道我們公司只有一張表，上面都是有編號的，妳不給，別的人怎麼會用我們的編號先傳過去報了名？」景婷一下子明白了主任昨天為什麼借表格了。景婷知道自己遇到小人了，什麼都沒有說。最後，景婷和主任都去參加會議了。

　　你必須正視小人不過是像鞋子裡的小砂石一樣，倒掉就算了，不要忘記，重點是你正走在發展事業的道路上。和小人計較太多，只是自貶身價而已。不要自以為是，不要認為上司不知道小人的品行。你只知其一，不知其二。

為何職場總是有小人？

　　小人這個令人痛恨和不齒的詞彙，估計人人都喊打。但任何職場都不可避免的會出現小人，現實是，在一些人眼裡的小人，在某些人眼裡可能是「人才」。拋開那些違法亂紀的小人不談，我們應該看到職場裡小人積極的一面。

　　小人的存在，可以使上司了解的資訊更全面。任何一個企業都有層級，上司的資訊大多來源於那些有直接從屬關係的人。小人是資訊傳播者，無論企業事件還是小道消息，真假都有，至少可以給老闆或上司一個側面參考資訊，這就是所謂的「兼聽則明」。

　　小人的存在，對企業營造透明文化有幫助。每個人都有自我保護意識，每個人也都有犯錯的可能，這就無可避免的存在人會有意識的「過濾資訊」、「忽略資訊」。小人就承載著「還原資訊」的角色，即為企業營造「透明文

化」。有了這種透明機制，就可促進職員更認真、更細緻的工作，盡可能不發生紕漏和錯誤。因為每個人都清楚「防火防盜防小人」的職場法則。

小人的存在，對職場人士有一定的激勵作用，即給職場製造「競爭壓力」。小人得志便倡狂。「小人都能得志，憑什麼我就不能得志？」這樣的想法常常會激起職員的競爭和鬥志，鞭策職員奮發圖強。當然，企業會希望職員以「積極的心態」面對職場裡的小人。否則，壓力就會轉化不成動力，職員會產生消極怠工的反作用。

對付小人的招數

冷漠以待。無論如何，小人只是小人，還算不上「惡人」，他們所造成的，不過是小小的挫折與影響，不值得你大材小用，浪費自己寶貴的時間去應對。冷漠以待的解決方式就是對於小人的刺探與流言保持沉默。你回應的越少，小人可運用的素材也越少。

提防小人。防人之心不可無，平時要注意防範小人，表面上表現得禮貌、友好，以減少小人的敵意，盡量創造協作的氛圍。身正不怕影子斜。工作中如果你為人辦事都做到實事求是，說老實話，辦老實事，正直無私，是一個值得信賴、值得重用的人，那麼，小人就不敢有非分之心，也不容易利用小報告、流言蜚語等誣陷於你，你也就遠離了一切罪惡之源，避免了禍患的發生。

適當還擊。不計較不代表可以任小人欺負，如果小人的言行舉止實在過分，你也不用客氣，要適時的反擊，還以顏色。可以請上司主持公道，雖然上司不願捲入同事之間的紛爭，但上司存在的意義，不就是為了為下屬解決問題嗎！別以為「告狀」是不光彩的行為，別忘了你的對象是小人，小人已經讓人忍無可忍，這不算打小報告，只算伸張正義。如果你的上司不支持你，是因為小人有背景、有後臺，那麼小人以後還會「惡行不斷」，留在

這樣的環境裡也沒有什麼發展前途可言，不如趁早離去，以免浪費人生、浪費時間。

總結提示：

如果你的存在與實力引發了小人的不安，小人起了嫉妒之心，用一些討人厭的行為對待你，若是你也選用和小人類似的手段，又與小人何異呢？你要學會針鋒相對。針鋒相對就是對惹事生非的小人採取公開論戰的方法，貶斥其種種卑劣行為。這就需要主動出擊，把事情的原委詳細、客觀的公布出來，讓大家都知曉。把實情與小人偷偷摸摸舉報、散布的各種不實之辭都擺到桌面上來，當大家知道真假虛實後，小人提供的所謂「資料」、「報告」、「證明」和「肺腑之言」等等虛假的誣陷也就昭然若揭了。

第五節　吃虧是一項看不見的投資

一分耕耘一分收穫，既然你付出了，要求獲得回報是沒有錯的。但如果你過分注重眼前的東西，不擇手段的去據「理」力爭，即使勉強爭到手了，對你也沒什麼好處，只會給別人留下一個壞印象。吃虧不是「犧牲」，而是一種看不見的投資。這種投資是會回收的，而且報酬率絕不會低。

「犧牲」一下又何妨

賢英的團隊這段時間正在參加一個化妝品品牌夏季推廣會的專案競標，她們很努力，對自己的創意也有信心。賢英覺得這次是她在業內嶄露頭角的機會，所以，她和另外兩個搭擋每天加班，犧牲了好幾個週末來設計專案。就在賢英快要把專案拿到手的時候，上司卻讓她把這個專案交給另一個同事來執行，理由是那個同事與客戶的關係較好，拿到專案機率大一些，上司讓賢英能理解，為公司作點犧牲。眼看著自己的工作成果白白的被同事拿走，

賢英心裡堵得慌。雖說為人要禮讓，為人要謙遜，但賢英真的不知道，在二十一世紀的職場，謙讓到底是不是一種美德？

不能吃一點虧的人是否聰明不好說，不過可以肯定的是，一點虧都不能吃的人，路只會越走越窄。傳統的謙讓是現代職場人士必備的素養和美德，更是一種必要的投資。

有美德的人最終是不會吃虧的

現代社會的競爭，不再是個人與個人之間的競爭，如今已經進入了「打群架」的時代。企業要在競爭中取勝，取得了最大的效益，職員才會有所獲得。一個企業的首要任務是把餅做大，其次才是內部如何分餅的問題。顧大體，識輕重，這就是現代職場人士的團隊精神。

企業為了取得最大的效益，上司會綜合平衡，需要捨車保帥的時候，往往會讓職員做出一些犧牲，在這種情況下，職場人士就需有謙讓的美德。如果賢英不將辛苦策劃的作品拱手相讓的話，她也有可能攬到這個專案。不過她犧牲了團隊精神，那以後就再也沒有人配合她了，在公司裡她就成了孤家寡人，因此也很難有第二次的成功。

如果因為妳的謙讓，使團隊取得了成果，上司和同事心裡肯定有數，他們對妳也會更加欽佩。妳的個人形象得以提升，妳的個人品牌價值也大大提高，這也意味著妳將來會比別人有更多的機會。嚴格的講，妳的謙讓並不是真正意義上的「犧牲」，更不是吃虧，而是一種長遠投資。

以慈悲的心穿越黑色隧道

職場是一條黑色隧道，黑色隧道是指在你的職涯中，會陸陸續續出現讓你吃虧、令你憤怒的現象來折磨你，使你感覺一片昏暗。這個隧道大概有十年，計算方式就是從踏入完全陌生的職場的第一天起，幾乎要花費十年

的時間，才可以經歷職場百態，十年後的一些職場現象只不過是不斷再重複而已。

在黑色隧道中，你會經歷看似「不公平」與「吃虧」的事件，讓你失望、產生負面情緒。這些事件往往讓你覺得莫名其妙，不知道自己錯在哪裡。其實，你所遇到的事與你的人品好不好無關，它是人生必須經歷的遊戲。當你經歷了職場上的種種起承轉合，看到或者經驗到種種不同型態的競爭，面對各種人後，你才能冷靜，才會有一定的實力與成熟度，才能鎮定自若的面對驚濤駭浪。而這就是你所得到的最可貴的收穫。

人只要是被自己的消極心態和負面情緒卡住，就很難運用智慧去看清楚問題。二十到三十歲的年輕人知識有限，智慧不足，能做的就是謹守在自己的工作職位上，朝自己的目標努力、漂亮的活著，任何時候都要有一顆慈悲的心，任何時候都要有寬容、謙讓的心，任何時候都要與人為善。

職場已演化得像戰場一樣，每個人都有進取心，都想出頭，在職場的黑色隧道中，你需累積度量、謀略和權威等才能。在自身實力並無絕對優勢的情況下，需要機智與變通，更需要有一顆慈悲的心。只有這樣，你才會明白自己的位置以及在這個位置上應有的得體言行，去做與自己身分相符合的言行，什麼時候前進，什麼時候避讓，什麼時候開口，什麼時候沉默。說穿了，就是站在他人的位置上去感知自己的言行。

不要傻乎乎的去爭那「一口氣」，知道什麼時候該堅持，什麼時候該退讓。聰明的人在吃過苦頭之後，用善良、敏感和睿智將一切盡收眼底，即使在維護自我人格和尊嚴的「防衛」中，也會給「敵人」留退路。更重要的是，在這種沉著冷靜下，依然純粹，依然保持一顆慈悲的心。

總結提示：

工作中的所謂「吃虧」，無非是比別人多做了一點事情，做了分外的

事情。其實，在「吃虧」的同時，也得到了收穫。職場人士唯一需要做的是，就是繼續勤勞下去，把這「虧」吃下去，達到由量變到質變的累積，這樣自然而然的「福」就來到了。如果吃虧之後變得憤世嫉俗，無法安心工作，就會得不償失。因此，吃虧之後，要學會自我調節。

第六節　一腔怒火，是爆發還是忍耐？

最優秀的職員往往不是最聰明的，不是最能幹的，也不是最刻苦的，而是對企業的生態環境洞察最深、理解最深、掌握最到位，能夠以最合適的狀態及心境應對一切變化的人。在與企業共同發展的過程中，無論是處於逆境、順境，還是面對表揚或批評，他們從不輕易動搖對自己工作能力和自我價值的判斷。很多時候，他們是別人眼中不識時務的頑固者，他們是同事眼中環境反應的遲鈍者，但經過風風雨雨後，這些「遲鈍者」以其堅韌的耐力，謀得一席之地。

有一種智慧叫忍耐

一方面由於競爭對手步步為營，自己的市場範圍不斷縮減；另一方面，企業行銷體系和一些制度有些混亂，區域市場管理中出現了許多漏洞。於是，公司新引進了兩位行銷副總監，負責不同的市場行銷和管理。江苓和芸緋上任後，對自己所負責的市場區域進行大刀闊斧的改革，從管理制度、行銷體制、獎勵制度等，引入了一套成熟的體制進行落實。江苓和芸緋的工作風格大相徑庭。江苓做事雷厲風行，說話直言不諱，她敏銳的洞察力與市場判斷力，讓許多下屬由衷佩服。芸緋做事不溫不火，平時總是憨厚的笑。不少人認為江苓會取得很好的成績。

江苓和芸緋在對區域市場進行改革的過程中，觸及了諸多人的利益。在他們上任幾個月後，遭到一些職員的抵觸情緒，各種各樣的非議紛至遝來，

不斷有人寫匿名信編造各種藉口舉報他們，江苓和芸緋面臨著巨大壓力。江苓性格急躁，對這些無中生有的事情反應激烈，當公司管理層詢問的時候，她表現出極大的反感。江苓認為上司應該給予自己充分的信任與支持，而不能用這些莫須有的指責打擊自己的熱情和信心。為了實現目標，江苓經常向區域經理下達命令，不斷的開會督促。當某一項任務沒有完成時，江苓會不僅怒急氣躁，而且還會以降職、減薪等警告團隊必須如期完成。江苓的情緒起伏不定，心情好時與團隊打成一片，整個團隊氛圍積極。心情不好時陰沉不語，一點小事也會訓人，這讓下屬不敢與她溝通。對於非議，江苓懷疑是某些下屬暗地裡向企業管理層打小報告，有時候會以此藉口訓斥下屬，互相猜測和懷疑的氛圍在團隊裡漫延開來。

芸緋雖然也肩負重任，但她的表現平靜得多，辦事有條不紊。無論是分配任務還是推進工作，不管是取得成績還是遇到障礙，芸緋都心平氣和的與團隊共同研討對策。對於各種各樣的非議與批評，芸緋充耳不聞，似乎並不太在意別人對她的品頭論足，只是一心走自己的路。更令下屬佩服的是，由於某區域經理的失誤，以致業績下滑，使整個團隊受到董事會的嚴厲批評時，芸緋一個人扛了下來，並且耐心向董事會解釋原因，闡述了接下來的應對措施以及未來發展前景等等。芸緋的從容不迫給整個團隊帶來了極大的信心，雖然她從未在團隊面前許下過任何豪言。

兩年過去之後，江苓和芸緋都以各自的方式順利完成了公司的目標。董事會決定升遷一人出任行銷總經理，經過多方面考察，發現多數職員支持芸緋，最終芸緋得以升遷。管理層認為，江苓是個將才，而芸緋是帥才。

憤怒來自於外在的刺激與自我的認知之間的矛盾，若處理不好，會有許多負面影響，除了自己不開心，也容易使人際關係變差，致使工作不順利，甚至職位不保而丟掉飯碗。忍耐是一種內在的堅持，也是一種積極向上的人生態度。

發火也要值得

憤怒的反應是一種自我防衛，當人感覺到自己受到威脅時，常會產生憤怒的反應。職場是最易滋生怒火的地方，問題是，職場中大部分引發憤怒反應的事件，並沒有威脅到你的實際安全。其實令你動怒的事情中，絕大多數都沒有什麼實際意義，只不過冒犯了一些你自以為重要的抽象事物，如你的觀點、看法，或者是你的自我意識。想一想，你是不是保護這些自我的虛妄觀念，就像保護自己免受真實攻擊那樣不遺餘力。你忘記了你只不過是在對一些「觀念」，而不是重要的事件做出反應。

當你以憤怒的方式進行自我防衛時，你的所失一定會大於所得。怒火使你對一件事情念念不忘，進而敗壞你一整天的心情。更重要的是，怒火會讓你失去個人成長的機會。回想一下，憤怒時，你除了試圖維護你的自我意識外，你從中得到了什麼有益的結果？什麼也沒有。容易發火的江苓雖然和芸緋一樣都完成了工作任務，但最終還是平心靜氣的芸緋獲得了升遷。

誠然，工作遇到挫折、不被重視、複雜的人際關係、競爭，公司的制度和環境不夠完善等因素，都會引發你的憤怒。不過，你需了解到各種事物針對的都是你的工作，而不是你。在自我防衛中，你不可忽略大量存在的那些善意的、正確的、有價值的事物，你是可以從這些回饋中受益的。抵禦憤怒這種自我防衛方式，並不意味著要做一個受氣包，你要保護的是你自己，而不是你的自我意識。自我意識受到打擊或攻擊時，不管對方是多麼的出於好意，你都會不由自主的產生抵觸性反應。為了減少憤怒的傾向及其負面後果，你需要預先制定好策略。

三種策略消除怒火

策略一：判斷當時的情境是否威脅到了你的切身利益。職場中，你要區分哪些是真正的威脅，哪些只是你對自我意識的威脅。如果事情只是與你的

自我意識有抵觸，你就問問自己，僅僅因為別人對你的看法不合你心意就發火，到底值不值得？不要浪費時間去保護一個想像中的自我形象，而是要忽略它，要讓自己有效的專注於眼前的工作。如果事情對你構成了威脅，例如有可能對工作不利或者損害到你與他人的關係，為了維護自己的權益，你就需要採取行動了。

策略二：確定在某種情境下發火是否對你有益處。如果你腦子裡反覆重播已經發生的事情，一定會把痛苦、煩惱和憤怒之火點燃。這個時候，你要問問自己，對這件事情大發雷霆是否對你有益處？會帶來什麼後果？

策略三：選擇適合自己的情緒管理方式。在面對工作時，需從多角度來看待問題。律己嚴，待人寬，站在對方的立場著想，不能一味指責他人的不是，需多進行自我檢討。如果是他人的錯誤，就多一些寬容。當你發現自己的過失和錯誤時，也不需要懊悔或者生自己的氣。人非聖賢，孰能無過。用友善和尊重的方式來對待自己，及時改正就是進步。

總結提示：

向憤怒開戰

一、理清你的思路，正在生氣時，別忘記問自己：我還需要這份工作嗎？這份工作的意義是不是遠大於我此時所受的委屈？如果答案是肯定的話，那麼讓自己冷靜下來，客觀分析問題的癥結。

二、幽默和憤怒在心理上不能共存，不過幽默能有效的趕走憤怒。當你感覺到憤怒的時候，來點幽默，讓笑聲替你的憤怒找到出口。

三、當你受委屈時，最不願意做的事情，就是去原諒那些可惡的始作俑者。即使他們不值得你原諒，你也要原諒他們，這樣你就不再會局限於自己所受的委屈、憤怒和失望上，而是為自己贏得心理上的優勢，也可以快速的從中走出來，更加堅強。

四、激底戰勝憤怒情緒，用酣暢淋漓的哭泣，讓憤怒隨著淚水消失。

五、說出憤怒。自言自語或者和好友說出自己的憤怒。最後，別忘了給自己一點信心：我不會被憤怒所控制。

第七節 當別人把他的工作「巧妙」的推給你

對拒絕別人的話難以啟齒的職場人士數不勝數。總結起來，都是因為「不懂拒絕」的方法。工作中，別人合理、正當的請求，而且是我們可以辦得到的或是能夠給予明確答覆的，是可以幫助的。但如果是一些不合理的、不正當的要求，或是超出我們能力範圍的，拒絕就是不可避免的了。拒絕也要講究藝術和技巧。職場人士要會巧妙的、婉轉的拒絕，一方面使不愉快和失望減少到最低限度，另一方面還需得到對方的諒解和認可。

不會說「不」可把人害慘了

婧妍在辦公室裡是個熱心的人，同事找她幫忙她覺得這是看得起自己，從沒有跟同事說過「不」，但就是這點讓她吃了不少苦頭。平時自己的工作已經夠忙的，但是只要有同事一讓自己幫忙做事時，婧妍就管不住自己的嘴巴，想都不想就一口答應了，但有時拖到自己的工作還要熬夜才能完成。有一次，客戶突然打電話，說第二天要看她手裡的一個企劃案，按照婧妍以往的經驗，熬一宿就可以做出來。但當她正準備趕工的時候，公司裡一個跟婧妍交情不錯的同事，讓婧妍給她的企劃提點意見，並且約她一起吃飯。婧妍不太想去，但經不住同事的邀請，結果還是去了，這一約直到晚上十二點。此時，婧妍自己的企劃案還有大半沒弄完，在迷迷糊糊中婧妍熬到早上。但是由於時間太緊，企劃案沒有通過，上司狠批了婧妍一頓，還說如果公司因此受到損失就處罰她。後悔莫及的婧妍咬牙切齒：「唉！當時為什麼說不出『不』呢！」

我們都清楚，遭到別人的拒絕是一件不愉快的事情。其實很多時候，人都是因為害怕傷害別人，寧願硬著頭皮答應；也有人因為好強的自尊心和面子而忍住了「拒絕」二字，選擇了無奈的接受。該拒絕的就拒絕，這不等於

無情無義，也不是一意孤行，而是一種完美的人格。

人際往來是需要平衡的

不會拒絕別人已經成了一部分職場人士在人際交往中的習慣，他們總是過多的為別人著想，忽視自己的利益。別人會覺得這樣的人高尚，有的人也會因此覺得自己很神聖。實際上，一味的付出，時間長了，自己心裡自然就會覺得不平衡。但真的要拒絕別人的請求，又會與自己的「價值觀」發生衝突，覺得自己「不義」。

其實，在職場中學會拒絕是一種自衛、自尊與沉穩的體現，也是一種豁達與明智。學會拒絕，才活得真實明白。和同事處理好關係是應該的，但這要看你和同事之間的「好關係」是依賴什麼來維持的？同事對你的「好感」是如何形成的？如果只是因為你是一個很好「使喚」的同事，能夠為他們減輕很多負擔，那麼，這樣的「好關係」並不值得慶幸。如果你像婧妍一樣，認為幫助同事，不該怕苦怕累，實際上卻幾乎疲於應付自己繁忙的工作時，這種不開心的去幫忙，只會讓自己心情鬱悶。同事也不會因為今天你幫助了他，他明天就一定記得你曾經幫助過她。

任何人幫助別人都是有限度的，尤其是在工作中，大家所做的事情相差不大，沒有你，別人一樣可以完成工作。職場中不乏有人看你老實，而把自己的工作推給你。不管怎樣，你在答應別人的求助的時候，一定要先考慮到是否是自己力所能及的事情。拒絕是一種「量力而為」的表現，也有利於委託者反思與檢視自己的行為。你只需講求一下拒絕的技巧，就會在很大程度上避免和消除引起對方的不愉快的疑慮。

明明白白拒絕也容易

端正自己的觀念。人與人之間是相互依賴、互惠互利的。你要學會保護

自己的正當權益，該索取的時候就索取，不值得付出時就堅決拒絕。有付出就應該有收穫，別人讓你幫助他，那麼你也應該獲得相應的回報，無論是物質上的還是精神上的。

和顏悅色，說出拒絕的理由。耐心傾聽請託者的要求，即使同事說了一半你就明白此事非拒絕不可，那麼為了確切的了解同事的用意和對她的尊重，你也要聽完她的話。拒絕請託時，表情需和顏悅色，態度誠懇、言詞婉轉，略表歉意，說出拒絕的理由。同時不要讓同事認為你自私傲慢，不肯幫忙，應當爭取同事對你的同情，以減少他因被拒絕產生的不滿和失望。當說出理由後，只需重複拒絕即可，而不應與對方爭辯。拒絕之後，若有可能，可以為同事提供其他力所能及的幫助。

禮貌的同時，顯得果斷，別說對不起。有的人拒絕時優柔寡斷，在外人看來立場不堅定。如果是這樣，那麼態度強硬的人就會不斷施壓，直到你點頭為止。這樣的人認為，不堅定的答案存在扭轉的可能。你要學會給別人肯定、堅決的回答，這種回答傳遞給對方的資訊是不容改變的。如果你加一句「抱歉」，就是默認自己做錯了一件事，這樣一來反而會給別人傳達一種錯誤的資訊，讓人覺得你的拒絕理由是牽強附會，不願意提供幫助。你只需說一句「我對此實在沒辦法」就足夠了，別說對不起。

總結提示：

三杯水，一杯溫水，一杯冷水，一杯熱水。當一個人先將手放在冷水中，再放到溫水中，會感到溫水熱；如果先將手放在熱水中，再放到溫水中，會感到溫水涼。同一杯溫水，出現了兩種不同的感覺，這就是冷熱水效應。人人心裡都有衡量的標準，只不過是標準不一致也不固定。隨著心理的變化，標準也在變化。在職場說「不」時，要善於運用冷熱水效應。

第八節　你成了冤大頭卻有口難辯

　　身在職場，免不了涉及各式各樣的競爭與利害關係，職場就是江湖，有江湖就有紛爭。古人有云：「凡人心險於山川，難於知天。」職場上總有些可怕的人，或許是因為嫉妒，或許是為了一己之私，利用你，把責任推到你頭上，無憑無據的你有口難辯。這時該怎麼辦？

躲不了的職場「黑鍋」

　　海頤應徵的是一家跨國公司總部的市場部職位，雖說沒取得多少引人矚目的成績，但工作還算順利。有一次，海頤和一位同事出差，同事有些水土不服，拜託海頤關照一下她的帳目。海頤發現其中有一個帳目可能有問題，就問同事是不是核查一下，同事說沒問題，她都核對過了。於是海頤就按照一般的程序和商家簽了合約。回到公司後沒幾個星期，經理找海頤談話，說因為海頤的帳目有錯致使公司產生了不小的損失。海頤告訴經理這是同事犯的錯，並且讓同事來對質，沒想到同事竟然說她沒有經手過。由於合約上簽的是自己的名字，同事又不承認，海頤不得不背上這個黑鍋。海頤非常氣憤，準備自動辭職，但想想自己是被冤枉的，如果一走了之的話，那就證明是自己的錯了。再三思量後，海頤留了下來。

　　沒過多久，公司把海頤派往外地辦事處常駐。市場部經理和人事部都沒有直接通知海頤，海頤是最後一個知道此事的人，然後當地辦事處的經理給海頤打了個電話，請她在來時把公司新出版的工作流程帶給她。就這樣，海頤的職位便算是交接了。海頤很失落，很想問問上司為什麼在不徵求自己意見的情況下，就直接把她「發配邊疆」。海頤知道有口難辯，就默默收拾好物品去外地辦事處赴任了。後來，海頤換個角度看，覺得外地這段生活也較有趣。雖然那個小城市生活較單調，但一個人在外地，海頤也靜下心來看了很

多書，想了很多事，對思想成熟和事業進步都有很大的幫助。

三年後，調回臺北時，海頤還真有點不太適應北部的快節奏。有一次，經理讓海頤把客戶的樣本修改一下，使設計「更加完美」。當海頤按照要求完成後，卻「捅了婁子」，客戶拒絕接受他們的自作主張，要求立即改回原先的樣子，但時間已經來不及了，客戶投訴到總部老闆那裡。本來這件事應該由經理來負責任，海頤只是遵令行事。但經理用了「背黑鍋我來，送死你去」的手段，把海頤推到老闆面前頂罪，害得海頤一時無以面對。有知情的同事打抱不平，海頤看的很開：不求事事如意，只求無愧於心。經理要升官發財，自然要找個替死鬼，他的心情我很理解，所以，海頤一直對別人說經理並不是壞人，只是身分和角色使然。後來，經理在一次酒至微醺時向海頤道歉，海頤的人品也得到廣泛認可，在公司裡的路越走越順。

沒有永遠的朋友，也沒有永遠的敵人，只有永遠的利益。行走職場，你要與人為善，更要清楚，人與人之間的關係就是一個互相利用的過程。

利用價值

人與人之間的利用是相互的，被利用的人更多的時候也在利用對方。企業利用職員來為自己做事，而職員往往會利用企業提供的資源和機會鍛鍊自己的能力。能夠被人利用，其實是一種價值體現。當一個人能做到有許多人都想利用他的時候，就說明這個人的價值很高。當一個人很少甚至都沒有人想利用他的時候，也就宣布這個人已經沒有任何價值可言了。只有認識到這一點，我們才能夠心安理得，被人利用的同時也在利用別人，從中獲取自己所追求的。

任何事物都有兩面，你既要看到積極的一面，也要防患於未然。職場是一個沒有硝煙的戰場，總有一些人為了逃避責任，把事情往你身上推，如果你成了冤大頭，要冷靜處理，有些事情你無法辯解，甚至會越描越黑。被動

攻擊的行為，會導致你的聲譽受損。這個時候，你需要放鬆。你要相信，黑鍋不會背一輩子。不管是群眾還是上司，他們的眼睛都是雪亮的。當有一天證明不是你的錯時，你優秀的綜合素養和職業修養都會體現出來，那這就是你成長的最佳機會。在失意之後，你也學會了寬容和理解。吃一塹，長一智。任何時候，你都需要小心留神。

兩道護身符

要確認。之所以成為冤大頭，多數都是因為溝通不清晰造成的。這就需要，你在和別人溝通時，要懂得一個十分簡單而有效的基本動作：確認。「確認」的作用在於，能夠保證你經手的工作，不在你的手上出問題；而你未經手的事物，別人無法推到你這裡。並且可以確保你所負責的所有的工作都在自己的掌控中。和別人一起工作時，你可以透過文件、郵件、簡訊、電話等方式確認，任何的「確認」都要有紀錄。

建立信任名單、黑名單。信任名單裡有你相信的客戶，講信用的供應商，代理商，關係好的朋友，合作夥伴，同學同事等等。黑名單是指不可靠的、不講信用的、沒有責任心的等各種品德不好的人。黑名單的來源有三個：第一，在職業生涯中，用自己的血淚教訓換來的；第二，得益於同事之間或相熟的同行同業之間的口耳相傳，依照「壞事傳千里的準則」，通常推卸責任的人會第一時間成為同事之間和行業內的談資；第三，長期觀察的結果，看其他同事之間如何相處，如何處理此類事情，哪些人屬於不良分子，添加進你的黑名單，以備不時之需。

總結提示：

與推卸責任的人共事的策略。

一、目的必須明確，時間、內容等要求要講清楚，甚至白紙黑字寫下來，以此為證據。

二、出現爭議時，溫和的堅持原來的決議，表達你知道工作有一定難度，不過還是需要在一定範圍內完成的期望。

三、如果他們試圖把過錯推給別人，不要搪塞過去，你只需堅定說明那是另一回事，現在要解決的是如何達成原定的目標。

四、請上司在不影響整體工作的情況下，重新協調、分配工作，以達成工作目標優先的目的。

第九節　當你聽到自己被別人私下議論

不怕流言滿天飛，就怕被流言擊倒。流言絕非空穴來風，它與我們的生存環境有關，更與自己的言行有關。工作和生活中看似不起眼的習慣和言行，一不小心就是流言的源頭。有人把「成大事不拘小節」當藉口，但現在已經是「細節決定成敗」時代了。當你聽到自己被別人私下議論時，一方面要正視自己哪方面做得不妥，另一方面需尋求解決之道。

職場「灰色地帶」

故事一：艾穎在一家公司工作兩年後，被升遷至副經理。雖然艾穎在專業方面還不錯，但她也清楚自己的缺陷，當個勤勤懇懇的副手還可以，統籌工作就無法勝任了。當副經理的第二年，老闆的一個剛從大學畢業的親戚來任經理，不少職員都不服氣，更有人替艾穎打抱不平，艾穎不以為然。由於新經理急於做出成績以服眾，常在老闆面前說一些無中生有或者曲解她本意的話，自以為與世無爭的艾穎非常氣憤。不過，艾穎堅信「清者自清」的信念，當有人問起時，她採取一種「無可奉告」的態度。即使在熟悉的老同事面前，艾穎也一句也澄清過。艾穎的沉默不語反而增加了同事的不信任，讓大家以為她想要掩蓋什麼或者真有什麼不可告人的事情。時間久了，老闆認為艾穎不願支持新經理的工作，好幾次在會議上旁敲側擊的批評她。委屈的艾穎決定跳槽。

故事二：采妍任職於一家私營企業，業績出眾的她，讓有些同事心生嫉妒，總對她有意見。有意見當面說就算了，可氣的是他們編的惟妙惟肖，私下裡和其他同事講得頭頭是道。一天，自詡「消息靈通」的瑜佐神祕兮兮的告訴采妍：「知道嗎？又有妳的最新傳聞！」采妍問道：「又怎麼了？」瑜佐放低了聲音：「聽說有獵頭把電話打到了老闆助理那裡。公司裡在傳，說妳嫌這裡待遇不高，一心想跳槽。老闆好像也知道這件事，妳要當心。千萬別說是我告訴妳的。」「工作是否努力，老闆心裡有數。我不會較真的。」采妍不以為然，「不過，最近有人來找過我，問我是否有跳槽的意向，還向我推薦了幾家薪資待遇都不錯的公司。我告訴他們，公司上司我待還不錯，我得仔細考慮考慮……」事實上，采妍沒有與任何獵頭接觸過，是否真有獵頭打電話到公司她也不知道。只是周圍同事的薪資都上漲了不少，她幾次想跟老闆提加薪的事，總覺得面子上過不去，還怕老闆不高興。采妍被老闆請進了辦公室，不少人都等著暴風雨的來臨，不料采妍滿面春風的出來。原來，采妍事先就想好了：利用跳槽的流言，讓老闆自動為自己加薪。老闆不希望得力將才被挖，在表達了公司對采妍「殷切希望」的同時，主動給采妍加了薪。

職場裡什麼樣的人都有，就像江湖，有一身正氣的俠客，有奉行旁門左道的人，有誤入歧途、走火入魔的修煉者。你被別人議論，一定也有你的原因，比如你的武功有破綻，你的內功修為不夠。

八卦流言會「黏」誰

八卦是人類的消遣方式之一，也是最古老的傳播方式。雖說八卦給一個團體的帶來了一些消極影響，但企業也允許八卦的存在，因為八卦是維持企業平衡發展的重要因素。它可以促使職員不斷調整自己，改善人性中的弱點，如堅定自己的信仰，不因小事而垂頭喪氣，如何跟人合作，如何適應不可避免的事實，如何不盲從，如何避免製造敵人，如何使你走上理智的

道路……

　　任何人都有被八卦流言黏上的可能，面對八卦，有的人聽了一笑了之，有的人心中不安。那些不能堅持自己、猶豫不決的人最容易被它擊倒。有的人缺乏自信，會過分在意別人的評價，甚至為了維護形象而做一些自己本來不願意做的事。就像你在看書，別人要去逛街。如果你不去，別人會說「你怎麼這麼不合群啊！」你為了不被別人說為「不合群」，就跟著去了。這樣的人認為「與眾不同」是錯誤的，害怕「與眾不同」會遭到貶低。企業不需要這樣的人，企業需要的是能獨當一面的將才、帥才。如果你因太過引人矚目，而遭議論，那麼你就需學會從容應對各式各樣人的方式。如果你連同事都無法應對，如何面對風雲變幻的市場和競爭對手？

　　謠言止於智者。我們都是紅塵中人，不可能獨自清高。那麼，就學習與各式各樣的人勇敢過招，不要讓自己徒受傷害。

與八卦流言過招

　　先檢討自己，再選擇正確的路徑。當你有天發現竟然有人在私下議論你，先穩定好自己的情緒。反省自己哪方面做得不妥？是不是做過什麼事、說過哪些話，讓對方看你不順眼？如果真的是自己哪方面做錯了，或者處理不當，不妨當面認錯並改正，求得諒解與支持。你可以說：「我不知道發生了什麼事，是否可以告訴我出現了什麼問題？」如果對方什麼也不願意說，就直接了當的說：「我知道你對我似乎有些不滿，我認為我們有必要把話說清楚。」如果你是正確的，就委婉的警告，你的目的只是讓對方知道：你絕對不會對有損自己形象和利益的錯誤議論視而不見。你可以說：「可能是我誤會了。不過，以後如果有任何的問題，希望你能直接告訴我。」

　　尋求支持。單槍匹馬笑對流言，雖說顯示了你為人光明磊落的一面，但畢竟會讓自己陷入孤立無援的境地。你除了積極主動尋求上級支援外，同時

向下的尋求支援也極為重要。平時要處處小心謹慎，最好為自己建立起堅強的後盾。這個團隊可以由你的上司、下屬、客戶、合作夥伴組成，他們的力量和支持可以幫你擋去很多麻煩，這就是為什麼有些公司要做三百六十度評估的原因了。同時，顯示你的作為，因為不斷為企業創造價值的人，才有機會屹立於不敗之地，否則你就容易被人拱出局。別忘了，當別人需要你做後盾的時候，你也不要吝惜自己微薄的力量。

總結提示：

如何遠離流言？

一、不做流言的傳播者。辦公室如果流言四起，一定會起事端。如果自己倖免沒有捲入流言之中，那麼，就做出一副高高在上事不關己的姿態，不要湊熱鬧。因為攪和事情的人多了，事態只會會越來越嚴重，更何況流言只會越傳越廣。不要讓自己成了無辜的「幫兇」。

二、任何事都要給自己留個餘地。職場很多矛盾和是非都由一些短期利益引起，如升遷、加薪、聲譽、福利分配等等。不要被這些所謂的利益盜走了自己的善良，有目標是好事，但不能為了自己的利益而不顧別人的感受。

三、少談論私事，以免自己為流言送上現成的題材。

第十節　面對不合理的無償加班

對於加班，每個人都有自己的看法。面對不合理的無償加班，有的人認為加班有點煩；有的人認為加班是「壓榨文化」；有的人認為人在江湖身不由己；工作狂認為加班是快樂的。其實，對職場人士來說，重點要思考的不是要不要加班，而是你加班到底為了什麼？如何在工作與生活之間找到平衡點，的確是門學問，不過有個不變的原則是：歡喜做甘願受。

為自己加班吧！

大學畢業就來到北京的文倩，沒有親戚沒有朋友，每天最怕的就是下班後回到空蕩蕩的住處。相比之下，在公司待著反而讓文倩感到快樂和充實，聽聽音樂，看看書，和兩三個也沒下班的同事聊聊，時間倒也過得快。反正閒著沒事，文倩總會自告奮勇的幫同事一起做一些他們來不及完成的工作，這也使文倩在同事間的人氣驟升，辦公桌上還時不時會堆著感謝她的禮物、零食。久而久之，誰有趕不及的工作，都笑嘻嘻的來「求」文倩幫忙，因為文倩「晚下班」是自覺自願，這讓文倩有時候無法完成自己的事，於是，文倩正式宣布：「我要準時下班了！」但沒堅持多久，文倩就覺得無聊了。

這時正好文倩手頭有個專案，免不了三天兩頭加班。那個時候主管經常從外面「空降」，看到文倩總是加班便友好的關心了一下，文倩隨口說了句「晚上加班效率高」，從此便埋下了「禍根」。在主管的印象裡，文倩喜歡加班並且是個頭腦靈活、擅長加班的職員，於是就有了下班前十分鐘的「奪命電話」。離下班還有十分鐘，「可惡」的內線電話經常響起來。文倩不用猜，就知道主管又要讓自己不是看報表就是準備客戶資料，或者看一些常規工作彙報和文件。文倩終於知道什麼是「一失足成千古恨」，但仔細想想回去也是浪費時間，不如多學習學習工作方面的事務。

過了一年多，主管開始分配給文倩各種事務，有時候要與公司各個部門研究探討，有時要與供應商、代理商、客戶等等各種人物來回周旋。不知何時，文倩發現自己對公司情況幾乎瞭若指掌，算了一下，已經在公司「奉獻」了五年。此時，主管告訴文倩，她已經和董事長、人力資源部商議過了，培訓部從整體到工作細節都需進行改革，公司決定委任文倩為培訓部主管，第二天就會發出通知，讓文倩做好準備，同時希望文倩能能做出成績來，達到公司和上司的期望。

對於一部分人來說，加班是某個階段的任務，是升遷或學習的必要付出。無論出於何種目的，認清自己加班的意義尤為重要。

是否加班，由你決定

傾聽自己內心的聲音，誠實的問自己是個什麼樣的人，想要過怎樣的人生。如果你是個天生的工作狂，埋首工作讓你覺得生命充滿光輝，能讓你獲得無限滿足，加班不是問題，而且你能從中收穫快樂的生活。如果你除了工作之外還有其他物質追求，想有其他的人生，就得停下腳步好好思考：往後五年，甚至十幾年都必須超時工作，我是否受得了？透過權衡這些利害關係，你就可以自己決定要不要加班。

如果你無法接受，而又不得不加班，就看看有沒有適合你的提高工作效率的方法，讓工作和生活達到你所能接受的平衡。如果你認為忙一些沒有關係，偶爾也要看看落日，停下腳步聞聞玫瑰花香，若企業有加班的制度，那你就需開始尋找轉換跑道的機會。最糟糕的就是不甘不願，既放不下工作又要抱怨。這樣的方式不管是對於公司或是你自己，都是雙輸的局面。不快樂的職員不僅在職場上工作效率較低，同時也失去了享受美麗人生的權利。

休閒與工作

「休」字是由「人」與「木」組成，意思為人倚著樹木或人坐在樹下休息。「閒」字是由「門」與「月」組成，意思為家中一輪明月，或獨處靜思。「息」由「自」與「心」組成，意思為關照自己的內心。無論是休閒還是休息，都是一種生活方式，即用自己喜歡的方式去放鬆身心、追求精神上的愉悅與充實，提高生活品質。

一位哲人說過，「休閒才是一切事物環繞的中心」。休閒和休息可以使我們保持內心的安寧與自由感。許多思想家、科學家、藝術家的許多靈感都是

在休閒中峰迴路轉，茅塞頓開的，對於他們來說工作就是生活方式。

　　生活中，有些人由於工作效率低下、時間管理不得當，不得不為此付出延遲下班時間。如果你不想因為這些不必要的加班，而占用自己那已經少得可憐的私人時間，那就下定決心改變這種狀況，提升自己的工作能力，改進工作效率。如果你熱愛你的工作，也就沒有所謂的上班或下班時間了，就像文倩一樣，工作就是自己的生活方式。

總結提示：

如何避免無效率的加班，減少加班時間？

一、在得到新的工作時，如果你有足夠的「職場競爭力」，那麼可以向上司提出「不加班」或者「少加班」的要求，一般這個時候上司都會慎重考慮。

二、平時要經常與上司、同事溝通交流你正在進行的工作，按階段（如每週、每月）主動提交自己的工作計劃和工作總結，讓自己的工作成果在職場可以耳聞目睹，這樣你就可以按時下班。

三、把必須要在辦公室完成的工作，如一些計劃、審批、文字處理的工作，與同事協調的事務盡量安排在上午，把需要外出完成的工作如拜訪客戶，辦理各種手續，參加展會等事務安排在下午。這樣就不會耽誤下班了。

第六章　青春的心血需要回報 ——
獲得升遷機會

　　職場上的升遷和升官之道一樣，需德才兼備。面對社會結構的變動，利益格局的調整，人們思想觀念的變化，企業需要作風務實、敢於追求、善於團隊協作、積極改革創新、爭取一流業績的管理者來帶領團隊創造業績。職場人士只有堅持正確的世界觀、人生觀、價值觀，用科學文化知識和技能武裝自己，在工作實踐中鍛鍊自己，注重工作實效，才會獲得升遷。

第一節　你是該獲得升遷的人嗎

想要獲得升遷嗎？你當然會想，有誰不想呢！為什麼有些人就能獲得比其他人更多、更頻繁的升遷機會呢？不是他們比我們幸運，也不是他們遇到仁慈的上司或者好的公司。重要的是他們懂得並且掌握了獲得升遷的兩個關鍵要素：自身具備升遷的條件和素養，並且知道如何獲得升遷。

什麼樣的人可以得到升遷

故事一：春節過後，企業就要展開績效考核，羽晴也參加了升遷考試。雖然筆試成績不錯，但答辯和後期綜合測評沒有達到要求。因此，六年來羽晴又一次嘗到了失敗的苦果。羽晴所在的企業是一家規模不小的知名企業，人多事情多，部門設置也複雜，同事之間關係雖說不錯，不過關鍵時刻大家也都毫不留情面。企業有不少升遷機會，羽晴參加過三次競聘，但每次都名落孫山。論條件，羽晴也是大學畢業，工作期間還上了在職研究所，拿到了碩士學位。論工作經驗，羽晴在本職位上工作六年，大小事情也處理了不少，自認為還是不錯的，但每次都得不到升遷。羽晴不明白，當今時代究竟什麼樣的人才可以得到升遷機會？

故事二：志媛是一個性格沉穩、做事認真的人，當選擇財務作為自己的職涯方向以後，大學畢業後就進入了這家公司，從初級位置做起。志媛知道，職業生涯中並不存在真正意義上的捷徑，只有把自己手頭的每一件事情都做得很漂亮，才有可能去考慮下一步的進程。志媛更清楚，想要升遷，就要比別人付出更多的努力。一番總結之後，志媛發現經驗的學習才是對工作最有幫助的學習，邊做邊學，學以致用。同時，志媛很喜歡反思，做完事情後經常會反思這件事情做得如何，有什麼好的地方，又有什麼地方需要改進，以後碰到類似的事情就會注意。另外，志媛以經常向有經驗的人學習的

186

辦法，不斷提高自己的各方面的素養。在上司的認可下，志媛的職涯路出現了轉捩點，上司讓她報名參加了公司內部的財務管理培訓課程。參加完培訓的課程後，志媛就獲得升遷，並承擔相應的責任。

每個人的社會角色都是非常複雜的，沒有一個簡單和統一的模式來定位。做最好的自己是升遷的最好策略。

遵循企業一加一大於二的結構

在崇尚人文價值的知識經濟時代，社會已經進入了科學技術與文化密切結合的階段。企業管理已經從經驗型管理逐步走向學問型管理和文化型管理，即注重思想方法與企業整體利益最大化的綜合型管理和人文價值管理。如今的企業以前所未有的速度在重新洗牌，許多企業因缺乏策略前瞻和文化聚集力，在遭遇各種環境變化時不能適應，或者因決策失誤，被清除出局。

在各種壓力之下，企業家開始尋求知識的更新和視野的拓展，注重打造自身區別於其他企業的比較優勢，即核心競爭力。核心競爭力有兩要素，一是資源方面的競爭，最典型的就是人才競爭，二是市場方面的競爭，也就是專業競爭，即如何吸引消費者，比如產品。一個企業如果既有優秀的人才，又有一定的市場，那麼這個企業的競爭力建設的方向才是正確的，企業才能朝良性發展。

表面上看來，個人競爭力是一個人透過自己的努力所獲得的對自我的完善，似乎與企業謀求發展的專業競爭力無關。事實是，任何人都不可能脫離其依附的環境而存在，特別是對一個職場人士、企業人士來說，既然處在一個團體中，行事必須講究合作。企業人才在整體上會形成一定的結構，企業希望人才之間的能力是互補的，這樣分工明確，各有所專。當企業形成了一加一大於二的合理結構，才能形成企業的核心競爭力。如果你想獲得升遷，就必須把自己的發展路線與企業文化和發展策略結合起來，並且要形成自己

獨特的優勢。

登上「職升機」密碼

職業化。「工作」與自己「開工作室」的最大不同就是職業化和專業化。「工作」包括職業道德以及形象，「開工作室」要求你不斷的學習，開動腦筋，用最有效的方法來完成工作。任何一個老闆都是十分精明的，他們都希望職員足夠優秀，業績更好。工作態度是一面鏡子，認認真真對待工作的職員，遲早會獲得升遷。千萬不要以為自己的努力會被別人忽視，你是否認真工作，職場中的每個人心裡都清清楚楚。有創新思路的人會為企業注入新的活力，能給企業經營方向開拓思路的人才是公司所急需的人才。知識總是相通的，如果你能將各種知識融會貫通，運用於工作中，那你更是上司眼中的創造性人才。

有活力，能感染他人。企業都希望擁有·批健康、熱情、有活力、主動積極的人。無論你的上司表面上是否屬於有「青春活力」類型，他都不願意看到死氣沉沉的下屬。有活力、有熱情的職員能感染周圍的同事，為公司帶來無限活力。挫折總是不可避免的，最終結果取決於你對待它的方式。在逆境時，如果你的熱情不褪色，可以理智的分析和處理所遭遇的挑戰，不僅自己愉快生活和工作，周圍的人對你的評價也都會較好。

不功利。盯著「利」字的人常常在追逐功利的過程中喪失原有的目標，不功利的人往往因為排除了功利的干擾，做出更加正確的判斷。這種品格體現出一個人的內在素養，極容易贏得周圍人的欽佩和欣賞。

幫助同事，與同事合作。幫助同事搬開腳下的絆腳石，有時恰恰也是為自己鋪路 —— 幫助同事就是幫助自己。你在幫助同事時，任何的努力都不會白付。凡是老闆都喜歡在公司裡創造一種合作的氣氛。分工明確，使每個人各司其職責，這樣能提高效率，善於合作，往往能產生巨大的威力，使任務

更容易完成。經常與同事合作，在合作中追求更好的業績，追求與同事的共同成功，必然會得到升遷的機會。

　　為企業著想。你為企業著想，把企業的事當成自己的事，懂得為企業帶來利益，同時也就等於為自己帶來了利益，增加了自己在公司裡的價值。處處為公司著想的職員，老闆也會為你著想。

總結提示：

企業所需的「有效管理者」和「成功的管理者」。有效管理者的貢獻主要體現在溝通和人力資源管理方面，活動主要是在企業內部，因此這些活動能夠透過例行資訊和處理文書工作的數量，以及激勵、懲戒、調解衝突、職員配備和培訓的數量來衡量，而且是「有目共睹」的。成功管理者的貢獻主要體現在網路的建立和維護方面，這些活動會使管理者獲得充分的企業外部資訊，使企業能夠迅速及時的了解市場上競爭對手和消費需求的變化，企業管理者能夠有充分的時間考慮策略和方向，同時制定正確決策，保證決策的順利實施，從而有利於企業保持對環境的適應。成功管理者對企業的貢獻是無形的，無法以數量衡量，其價值的體現通常也需要較長的時間。

第二節　升遷也需要提前規劃

　　一般來說，兩種情況下職員有機會得到升遷：一是出現了新的空缺職位，二是當企業擴大發展時出現了新的部門和新的職位。對於想要升遷的人來說，應該花點心思，規劃一下你的升遷路線。有了明智的規劃，只要有機會，一切盡在掌控之中！

功到自然成

怡孜屬於做事目的很強、好勝心很強，追求效率的人。大學剛畢業的時候，求職的過程並不順利。那時的怡孜非常想到國外去深造，隨著閱歷的增

長和事業的發展，這種想法逐漸消失了。在銀行工作的近十年中，怡孜也曾幾次想過跳槽，不過每次都堅持住了，因為怡孜始終相信付出終會有回報，成功的訣竅是要學會合理規劃。怡孜制定了升遷計劃：二十二到二十五歲，鎖定最適合自己今後事業發展的行業，以平和的心態踏實的工作、學習。二十五到二十八歲，用熟練相關業務知識以充實自己，為進一步的事業發展尋找機會。三十歲左右，把握機遇，一步步邁向上升發展的空間。然後怡孜把大目標分成若干個小目標，並且告訴自己：每完成一個小目標就等於向理想中的大目標邁進了一步。同時，在每一步中調整自己的規劃。

　　雖然一起進入銀行的同事因為「與同事不和」、「對薪水不滿」、「間歇性厭職」等原因另覓它徑，但怡孜認為跳槽是不能從根本上解決問題的。怡孜始終堅持按照規則，合理利用時間，每當發現完成一個小目標所用的時間已經大大超過了預計，或者前方是一堵牆時，她就尋找原因，及時研究解決對策。雖然怡孜的起點不高，但經過十年的努力，最終坐上期望的職位 —— 銀行的首席代表。

　　當你和其他人一起被堵塞在「瓶頸」裡的時候，只能說明你還不夠優秀，不足以脫穎而出。一切都是功到自然成，在沒得到升遷之前你不必焦急也不必抱怨，發現漏洞，培養優勢，提前做好升遷的各門功課，以等待屬於自己的機會。

你有「勝招」嗎？

　　能當好下屬不一定能當好主管。有的人認為，只要把本職工作做好，就能獲得升遷。其實不然，優秀的運動員不一定是好教練，一些表現優異的工程師、銷售人員等升任主管後卻表現不佳，這是因為管理者還需要工作能力以外的條件，如決策能力、協調能力、組織能力等。所以，在某個職位做得好，並不表明你升遷以後也能做得好。最好的人並不一定就是最適合的人，

正確的方法是選擇適合自己的職位，根據職位所需培養自己的優勢。

　　自己的夢自己造，觀念的開放可以導致行為的不同。沒有變化的企業會失去活力和優勢，等待它的只有衰敗和消亡。認識到變化的存在，在挑戰中磨練自己的意志，不斷發現自己的潛能，才能顯示自己的力量。你需要找到可以發揮自己優勢的職務，從中習慣於這種鍛鍊，並在鍛鍊中不斷發揮自己的潛能。

　　升遷是對職員平時表現的一種肯定。等到想要升遷了才加油，就如同等到汽車突然熄火了才被拖到加油站加油一樣。按照計劃給自己的事業補給「燃料」，朝著自己的目標一步步接近，才可以輕鬆保持升遷的順利運行。

升遷三段論

　　我們可以把自己所處的職場分為三個層次，類似於金字塔的下層、中層和上層。一個人能否在公司中得到升遷，除了關係、人脈、時機等不可控因素外，有意識的自我磨練與累積而得來的能力，是一個決定性條件。能力上的優勢可以使一個人在團體中脫穎而出。

　　差異優勢。當處於公司下層的人想升遷到中層時，怎樣嶄露頭角呢？出於大多數人都仍在起跑線上，能夠被發現的機會是均等的，這個時候衡量的標準就是展示優勢。在工作中，有鎮定自若力挽狂瀾的能力的人，毫無疑問是非常容易得到賞識和重用的。如在與客戶直接接觸的行業，一次危機處理得當，為企業挽回顏面或者既解決了問題又維護了企業形象的人，可以很快得到認可和推崇，進而獲得升遷。古詩說：天生我才必有用。每個人都有優點的，哪怕只是有個好人緣也會使你獲得認可。當然最重要的是個人優勢，就是說，你在公司中有其他人沒有的優勢，或者別人有，但你在這方面能力最強。一個人只要具有了差異優勢，並且有表現的機會，一般都可以從下層升至中層。

保持優勢，克服缺點。當一個人升到中層時，會發現周圍的每一個人都是具有差異優勢的，而且基本都是有不可複製的優勢。此時如何獲取自身的個人優勢呢？古人云：人無完人，金無足赤。也就是說，每個人都有缺點。處在人人都有優點的中層層面裡，一個人既要維持自己的長處，又得減少自己的缺點。人非聖賢，孰能無過。不過，對於一個中層管理者而言，其決策和行為有了一定程度的策略方向和影響力。少犯錯誤，減少失誤是非常重要的。每一次的不當管理或者決策失誤，都有可能給企業帶來一定的損害，而人的缺點恰恰是導致一個管理者執行不力或者決策失誤的源頭。如一個業績較好的經理，很可能由於脾氣不好，管理手段過於苛刻等原因導致下屬產生抵觸情緒，出現職員只管做好自己的事情，甚至消極怠工的狀況。如果出現這種狀況，部門的決策也就很容易蛻變為個體決策。此時管理者就應該在保持優勢的同時，重點放在克服自己的缺點上，這也是提高一個人綜合素養的必要條件。當一個中層管理者既有不可複製的差異優勢，又有相對於別人和職務需要都比較少的缺點時，就有了從中層升入高層的可能了。

　　更多優勢與盡可能少的缺點的組合。當中層管理者順利升遷高層時，新的比較優勢就很難獲得了。此時需要的是融合，尋找第二、第三優勢，嘗試克服深層次缺點，如個人的一些不良習慣。同時將盡量多的優勢與盡可能少的缺點組合，加以變化運用，在「智商」、「情商」、「逆商」方面有意識的進行自我拓展。

總結提示：

　　心理資本也是職場競爭力之一。所謂心理資本，是指「你是誰」，也就是一個人的心理狀態。擁有過人的心理資本的個人，能承受挑戰和變革，可以成為成功的職員、管理者和創業者，從逆境走向順境，從順境走向更大的成就。

　　一、希望。一個沒有希望、自暴自棄的人不可能為企業創造價值的。

二、樂觀。樂觀的人不會把不好的事歸納為暫時的原因，而把好事歸納為持久的原因，如自己的能力等。

三、韌性。從逆境、衝突、失敗、責任和壓力中迅速恢復的心理能力。

四、主觀幸福感。自己心裡覺得幸福，才是真正的幸福。

五、情商。了解自己和他人的感受，能夠進行自我激勵、有效的管理自己情緒的能力。

第三節　把握住升遷的每一次機會

一個人不論做什麼事，失掉恰當、有利的時機就會前功盡棄。從容不迫的談理論是一回事，把思想付諸實行，尤其在需要當機立斷的時候，又是一回事。升遷的時候到了，如果你周圍的不少人都升遷了，那就該好好反省自己了。升遷的良機不是每次都有，錯失過後就再也得不到了。白白浪費了機會，怨不得別人，是你自己的事。你需懂得如何自我推銷，主動讓其他人知道你有哪些優點，能做什麼，並且正在做什麼。

莫與職位擦肩而過

初投身職涯時，芩瑩謹守一句格言：「安分守己」。芩瑩怕引人注意，所以事事都是小心翼翼的按指示辦事，從不善於表現自己。雖然能力和實力都已經很強，但公司每年的升遷，都沒有芩瑩的份。已經有幾年經驗的芩瑩現在是財務主管，諮詢了職業顧問公司後，發現自己其實可以升遷到財務總監的職務。去年年初，公司的一個行銷副總離職，芩瑩本以為自己是上司眼中首當其衝的人選，但老總經過考慮再三，還是升遷了銷售主管。芩瑩感到失落，一氣之下想跳槽，諮詢師告訴她：要學會適時的推銷自己，將自己的想法向上司直接表示出來，提醒上司注意妳的價值。芩瑩將不願意顯露才華、掩藏職業抱負的觀念拋棄了，鼓起勇氣，把想說的話都說了出來。這令上司大感意外，因為他們一直不知道芩瑩對什麼有興趣。不久，公司便派芩瑩去

臺南擔任行銷副總。

　　機會對於不能利用它的人又有什麼用呢？正如風只對會利用它的人來說才是動力。機不可失，時不再來。多數人的毛病是，當機會朝我們奔來時，我們兀自閉著眼睛，很少人能夠去追尋自己的機會。你得讓其他人知道：你隨時準備迎接新的挑戰，並且為了把事情做好，自己應該得到必要的支援，那就是能在企業裡得到一個重要的職位。

機會來臨時別客氣

　　上司一定會認為你是適合該職位的最佳人選嗎？這可不一定。綜合職業能力是你順利升遷的基礎和前提，重要的是你得讓上司意識到，你想要企業予你足夠的發展空間，你的確有這樣的能力。你試圖傳達給上司的資訊可以分成兩類：一是自我推薦。這是我能夠為企業做的，這是我可以為企業帶來的價值。二是你值得信賴，你有這方面優勢。

　　當你為企業創造利益的計劃為人所知 —— 即你已自我推薦時，企業就會進一步探查你的可信程度。但可信程度必須伴著具體細節，你要把所有經驗、能力、特點逐一展示出來，以證明你的可信度。想要升遷，就要勇於表現出來。在公司內部有升遷機會時，就要主動推銷自己，表明自己的能力和勝任的信心。

　　持有「等待他人發現」的心理狀態說明你是一個缺乏自信的人。默默的做許多對你來說引不起任何興趣與熱情的工作，而不努力去爭取你所感興趣的位置，也算是「沒出息」了。或許你勤懇的工作態度上司不會視而不見，但上司和老闆有許多事要處理，你若指望他們能夠明白你的真正需要，那就太天真了。聰明的做法是在上司肯定了你的工作和能力後，適時講出你真正的需要，這樣反倒會讓上司覺得你是一個了解自己並充滿自信的人，委以重任不說，關鍵是你得到了自己真正喜歡的工作。升遷機會來臨，你若羞怯和

過分謙虛，沒有得到升遷不說，也會讓上司失望，因為你連嘗試的意願都沒有。客氣什麼？你應該當仁不讓的把握每一次升遷機會。

重點是推銷你自己

善用工作表現考核表。你的上司通常都會通知你何時考核，並且給你一個表格，看你如何評價自己的工作表現和能力，過去對公司有什麼貢獻，你認為公司有什麼地方需要改進等一系列問題。你應該善用工作考核的機會為自己說好話，爭取升遷。如你在過去曾協助完成收效理想的計劃，你曾經加班工作，指導過其他同事或者志願負責過特別的工作……這時候，你需要一一都認真的填寫，把你的想法和所取得的成績告訴你的上司。提醒你注意的是，多數考核表都有一個重要的專案，就是「事業目標」，你應該很明確的告訴上司你想得到什麼。有一位職員，由於每年都沒有得到升遷，每年加薪就百分之三，但她在每年的工作表現考核表中都對上司說明她對事業看的很重，而且很有上進心，結果五年後，她獲得升遷，而且大幅加薪。

開誠布公獲得上司的信任和關注。如果你想升遷，就向上司直述目標。在表達時，一定要表明你以往為公司貢獻了多少，如果能夠升遷的話，又將為公司帶來怎樣的利益。同時，告訴上司你希望升遷到更高的職位上，對部門做出更多的貢獻，並且磨練自己，必須把你的目標和專長直接了當的告訴管理層。準備好一份個人工作總結以及未來工作計劃，可以對上司說：「我這裡有一份對某某業務（專案）的想法，覺得不夠成熟和完善，還請您審閱指點一下。」

建立人脈，贏得同事信任和支持。那麼多員工下屬，真才實學人人都有幾分，上司為什麼一定要給你機會？建立人脈，贏得同事信任和支持也是升遷的快捷方式。人脈關係是累積起來的，好好整理一下你的人脈資源，不是只有位高權重的人才與其交談，部門經理、總經理助理、水房的阿姨，都

有可能成為你升遷的階梯。你漸漸建立起自己的人脈,這樣企業裡就沒有人不知道你的價值。機會對每一個人都是平等的,你把握住機會了,才會獲得升遷。

總結提示:

為什麼要固執的等待上司來殷殷垂詢你的見解或者光輝業績呢?該「秀」的時候一定不要客氣,而且要「秀」得精彩。應隨時記下你所取得的成績,比如完成一項艱巨的任務,得到客戶的讚賞,引進了某種令公司節省大量開支的生產方法或者生產工序,或者是創造出新產品等等。

心理學上有個時近效應,就是說,一個人往往對離得近的事情記得最清楚。如果你前幾個月工作得不是很好,你不用擔心,只要你在最後這幾個月努力,並讓上司看到你的績效,你仍然有希望!上司也不容易逃脫時近效應,也就是說他對你剛剛取得的業績,特別是一些他認為是你付出很多努力所做出的事情會記得非常清楚的。用迂迴的方法提醒上司你所取得的成績,會給上司留下較深的印象。當升遷機會來臨時,上司也會先想到你。

第四節　按最高標準嚴格要求自己

職場中要想獲得升遷,就必須踏踏實實的付出百分百的努力。那些取得成就的人 ── 商業界總經理、政府官員、企業執行長,和平庸的人有著一條明顯的界線。這個界線並非家境富裕或者他們有高智商,也不是受過高等教育或者天賦差異的區別,更不是靠時來運轉。關鍵是怎樣要求自己。古人有云:取乎其上,得乎其中;取乎其中,得乎其下;取乎其下,則無所得矣。實現目標之前就得以目標的最高標準來嚴格要求自己。這樣才能不斷提高自己,才能完成更重的工作任務,履行相應的職責。

為自己的行為負責

師範學校畢業的時候，美鈿好不容易找到一個私立學校當上老師，但任教不久就發現校長的辦校風格與自己的夢想不相符，表面招牌打著「以人為本」，實際上卻唯利是圖。美鈿心想，這不是我要的生活。短短一個學期後，年輕氣盛的美鈿「炒」了校長的魷魚。

第二年，美鈿來到臺北，由於求職路很窄，到處都是碰壁，面試時聽到最多的就是「缺少工作經驗」之類的話。她找了好幾個月，依然沒有任何音訊。相中有一家很大的公司正在招聘文書，美鈿特地去報了短期電腦培訓班。面試前一天，美鈿難以入眠，一直在思考如何避開自己的弱項，如何展現強項？自己到底能做什麼？初試過後是電腦考試，美鈿那只有一個星期的短期培訓，水準實在高不到哪裡去，勉強打了幾個字，表格製了一點點，時間就到了。雖然很擔心，但美鈿知道沒時間擔心，因為筆試時間很快就到了。筆試是寫一篇文章，題目叫《我的工作經歷》，面試官告訴應徵者，不用這麼拘泥，題目自定，以創意為佳。美鈿感覺這正好發揮自己的優勢，於是趕緊發揮靈感寫！

第二天，來通知說是被錄取了，還是在公司最高的行政部門做文書。美鈿心中一陣竊喜，因為這一次她又贏了自己。到職後，主管告訴美鈿：妳的電腦水準實在未能達標，不過綜合能力不錯，特別是那篇文章，更能體現出妳的思想與素養，念及妳也在短期電腦培訓班學習過，學習能力應該不錯，所以才從眾多應徵者當中脫穎而出！這席話讓美鈿更深的領悟到，在最艱難和面臨壓力的時候，堅持自己的思想，始終按高標準嚴格要求自己是多麼重要。

在公司，美鈿表現得非常好。這是個非常注重文化的公司，經常會有文藝比賽、主持人比賽、書法比賽之類，還有文學社、廣播站等。在進公司三

個月，美鈿就先後獲得了小品一等獎，英語演講比賽二等獎等榮譽，還成為文學社的特約作者，廣播站的播音員，公司很多人包括老闆都知道行政部有個才女……

在這一系列的榮譽與成績背後，美鈿付出了很多，在別人休閒娛樂的時候，美鈿不斷的學習與創新，進修考取證照。這之後的一路的升遷與調職更不用說，在公司與歐洲合資創辦電子公司時，美鈿也被調任為行政負責人。五年後，在旁人無法理解的情況下，美鈿加入了現在的金融銷售行業，一個充滿挑戰、歷練的人生，可以讓自己自由發揮卻又永遠學無止境的舞臺。

如果不能用高標準嚴格要求自己，那還談什麼不斷發展呢？實現卓越的追求，從一開始就要有一個高起點，用高標準去嚴格要求自己，確保高品質、高水準、快節奏的完成工作任務，使自己成為企業中，甚至行業裡最響亮的名字。

所得取決於努力

我們的所得取決於我們所做的努力。阻礙升遷的因素十之八九是懶惰。美國伊利諾理工學院最近發明了一種測驗這一因素的試驗，他們發現：如果一個人記得的單詞很多而成功很少，那就表明他是絕對的懶惰。因為，記的單詞多就表明你在智力和能力方面天賦都很高。如果你有這樣的好天賦而不求上進的話，那就表示你根本沒有應用你的天賦。在我們周圍，常有許多人習慣於尋找一些自認為正當的理由而放下手頭的工作，比如：事情根本沒有解決的辦法，無論怎樣努力都只是白搭；老闆太苛刻，不值得去拚命；拿一分錢做一分事等等。而這一切所造成的後果是：懶惰傷害了公司，不過更深的傷害了自己。一個人不能嚴格要求自己是對自身潛力的浪費，久而久之，別人會因此低估你的能力，企業也不會把重任交付給你，這時，你最寶貴的資產 —— 自信與信任都已喪失殆盡。

正如我們所熟知的，外部世界、自我和思考構成了一個人的生活範圍。外部世界永遠是變化發展的，它常以無數的選擇機會為形式呈現在我們面前。對於一個積極生活和工作的人來說，想要表現得淋漓盡致，必須利用生活中的選擇機會，把自我和積極思想密切聯繫在一起，熱誠的學習和創造，用高標準嚴格要求自己，用自己的潛力不斷肯定自己，以跟上時代的步伐。在適當的時機，不被升遷那是絕對不可能的事情。

優秀是自我管理出來的

自我心智管理。主觀偏見是禁錮心靈的罪魁禍首，一個人的見識、行為總是受限於它。你要善於突破自我，要善於審視自我心智，要善於塑造正確的思維模式。

自我行為管理。每個人的行為都可以分為正確的行為和錯誤的行為。如何對自我行為進行管理以達到職場行為規範的要求，是每個人都應該重視的事情。你若想不斷獲得升遷，就需堅守正確的行事規範。

自我時間管理。每個人都同樣的享有每年三百六十五天、每天二十四個小時。可是為什麼有的人在有限的時間裡既獲得了輝煌的事業，又使自己的生活多姿多彩呢？關鍵就在於人是否善於進行自我時間管理。

自我反省管理。反省是升遷的加速器。一個人若經常反省自己，可以去除心中的雜念，淨化心靈。當一個人能客觀的認識自己時，會對事物有清晰的判斷，同時又可以提醒自己改正過失，付出相應的行動。因此，每日反省自己是不可或缺的。

自我激勵管理。每個人的生命裡，都潛藏著一種神祕而有趣的力量，那就是自我激勵能力。自我激勵是一個人事業的推動力，其實質是一個人把握自己命運的能力。善於自我激勵的人，可以使自己永遠有前進的動力。

自我學習管理。人不是生而知之，而是學而知之，知識和能力只能從學

習和實踐中來。一個人最重要的能力是什麼？是學習能力。競爭時代，「比他人學得快」是你未來唯一永續的優勢。

總結提示：

像學生一樣嚴格要求自己。

一、以最快的速度武裝自己，加強學習，缺什麼補什麼，急用先學，立足現在，放眼未來，以適應不斷發展變化的新形勢。

二、遵守執行工作所必需的各項規章制度，遵守法紀，做企業的主人。

三、杜絕和防止不良思想的侵蝕，提高識別能力，及時發現問題，改正錯誤，減少失誤。

四、在思想、工作、學習、生活、道德品質修養等諸多方面提高自己的綜合素養。

五、不論什麼工作，沒有要求就沒有工作的評價標準，就沒有正誤、優劣、強弱之分。有要求才有工作的依據、行為的規範和行動的準則，所謂沒有規矩不能成方圓，就是這個道理。

第五節　事事領先一步

有兩種人注定一事無成，一種是除非別人要他去做，否則絕不會主動做事的人；另一種人是即使別人要他做，他也做不好事情的人。那些不需要別人催促，就會主動去做應該做的事，並且不會半途而廢的人必定成功。這種人懂得領先一步，則領先一路。沒有人能保證你會升遷，只有你自己；也沒有人能阻撓你升遷，只有你自己。永遠保持主動、率先，職業生涯才會進入一個好上加好的良性迴圈。

洞察先機

松伶是一家房地產開發公司的職員，一次和朋友聚會時，她偶然得知，政府有意向在市郊劃出一塊地皮，用來建公共住宅，以解決市內低收入群眾

的住房困難問題。聽到這一消息，松伶立即多方求證這條資訊是否正確，同時著手準備一些前期資料。松伶認為如果這個消息是真實的，那麼一公布出來，政府就會公開招標，到時將會有多家開發商去投標。如果自己的公司先做好了準備，中標的勝算就更大了。一些同事發現了，不解的說：「松伶，妳幹嘛自討苦吃呀！如果那個消息是假的，妳豈不是白忙一場？再說，老闆又沒吩咐。」松伶堅定回答：「如果是真的，我現在做的這一切不就變得非常有價值了嗎！」

三個月後，這個消息得到了證實。同行業中，幾家有實力的房地產開發公司立即忙碌起來，開始投標前的緊張準備工作，松伶所在的公司也不例外。就在經理緊急召集中高層管理人員開會，商討競標工作如何展開時，松伶拿著一疊厚厚的資料走進了辦公室。經理看到那一疊資料，既高興又意外：「沒有誰讓妳準備呀？」松伶告訴經理：「我認為主動並提前去做這些，能給公司帶來幫助。當其他公司還在忙著收集資料時，我們就可以製作投標書和籌備其他事情了，這樣我們將會占盡先機。」在競標中，公司果然一舉中標。在慶功會上，總裁特地稱讚了松伶的工作能力，經理小聲告訴松伶：公司即將升遷她為財務副主管的職務。同時，經理善意提醒松伶，繼續努力，公司有無限的發展空間。

松伶得以升遷不僅僅因為她主動收集了一些資料，對公司能中標起到了重要作用，公司更看重的是她的工作精神和工作態度。試想，一個職員能審時度勢的預見未來的變化，不吝嗇的付出，事事領先一步，這樣的職員不受嘉獎、不受重用，公司還會重用什麼樣的職員呢？可以說，松伶的升遷是她認真工作的必然結果。

守株待兔只會一無所獲

不少人認為升遷是由於有好的機會，因此被動的等待命運的安排，而不

去主動的計劃、經營自己的生活和事業，這種人最終只是守株待兔，一無所獲。如果沒有領先意識，只是盲目的隨波逐流，跟風附和，就只能是打雜一族。聰明的人會處處領先一步，牢牢的把握好自己的時間，在恰當的時候適時出擊，用行動證明自己的卓越智慧，用魄力證明自己把握機會的能力，用勤奮證明自己時刻能夠與時俱進，把熱情貫穿於奮鬥中的每一個足跡。

誰都不比誰傻五分鐘。如果你認為自己比別人聰明五分鐘而放鬆自己，那麼你馬上就會被別人超越。如果你意識到自己比別人傻五分鐘，並努力縮短這五分鐘的差距，那麼你將總是走在最前面的人。職場人士僅有時間去獲得成功，完全沒有時間去失敗。不斷發展的企業對於人才的要求更為挑剔，要想引領時代的風向標，實現自我價值，就要用智慧點亮心中的夢想，用優秀的人品鑄就影響力，用卓越的執行力成就自己的人生。

別指望誰會推著你走

智者創造機會。升遷是「死」的，職業發展是活的，即使一時沒有合適的職位，你照樣可以為自己創造職位升遷的機會。你可以留意一下公司內其他部門，是否有適合自己職業發展的職位空缺。用行動引起別人的注意，當別人知道你有多方面的才能，職業生涯也就不會停滯不前了。

別上了經驗的當，有挑戰自己的勇氣。升遷最大的障礙是你自己！如果你只願做職場中謹小慎微的「安全專家」，不敢對那些頗有難度的事情發起主動「進攻」，終其一生，你也只能從事一些平庸的工作。思想決定命運。以沒有經驗為藉口，是對自己的潛能畫地為牢，與此同時，只會更加無知，只會使自己的天賦減弱。其實，很多看似複雜、困難的工作只是被人為的誇大了。你或許發現了這樣一種情況：你周圍那些十分自信的同事總能把工作完成得很好，在你眼中，感到有些複雜的工作，可是到了他們那裡，一切都迎刃而解，因此，他們越來越受到企業的器重。信心會給予你百倍的智慧。冷

靜分析、耐心整理，不斷的挑戰自己，就會逐步的培養起自信心和執行力。當別人知道你是一個意志堅志、富有挑戰力、做事敏捷的優秀職員時，你就無須再愁得不到上司的認同了。

　　做公司非常需要做的事情，在工作落實上領先一步。每家企業都希望職員能夠主動的工作，帶著思考去工作。需要別人催促、上司吩咐才去做事的職員，是沒有升遷機會的。如果你不向前走，誰又會推你走呢？在職場你要始終記在心裡 —— 永遠做非常需要做的事，在工作落實上領先一步，而不必等待別人要求你去做。

總結提示：

有遠見還要不能急功近利，要深謀遠慮。急功近利是現代職場人士普遍的心理狀態，大家都想在最短的時間內獲得財富、地位，在這種心理的驅使下，很多人不願意付出時間，沒有正確的價值觀，也沒有可行的方案，爭先去走一些所謂的「捷徑」。其實，世間的任何事情，都沒有捷徑。急功近利的思想和行為只是一種短視，對整個的人生並不會起到質的作用。職場人士的目光一定要長遠，富有遠見的思考不受時間、空間、地點的阻礙。螞蟻知道天將下雨就該儲糧，蜜蜂為了過冬而釀蜜，動物尚且知道要對未來有一定的安排，我們怎麼可以不去計劃和思考自己的未來？對於小事大事、近事遠事，職場人士都必須做出相應的謀劃和預測。有先見之明，才能先人一步，等他人趕到時，你又再向前推進一步了，不斷與他人拉開距離，這樣，你才可以處於領先地位，站在時代的尖端。

第六節　職場不是競技場

　　競爭讓每個人都感到了生存和工作的壓力，在職場上，升遷之路不會是平坦的，總會有對手存在，共同爭奪同一個升遷機會。懂得利人利己的人，把職場看作一個合作的舞臺，而不是競技場。何況大家都在一個企業，彼此

的利益在一定程度上都是一致的。因此，每個人都應拋棄你贏我輸、你死我活的競爭心態，以「雙贏思維」在人際關係中不斷尋求互利。

遠離競技場的時代

為了適應市場變化，公司進行重組，幾百名職員，將裁減百分之三十。更殘酷的是，涵蕾和曼珍成了競爭對手。涵蕾和曼珍是一對互相協作的姐妹，同在一間辦公室，所有的設計圖稿中，都飽含著她們兩人的智慧和心血。兩人為著同一個目標努力，共同度過了多少個疲勞或興奮的不眠之夜。在企業這架龐大的機器中，她們是兩枚相依互動的齒輪。

經理找她們談話的時候，她們驚呆了。其他部門職員的去留，均按各自的業績進行比較高低，很容易決定。唯有涵蕾和曼珍是企業的技術核心人物，且一向合作默契，難分高低，因此，老闆決定親自考核他們。

原本好姐妹般的感情，忽然變得尷尬了。曼珍覺得很心寒，早晨走進辦公室，涵蕾已經在那裡等著，她苦笑沒說話。曼珍一時間也不知道說什麼好，氣氛非常壓抑。這熟悉的電腦、熟悉的桌椅、熟悉的人，此刻竟然如此陌生！

決定去留的時刻來了。經理開場白：「並非企業多了妳們兩人，實在迫不得已啊！」說著，將兩份同樣的試題分給了涵蕾和曼珍……兩個小時的緊張忙碌，涵蕾和曼珍幾乎同時交出答卷。經理和老闆對照圖紙研究了好長時間，似乎也十分為難。經理小心的說：「這兩個職員跟我多年，老闆，我是一個也捨不得啊！」老闆抬眼瞅瞅她，猶豫半晌，緩緩的說：「這樣吧，由他們相互評價對方，再做決定。」

經理將涵蕾的設計圖紙給了曼珍，將曼珍的設計圖紙給了涵蕾，說：「滿分為十分，再各自寫出對對方作品的書面評語。」原本痛苦的曼珍，越發陷入「絕境」！老闆簡直將他們推入了古羅馬競技場。凝望著涵蕾的圖紙，曼珍

久久不能平靜：涵蕾的思維和技法才華橫溢，否定她，就等於否定我自己！多年在一起的學習和實踐，還想什麼呢？曼珍輕鬆的在涵蕾的圖紙上打了個九分。當發現涵蕾也給了自己九分時，曼珍流淚了，涵蕾也淚流不止。此時老闆很動情的說：「在這關頭，妳們用各自的真心選擇了對手，請原諒我剛才的冷酷，請允許我邀請妳們留在公司，因為，妳們是同一個人，卻擁有兩份力量。公司永遠需要這種力量。」

世界給了每個人足夠的立足空間，他人之得並非自己之失。人的一生實際上就是一個過程，目標是終點，途中的經歷才是屬於自己。失去的未必不是一種更有意義的收穫，有意識的營造利人利己的人際關係，同時也是給自己營造美好的生存空間。

習慣於雙贏思維

雙贏思維是過程，雖然常常被人們用於結果的描述，其實也是一種思想和方法。雙贏思維就是利人利己的觀念，它源於個人崇高的價值觀與自信的安全感，以誠信、成熟、豁達的品格為基礎。有雙贏思維的人，忠於自己的感受、價值觀和承諾，能明明白白表達自己的想法及感覺，能以豁達、體諒的心態看待他人的想法和體驗，相信自己有足夠的發展資源和空間，人人都能共用。有雙贏思維的人，願意嘗試無限的可能性，充分發揮創造力，並且有著寬廣的選擇空間。

如果你學會雙贏思維，習慣於雙贏思維，你就會擁有獨特的人格魅力，也會有更多的真心實意的朋友。反之，如果處處計較得失，非要分出強弱勝負，那你不僅得不到工作的快樂，還會失去做人的樂趣。雙贏是既寬容又堅忍的想法，我關心他人，希望他們成功；但我也關心自己，也希望自己成功。雙贏不是你的成功或是我的成功，而是共同的成功。

有人會說，在與人接觸時，對方抱著非雙贏的態度怎麼辦？這個問題

首先就表明了對雙贏思維理解僅僅當做方法，這就成了一種新的束縛。我們同時也要把雙贏思維當做一種思想，這樣才會看得更遠，格局才會變得更寬廣。

有一首詩說：

你站在橋上看風景，

看風景的人在窗前看你。

明月裝飾了你的窗子，

你裝飾了別人的夢。

這是一幅人與人、人與自然和諧相處的圖畫，在細膩而自然的意境中也蘊含著互惠共贏的和諧與美好。

新型人際關係：在競爭中與人相處

互相學習，善於合作。同事之間既是合作者，又是潛在的競爭者。這種微妙的人際關係讓人既希望靠近又需有所設防。過於疏遠不利於友好合作，走得太近往往會加大利益衝突，百分之百透明過於理想化，深藏不露也不實際。同事相處貴在真心和共同進步，因此合作時要有容人之心。合作就要互相寬容諒解，營造一個和諧輕鬆的合作氛圍。有差錯、有失誤，應該給予充分理解，開誠布公的指出失誤，實事求是的分析原因，心平氣和的探討對策，以盡快克服困難，獲得雙贏的效果。

職責明確，及時通氣。同事之間在工作上的聯繫是非常密切的，要做好工作，就需適當掌握合作的「火候」。既要對自己分管的工作負責，又不推卸責任；既要熱情幫助同事，又不干涉他人工作。如果同事工作有了困難，應主動協助；如果與同事的工作之間需要相互銜接，應主動配合與協調。只有這樣，才能建立起相互尊重、相互支持、相互信任的友好關係。

注意態度，顧全大局。由於年齡、資歷、文化程度等各方面的差異，工作中不可能對任何事物的看法都一致，難免會產生這樣那樣的爭執或者矛

盾。正確處理同事之間的不同看法，要有顧全大局、求同存異的思想。大家在爭論一個問題時，沒有絕對的「對」與「錯」之分，因此，每個人都要重視和尊重每一位同事，溝通時注意自己的態度。對一些非原則問題，不斤斤計較；對原則問題，既要堅持真理，又要善於講究原則。想問題、辦事情，都以集體利益為重，一切從大局出發，以促進共同發展，共同進步。

總結提示：

雖說「不為五斗米折腰」，但我們工作的最根本目的還是為了生活得更好。有人會說：我是為了有更好的經歷，不是為了「財」這麼庸俗。那麼，你要經歷來做什麼，還不是為了下一份工作能有更好的收入。這種追求經歷的行為，最終也是為了財，只不過這個財是個無形資本而已。古人早就有和氣生財的說法，和氣生財不僅適用於企業的經營，也適用於經營你的人際關係。職場上，學會在競爭和讚賞間的平衡，可以助你人財兩旺。

第七節　關鍵時刻你要敢站出來

任何事都千萬別過分，過分了就走向反面了。適度謙虛是一種美德，謙虛過頭就變成了懦弱和不自信。面對人生的各種抉擇，你要知道何時應該謙虛，並且注意謙虛的分寸，這樣才能靈活應對各種局面，促使自己的職業生涯可以快速發展。

錯失的機會

筱顏學的是行銷，畢業不久，就應徵到一家中美合資的食品企業從事銷售。工作兩年來，筱顏兢兢業業，恪盡職守，奮鬥在市場第一線，不僅勤於付出，而且與經銷商同甘共苦，並肩作戰。天道酬勤，筱顏的這些辛苦沒有白費，當時，筱顏所負責的三個市場的總銷售額，占了所在區域整體銷售額

207

的一半，筱顏的個人業績總是在兩百多名銷售人員中名列前五名。根據當時的狀況，筱顏是公司上上下下都普遍看好的「經理人選」。當然，筱顏也幻想著機會垂青。

不久機會來了，區域經理由於內部職位轉換調走了，該職位空缺。公司負責人首先想到了筱顏，但當行銷經理找她談話時，筱顏一時覥腆並異常謙虛起來。不知為何，筱顏原來鼓足的自信和勇氣全都消失了，筱顏說自己需要學習的東西還很多，還需要在原來的區域繼續鍛鍊，當區域經理現在還不適合，時機也不成熟。筱顏也明顯的感覺到，她的這一番話讓行銷經理頗感意外。筱顏不知道自己是怎麼離開行銷經理辦公室的，大腦一片空白，好像做了一件錯事，卻又不知道錯在哪裡。後來，區域經理的人選確定下來了，是一個銷售業績遠不如筱顏，不過有魄力敢於挑戰的同一年畢業的同事。這位本不如筱顏的同事，經過公司的職位技能培訓，並且在上司經常給他「補充經驗」和「面授機宜」的薰陶下，成長極其迅速。一年後，這位同事升任至區域經理，享受著公司給予的比筱顏高三倍的薪資待遇和更高的職位挑戰，而筱顏卻還在原來的銷售區域繼續做著她的銷售代表。

雖說兩年後，筱顏也升遷為區域經理的職位，並一步步走上了企劃部經理、行銷總監。但是筱顏深刻反省自己的行為時在想，如果兩年前自己就能把握住那次機會，成長步伐是不是可以加快？筱顏感覺到就是那次無意的謙虛，讓自己錯失了一次被提拔和成長的機會。

如果你對自己都沒有信心，那誰還會信任你呢？雖然你並不是自卑，但如果你過分謙虛，就給人留下自卑的印象，而自卑的人在職場中是很難得到上司欣賞的。縱然謙虛是美德，但也要適可而止。

小心謙虛成自我貶低

過分的謙虛，讓我們變得不自信、壓抑、思維停滯，甚至成為埋葬前程

的墳墓。當我們以一顆謙遜的心，不斷的告訴別人：「我不行」、「這不算什麼」、「離上司的要求還差得遠呢」……漸漸的，謙虛就成了一種習慣，甚至成了一種自我貶低。試想，當上司把一項重要任務交給你，你謙虛的說：「這個我恐怕做不好！」上司會放心把任務交給你嗎？當你完成了一項重要任務，受到誇獎時，你還說沒有什麼，上司會不會認為你是在懷疑他的判斷力？會不會懷疑這項任務究竟是不是你完成的呢？

在一個人的職業生涯發展中，像筱顏這樣的機會是不多見的，一次的失去，不僅升遷的希望被埋進了墳墓，也會導致多年的惋惜和痛悔。職場中你要利用好謙虛這種方式，來表明自己的良好態度。做到謙虛不失自信，就是說謙虛的同時要給人自信的感覺。

謙虛不失自信

恰當展現謙虛的態度。展現謙虛的良好態度，有賴於恰當的形式。當上司誇獎你時，你可以說：「還有很多地方得向您學習。」當同事稱讚你時，你可以說：「多虧你的協同和幫助。」當下屬讚美你時，你可以說：「多虧大家的合力配合。」時刻展現你謙虛的態度，才能讓上司贊同、同事佩服、下屬敬仰。

機會面前不含糊。謙虛不是謙讓，也不意味著不肯定成績，而是對成績有一個正確的估價和清醒的認識。真正對一個人職業生涯產生深遠影響的機會並不多，當一些機會來臨時，你要能夠迅速出擊，主動接住這個「繡球」，絕不可因為過多的謙虛，錯失升遷和發展機會。當上司有意升遷你時，你就要勇敢的站出來，表現得自立、自信、自強，讓上司看到希望。

謙虛講究策略。在錯誤的地方和時間謙虛，就是不明智甚至是愚蠢的事情了。年終或者季度的自我評估，往往跟自己的升遷和薪資待遇掛鉤。你不能只是把注意力放在企業和上司對自己的評估上，而忽略了自我評估。如果

你只給自己兩分，上司焉能給你五分呢？如果上司給你評出的分遠遠高於你自己的評分，那麼企業也會質疑你上司的判斷力。上司只能在你的自我評分的基礎上評分。在自我評估裡，要對自己的表現打高分。盡量不要在報告裡寫自己的缺點，即使要寫，只需寫一些無關痛癢的小細節即可。

總結提示：

> 現在是一個提倡個性的年代，在工作中，既要知道謙虛是促使自己發展的階梯，又要知道恰到好處的展示自己獨特的一面，適度的讓自己這塊「金子」閃耀光芒。平時多讓自己的優點在上司面前「閃現」，這樣也容易獲得升遷機會。

第八節　你需要有人幫你說話

職場中，有氣質、有才能的不乏其人。有的人總以為自己有才能，不需要別人幫助也不願意幫別人。這樣的人際關係，使得他們很難突破升遷的「玻璃天花板」。要知道，企業需要的一個團隊，不是一盤散沙，如果你無法「服眾」，是不可能獲得升遷的。

獨斷專行，難逃厄運！

故事一：作為客戶經理的可歆上任後就進行了一系列改革，重新排班、規範服務、整頓工作流程等等。雖然取得了一定成效，以前忙亂的客服工作也逐漸變得有序，但在部門內部可歆也引起了一片討伐之聲。原因是可歆對下屬實施高壓手段，並安排自己的「親信」監視其他下屬的言行，使職員們怨聲載道。不到半年，可歆的行為被投訴到公司總部，結果在職務調整中，其他幾個中層都獲得了升遷，唯獨可歆沒有新的發展空間，還被調離職位。

故事二：文靖是公司裡的金牌銷售員，工作三年來，個人業績一直保持在前十名。平時文靖喜好單打獨鬥，工作中只願盯準自己那一畝三分地。每

個月從月初到月末，文靖只盯著銷售額數字的變化，實現自我超越，很少關注其他工作。部門討論一些市場活動方案時，文靖總是一言不發。當同事詢問她的看法時，文靖一般都敷衍了之。文靖覺得這不屬她的工作範圍，沒有必要去費時間做準備、動腦筋。平時公司或部門的團隊活動，也很難見到文靖的身影，她覺得有空參加活動，不如多拜訪客戶，多接幾個訂單。雖然大家都知道，文靖對市場企劃經理這個職位心儀已久，但沒想到在年初宣布人員升遷時，文靖被業績遠不如自己的同事比了下去。

水能載舟，亦能覆舟。同事之所以稱為「同事」，就是為了「共事」。企業管理不是短跑而是長跑，講究持續性發展。身為管理者，只有廣結善緣，讓同事口服心服，集合眾人之力才可以成事。

「人和」的力量

在世界經濟不斷融合、加快的進程中，企業需要允分發揮集體優勢，來大幅度提高企業的競爭力。一個優秀的團隊，可以使企業永續經營；一個優秀的團隊，可以更好的發揮企業的經營方針，達到企業的策略目標。同時，一個優秀的團隊，必然是善於溝通的團隊。

智者千慮，必有一失；愚者千慮，必有一得。在一個團隊中，職員在一起合作，每個人都可以把自己的優勢展現出來，也可以把自己的缺點擺在桌面上。這樣一種開放、互通有無的形式下，不僅可使職員之間優勢互補，突出合作效果，而且職員可以朝自己的強項發展。如有技術優勢的可以專攻技術，有管理特長的可以在管理部門發揮作用。同時，企業讓合適的人做合適的事，既給每個職員提供了公平發展的機會，也達到了人盡其才的目的。

職場中的人際關係是個人升遷的重要砝碼。任何一個企業在升遷一位職員時，都會考慮群眾基礎，升遷上來的人若「唱獨角戲」，不僅給企業帶來不少麻煩事，還有可能造成慘重的損失。所以，你不能只注重內在品質，而忽

視外在的形式。否則，人際關係必然會受到影響。如果你自覺或不自覺的成為「工作中令人討厭的人」時，任何時候都不會有人幫你說話，更別說升遷、加薪等重要時刻了，那麼也會錯失許多升遷機會。

職場「好人緣」的修煉之道

第一，建立自己的友善思維，然後透過合適的方法去傳播友善。

第二，確定需建立密切關係的人員名單，注意數量和品質。透過共同的興趣、愛好，看準機會幫助別人，是與他人建立密切關係的捷徑。

第三，表現真實的自我。花些時間認識自己，尤其是自己的價值觀，以防陷入「欺騙自己」的深淵。越注重改變自己，越注重修身的人，對自己越真實。你對自己真實了，就可以做到對他人真實並與他人分享自己的真實想法。當同事和上司透過溝通了解你的工作作風、你的應變與決策能力、你的處境、知道你的工作計劃時，溝通才是「有效的」，才能達到團隊合作的效果。在這個過程中，同事和上司對你有個客觀的評價，這些也是你以後能否得到升遷的考核依據。

總結提示：

散亂的人脈資訊會給你的工作帶來很多的不方便，你需要經常整理自己的通訊錄，對資源進行有效整合，不要到要用的時候才在一堆名片裡尋找。職場人士可以根據工作狀況建立通訊錄，如按照區域整理，先以國家劃分，然後再按縣市進行編輯，在每個人名後，注明聯絡方式、職業或者其他資訊。也可以按照行業整理，在每個行業下面的欄目內，標明所有的人際關係情況。對於自己的通訊錄，需不斷豐富內容，並且隨時提醒自己去逐步完善。你不可能和每個人都保持頻繁的聯絡，這就需要根據各個朋友的情況，制定出不同等級的聯絡頻率。聯絡辦法也有很多種，打電話、寄明信片、電郵、簡訊、即時通訊軟體等等，都是保持聯絡「溫度」的有效方式。

第九節　門門都通與一門專精要分別對待

在高速發展的資訊時代，我們的目標是如何更好的適應這個時代的要求。有的人提倡門門都通，這樣在工作中會有更多的選擇空間和機會，人生也將有更多的精彩。有的人認為「百招會不如一招絕」，雖然社會需要全才，但實際上個人發展還是專才比較重要。尤其是現在工作的團隊分工非常明確，對技術的深度要求也非常高，想當全才基本不可能了。在職業發展道路上，究竟是選擇門門都通還是一門專精，你需要隨機應變。

「幼嬰型」職場人士

思雁現在就職於一家國營企業。五年前，大學畢業任總經理助理的她，被上司推薦報考企業管理碩士。考取後，也是企業出學費，讓她利用上班時間完成學業。帶著「感激」的心，即便在讀書期間，有不少世界五百強的公司向她發出邀請，畢業後的思雁仍然回到了原企業。

由於總經理換了人，並且帶來了自己的助理，滿心以為能夠大展宏圖的思雁，被打發到行銷部任普通職員。雖然心裡不舒服，有種被「發配邊疆」的感覺，但思雁在工作方面依舊表現積極。憑藉學識上的優勢，特別是在和外商談判的時候，思雁應付自如。一年半之後，思雁就成了部門裡銷售業績最好的職員。就在這時，上司讓思雁參與籌備物流部門的專案，職務相當於聯絡人。不到兩年，企業將物流部門擴大成為物流公司，但原本極有可能進入新成立的物流公司出任要職的思雁，又被銷售部門要求協助完成一個專案……

就這樣，思雁輾轉於企業各個部門，每次思雁都以極強的適應能力，把各項工作完成得非常好。但這樣一來，也給思雁帶來了麻煩。有時候企業缺人手或者新專案成立，上司都會想到她，銷售、投資分析、物流、人力資

源……思雁獲得了大家的認可，上司也都放心的將重要工作任務交給她，讓她苦惱的是，自始至終自己都沒有獲得任何升遷。

企業股份制改革後，思雁也處在一個十分尷尬的位置上。就目前的職位而言，並不能夠獲得令人滿意的薪資待遇。雖然熟悉企業各方面的運作，卻只是個「博而不精」的人。如果跳槽的話，由於她沒有不可或缺管理職位經驗，又無法出任管理者的職務。

在這個高速發展的社會，要適應社會競爭複雜多變的特點，滿足社會發展的迫切需要，就要符合綜合實力這一社會競爭實質。人往高處走，不是專才的人在哪個企業都吃不開。你需根據自身發展的實際狀況，確定階段發展的方式。

區別對待門門都通和一門專精

企業既需要專才也需要全才。實際上，越來越多的企業已經意識到，造就和培養全才是企業開發人才的根本任務。因為在一個企業內部，雖然分工不同，每個職位所需的專業不同，但協同作戰是必須的。過去，部門之間的工作銜接，常常是由部門經理或總經理出面協調。這種現象到了企業經營規模不斷擴展時，就成了工作的阻礙。如今，企業希望職員都能「又全又專」，這裡的「全」有兩層含義。一是職員有通才的能力，能在各部門的工作之間發揮有效的協調作用；二是職員不僅要精通本部門的工作內容，還要了解其他部門的工作內容和工作思路。這樣才能做到以全局的眼光看問題。對一個期望長期發展的企業來說，全才還需有策略發展規劃和策略管理能力。

通常情況下，職場中的基礎職位歡迎專才，而管理人員則青睞全才。如果你在某個行業或者某個職位上累積了豐富的經驗，就是這方面的資深人士或者專家，能為企業創造更大的價值，豈有不受歡迎之理！不過，一門專精的人，在人生路上會遇到諸多障礙，如果機遇不佳，將一生碌碌無為。每個

人時間都是有限的，樣樣通而不專業，也會使職業生涯受阻。職場人士不能走極端，門門都通和一門專精都需兼顧。無論你選擇哪個行業，在選準主攻方向，打好專業基礎的前提下，打造自己的核心競爭力。然後，再從多方面提升自己的學識和能力，使自己成為企業更需要複合型人才。

與企業共同發展

個人發展目標與企業保持一致。人才作為企業競爭的重要資源，追求職員與企業共同成長的「雙贏」方式，已成為企業發展的目標。企業人才規劃的一個基本觀念是讓企業和職員獲得同步發展，即企業既要最大限度的利用職員的能力、發揮其潛能，又要為每一位職員提供不斷成長和獲得發展的機會。對於職員來說，個人的成長和發展只有在一個企業中才能實現。因此，要實現個人更高的發展目標，就需與企業共同成長。你需了解企業的價值追求、發展狀況和發展趨勢，再根據自己的價值觀、興趣愛好、職業技能、綜合素養等狀況，確認自己加入企業的目的，設計出實際的、合理的個人職業發展目標和實施計劃，以實現自己在企業中不斷得到升遷的目標。

提升在企業裡的競爭力。無論是透過企業培訓，還是自主學習、短期培訓，你都需將個人的發展願望和企業的發展願望聯繫起來，這樣才你達到與企業共同成長的目的。每一階段學習結束之後，都應該將所學習的內容與實際工作結合起來。學習知識和在實踐中運用所學知識間有段距離，需要經過不斷的反覆演練，這就需要職場人士有一個良好的心態，腳踏實地、一步一個腳印的在實踐中不斷練習。在每一個階段的學習和實踐中，你的專業技能和綜合素養都會提升，當累積到一定程度時，你的綜合競爭優勢也逐漸顯露出來。

總結提示：

年齡、經驗、職位是職場的三把「雙刃劍」。如果你剛畢業，就需要

磨礪和鍛鍊，尋找機會雕琢自己。如果你工作已經有幾年了，也不要被自己年齡的增長、職位的停滯嚇倒，要學會把劣勢轉為優勢。如三十歲的人大都有過基層的歷練，或多或少都有一些行業經驗，這些都是有力的資本。可以結合自己的專業優勢，進入到企業的核心部門或者核心職位，進而取得職位升遷。

第十節　即使這次沒升遷成功

沒有獲得升遷並不是世界末日，也不是你事業的盡頭。真正成功的人將升遷失敗作為一次學習體驗，他們不會就此停滯不前，而會將此作為發現劣勢和鍛鍊意志的機會。這次沒升遷成功，你首先應該看到自己的不足，從中吸取教訓，參加下一場競爭。

釘子的類型

雨南是企業的「開朝元老」，在技術部任職，深得上司的賞識和同事的敬重。幾年過去了，眼看和她同時進公司的同事都升遷了，只有自己還在原地踏步。雨南心裡有些不平衡，工作漸漸的失去了熱情，人也變得懶散。聽說公司又要升遷遷員，雨南精神一振，開始積極表現。但最後的升遷名單中竟然沒有她！一氣之下，雨南請了一個月的假，到外地旅遊散心去了。當雨南回來上班時，同事告訴她，在她休假的這段時間，公司出了事。一個工藝員因為不懂雨南的工藝配方，選錯了用料，導致好幾噸的產品報廢了。雨南一聽，暗自高興：還不讓我升遷，萬一我走了看你們怎麼辦！

副總找到雨南，問有沒有補救的辦法。雨南明知道可以補救，但出於一種報復心理搖了搖頭。副總頓時火了，桌子一拍「妳平時是怎麼教他們的？」雨南忍無可忍，反問道：「這幾年公司給了我什麼？我現在就辭職。」副總沉默了一會，從抽屜裡拿出一把錘子和一枚釘子給雨南：「妳把這枚釘子敲進那

個鬆了的桌角。」砰！砰！砰！雨南兩三下就把釘子砸進了桌角。副總說：「妳再把釘子拔出來。」雨南試了好幾次，但釘子紋絲不動。

這時，副總說：「妳就像這枚釘子，在公司裡牢牢占據了一個重要的位置。在沒有找到更合適的替代物之前，妳會不會將它拔出來？一定不會。之所以批妳的假，就是想看看少了妳這枚釘子行不行。事實證明，不行。如果妳不趕快找個人代替妳現在的位置，公司也不會冒著風險升遷妳。」雨南明白了，她怕別人學去她的技術，不肯以真本事示人。結果，飯碗保住了，但她因此也失去了多次升遷機會。

升遷失敗並不可怕，可怕的是在同一個地方練習跌倒。及時反思自我，看到自己的差距，虛心向他人學習，踏踏實實的完善自我，才有升遷的可能。

反思：是否達到職位要求

反思是總結過去，以獲取經驗，站在多種角度來認識自己。學會反思是指對整個人生的反思，對事業的反思，對環境中的反思，對選擇的反思，對錯誤和失敗的反思，對學習和方法上的反思，對決策和領導的反思，對做人和人格的反思，對自然和生態的反思等。在不斷的反思中，人方可醒悟和感受到人的本質，毫不含糊的去創造屬於自己的生活。

反思是一種自我選擇、自我確認和自我追求，人的進步，都是從反思中發展的。要走上持續性發展的職業道路，更需要不斷的反思。面對升遷的失敗，你立即要進行反思自己是否達到職位的要求。

第一，工作能力如何。你所缺乏的可能就是阻礙你升遷的因素，你需利用專門的時間給自己充電，在以後的工作中多分析工作得失，確保穩步前進。如果你覺得現在的企業環境不適合個人發展，那麼就果斷的重新定位，或者換一份工作。

第二，你現在的工作職位是否無人替代。也許你和雨南一樣，由於工作職位無人替代而影響了升遷。這時你要客觀分析個人的強項、弱點和缺點。

第三，人際溝通是否有問題。如果你已經意識到升遷失敗是由於人際關係的原因，那麼你最好加強一下你的個人溝通能力。你要知道工作中四個溝通部分：「應該說什麼？」、「應該對誰說？」、「什麼時候說？」、「如何說出來？」

下一站在哪裡

為下一次升遷做準備。不打沒有準備的仗，努力工作的同時，你需要瞄準下一次升遷機會，不斷積蓄能量，時刻為升遷做準備。確定你想要的下一個職位或者最終的發展在哪裡？需要什麼樣的素養和能力才能達到職位要求？你在素養和能力上還存在哪些差距，其中哪幾項是你最為缺乏的？升遷機會來臨之前你該怎樣補課？你需要克服哪些困難？如果你想升遷到這個職位上，需要取得什麼樣的成績？為了實現這樣的成績，你現在需要做什麼？想透了這些問題，你的升遷之路才清晰。因此，你必須得搜集各種資訊情報。

敏於觀察。想在企業中獲得升遷，如果採用請教的方式希望別人來告訴你，恐怕不見得奏效。所以，你要熟悉同事、上司和競爭者的工作內容和進度，仔細觀察、小心求證。在工作中多行銷自我，在別人需要你幫助時以積極主動的姿態給予協助。

不要成為「醃製品」。為了防止出現這樣的情況，職場人士需要做好三方面的預防。第一，注意培養接班人。第二，適當拒絕上司交給你的任務，打破上司心目中認為這樣的工作只有你才能完成的慣性思考。第三，向上司展示你其他方面的才能。

總結提示：

工作是生命的載體，誰能夠在有限的生命旅程中，創造盡可能多的價值，誰的生命就更加豐富多彩。生命的潛能是無限的，只要你願意去發揮，就可以獲取自己的人生成就。熱愛自己工作的人，也是企業樂意培養的。熱愛工作是一種信念。你只有喜歡自己的工作，才會傾注熱情，才會促使自己充分表現自己的才能和個性。即使遇到挫折和困難，你也會把他們看成是鍛鍊的機會。如果你對工作感到不滿或者有任何抱怨，在工作中，就會不自覺的流露出乏味、厭煩、抵觸等情緒。在這種情緒籠罩下，不管有沒有努力，都只是一種被動的應付，絕不會有優越的表現。

第七章　追求的道路永無止境 ──
　　　　尋求新的突破

　　世界就是變化的產物，你不主動改變就會被別人所改變，被別人所超越，你就會進入弱勢群體的行列，就意味著落後與失敗。在這個社會與科技飛速發展的世紀，面對新機遇和新挑戰，只有適應形勢的變化，不斷尋求新的突破，才能改變環境、改變生活，實現自我價值。

第一節　你是安於現狀的人嗎

當你停下前進的步伐時，整個世界仍然在不停前進。「現狀」每時每刻都會成為歷史，正如時間每時每刻都在逝去一樣，你永遠不可能將「現狀」定格。人世間最幸運的事情，莫過於生活多彩而豐富；而人世間最悲哀的事情，就是回首過往時後悔噓唏不已。

「悠長假期」

梓蘅畢業後，順利在臺北找到了自己的位置，她在一家房地產公司工作，待遇頗為豐厚。入行五年，她已經達到了中層。按照公司的規劃，她再繼續繼續努力下去，也會有一條順利通往高級管理層的發展大道。可是，梓蘅毅然放棄了收入頗豐的工作，將五年來存下的幾百萬積蓄還清房貸與學貸後，開始了全新的企業管理碩士學習生活。

如此的義無反顧，梓蘅有自己的考量：對於人生的發展，她希望能夠以五年為一個調整期，每隔五年就給自己一段時間、一個平臺停下來審視自己，以調整方向，補充能量，再重新出發。經過五年摸索，梓蘅對於自己所在的行業有了較為清晰的看法：行業快進入分層階段了，如果不給自己好好選一個提升自我的學習平臺，就算現在的工作再穩定都沒有用。

第一份工作的選擇實在有些混沌而運氣的成分，以後，梓蘅希望能更看的清楚未來。現在，梓蘅多數時間是在上課、看書，她準備好了履歷，有合適的機會就參加面試。她給自己預留了一年的時間，因為她希望在自己人生的第二個五年計劃之前，能夠有足夠的時間去衡量和審慎選擇。

人生無常，唯一不變的就在於變。我們不能預測未來會發生什麼，不過，如果你仍習慣於原來的狀態，安於現狀停止不前的話，後悔的就只會越來越多。

安於現狀等於窮人等於虛度光陰

安於現狀，意味著主動放棄追求。有的人習慣於抱怨命運，說命運對自己不公平。真的是命運不公嗎？不是。是你自己對自己不公平。誰都不能夠阻止你打破現狀，除非是你自己。如果你安於現狀，那麼所有的規則都幫不了你。在戰國末年，是秦滅掉六國的嗎？不是，滅六國的，是六國自己。如果這六個國家的君王都主動實行革新變法，改革落後的狀況，增強國力的話，秦國又怎能滅得了他們？同樣的，清朝晚期，也不是八國聯軍打敗了清政府，而是清政府自己打敗了自己。如果當時號稱「大清」的清政府不安於現狀，積極實施強國富民政策，別說八國聯軍，十國聯軍又能如何？

安於現狀讓人忽視危機的存在。取得一點點成績，就開始沾沾自喜，就停止了前進的步伐，就忘記了被快速前進的世界拋棄的可能性。安於現狀讓人失去追求卓越的原動力。一個人本來可以用十分的熱情去工作，但因安於現狀，而開始抱怨工作費事。一個人本來可以把工作做得更好，但因安於現狀，在達到百分之六十的合格率時就停下了腳步。一個人本可以發揮潛能，但因安於現狀，所以對於現在有著「不錯的工作」就值得舉杯慶賀了……

安於現狀讓人變為窮人。在本來再跨一步就可以成功時，這些人沒有跨出那一步。當跌倒以後完全有能力再站起來時，這些人沒有站起來。當取得一項成就時，這些人也沒有把目光投到新的成就上。除了羨慕別人取得的成就外，這些人沒有採取任何追趕的行動。當面臨困境時，這些人也沒有主動去創造條件。當面臨著失去工作，面臨著企業走向衰落時，才說著悔恨的話。人生的殘酷就在於，當我們知道後悔時，一切都已經無法挽回。

生命只有卓有成就，人生才能沒有後悔。我們對待工作越努力，後悔就越少。《鋼鐵是怎樣煉成的》一書這樣說過：人生最寶貴的是生命，生命一人只有一次。一個人的生命應當這樣度過：當他回憶往事的時候，他不致因

為虛度年華而悔恨，也不致因為碌碌無為而羞愧；在臨死的時候，他能夠說：「我的整個生命和全部的精力，都已獻給世界上最壯麗的事業。」作為普通人，你的理想或許沒有非常的崇高，但至少可以讓自己的人生更有價值，至少當你到了人生的最後時刻，不覺得自己是虛度光陰。

和自己的過去賽跑

幸福是什麼？幸福就是生活在夢想裡。生活在夢想裡，並非只是想想而已，或者是做「白日夢」般的將自己所做的工作和自己的夢想相聯繫起來。仔細想想，你是如何定義職業生涯或者說如何定義個人生活的？對於未來有明確的想法，日子過起來才有意義。回想一下，準備考大學的那一年，你做的所有事情是圍繞著這一夢想進行的。無論是看書、做考古題、討論，還是吃什麼、睡覺時間安排等等，所有的一切，都是圍繞著怎麼考上理想大學而相應做調整。入學的夢想已經完全融入到你生活中的每一個方面。雖然過程辛苦而勞累，但走過以後回過頭去看，那時是非常幸福而有意義的一段時間。生活在夢想裡，就是要把你的夢想化成小的夢想。體會到小小夢想實現的快樂，也可以慢慢的接近整個夢想實現的喜悅。

和自己的過去賽跑，就是超越以前的你。前方是沒有終點的。如果你升遷到某個管理職位或者取得一點成績就安於現狀、不思進取的話，那麼最終你將會被別人所代替。如果你能夠不斷的超越過去的自己，你可以成為所在領域、所任職企業裡的行家或專家。你在努力的過程中，不僅品嘗到了人生的喜怒哀樂，即使經濟危機來臨，你也不用害怕裁員會落到自己的頭上。說不定有一天，你還自己可以創業，走出另外一番天地。

總結提示：

量變到質變是自然法則，只要努力一定會有所收獲。一個人要忽然改變命運可能很難，可是一點一滴的改變自己則是實際可行的。只要能

做到今天比昨天進步、今年比去年進步，那麼就會由量變就會轉為質變。大學四年，算算如果每天用八小時學習，差不多共一萬個小時。一個班的同學，有的人透過自己不懈的努力，畢業時已經有創業的素養了，而多數人卻只是混了一張紙畢業證書。工作以後，一個人每天花在工作的時間上的時間為八小時，若是業餘學習再花兩個小時提升自己的話，那麼一萬個小時也就三年時間，很多人的第一次較大的職位升遷也都發生在工作的第三年到第四年這段時間裡。這說明了一個人能夠在一件事情或者一份工作上堅持努力足夠的時間的話，總會有所收穫。當然，如果你能堅持兩萬個小時、三萬個小時，那麼這個累積就會越來越多。

第二節　年輕的你也要有危機意識

生於憂患，死於安樂。這是生物界的共同特徵，也是自然優勝劣汰法則的寫照，這一法則對每個人、每個企業的發展都樣適用。雖說年輕就是資本，可是對於職場人士來說，必須有一定的危機意識。危機意識是一種未雨綢繆，是一種步步為營的處世風格。沒有危機意識就沒有一定的心理準備，那麼在從天而降的危機面前，人就會顯得無助和痛苦。保持危機意識，才能形成一種危機應對策略，這樣才不會在各種危機的衝擊下手足無措，才不會在危機來臨的瞬間被摔得支離破碎，才能保障職業生涯的長久發展。

適者生存

樂岑幾年前在一個行業協會工作，薪水待遇頗為豐厚，生活達到了中產階級水準。樂岑自從進了協會之後，就失去了奮鬥熱忱，上班玩遊戲、流覽網拍，下班打麻將、吃美食。有一次，同學建議他趁現在年輕，努力學點新知識、新技能，沒想到他眉飛色舞地說：「只有垮掉的企業，沒有垮掉的行業。只要行業不垮，這個協會就可以永遠辦下去，收入就永遠有保障。」在

二○○八年的金融危機下，行業裡的很多企業陷入了困境，協會的會費收入銳減。同時，另一些人創辦了一個行業商會，不少企業加入了商會，因為協會只收會費卻很少辦實事，而商會則協助企業做了很多事，包括每年組織外貿洽談會、企業職員進修、企業專案聯絡等等。由於協會的收入變得很低，樂岑只得另外找工作，可是他發現，由於缺乏一定的知識和工作經驗，下一份薪水與他的理想待遇相差甚遠。

　　沒有憂患和危機意識，在順境面前盲目樂觀的話，人就失去了銳氣。時間長了，就會被慣性思維所控制，而對生存環境的變化渾然不覺，等到危機來臨時，早已失去競爭的資本，最終走向被社會淘汰的邊緣。

沒有危機意識才是最大的危機

　　危機並不可怕，沒有危機意識才是最大的危機。那些一輩子被自己埋沒的人，要麼只是一塊不能發光的泥土，不然就是雖然是一塊金子，但忘記了發光。「目前過得很好」這樣的想法，如同綁在大象腳上的那條鐵鍊，阻礙了一個人的進步，也限制了一個人的發展。沒有危機意識，就看不清現實，就不知道它的屬害，於是不知不覺間有了「混」的傾向，以為怎麼樣都能過日子。其實，這是只是固步自封，自己在欺騙自己而已，結果就會站在落伍者的隊伍裡。

　　任何危機都不是隨時出現的，它總是潛伏在沒有危機意識的人那裡。當今社會的人才越來越多，在企業團隊中，若失去了一個人，馬上就可以在社會上找到同樣類型的人才補充到團隊中。作為一名職員，你必須時刻有危機意識。因為工作就是自己生存的保障，丟掉了工作，你就丟掉了一切，更不要說理想和事業了。職場競爭越來越激烈，工作表現僅僅達到合格者，已經沒有競爭力。重要的職位、優厚的回報，只會給予那些超越合格達到優秀的職員。

有了危機意識，你會時時警惕，處處小心，才能夠時時保持活力與動力，熱衷於改進自己的工作，並有所創新。有了危機意識，你才不會滿足於已經取得的一些成績，才能督促自己繼續學習。有了危機意識，你才會敏銳的觀察到危機的資訊，從而提前準備好面對職場危機的預防措施和應對策略。

規劃危機意識

主動培養危機意識。如果你不採取措施來提升自己，企業更不會為了你而勞心費神。你需要制訂出不同階段的職業發展和學習的策略，並按計劃落實。每隔一階段，評估達到目標所需的知識和技能，了解自身目前還不具備的知識和技能，盡量利用各種方式進行學習、訓練，不斷提升自身的核心競爭力，培養每天學習、閱讀、思考、反省的態度和習慣。有一位培訓老師，有這樣的一個工作理念：很少講重複的東西。同樣的教材內容，學員這個星期聽過課，以後再去聽就有所不同。有的人問她：「妳毫無保留的都講出來，招數都被學走了，不保留一手，不怕丟飯碗嗎？」她說：「我每天都會問自己『今天的自己有沒有比昨天進步？有沒有保持學習的習慣？』這是自己與自己的競爭，因為我知道，只有每天都學習，隨時補充知識能量，才能把最好的內容真誠的講出來，學員才會認可自己的價值，以後才會再次請自己講課。正是這種危機意識，才能專注自己的核心競爭力，才能不斷提升自己的職場價值。」

危機意識是一種自我管理的方式，但它也有度的要求，超過了一定的度的話，會向相反的方向發展。

首先，不能過度的依賴和誇大危機意識。如果多次跳起來都沒有摘到蘋果時，有的人就會選擇放棄。如果危機意識超過了一定的心理承受力，就會打擊到自己的信心。因此，你為自己制定的目標和要求，必須是經過努力能

夠實現的。

　　其次，危機意識不能盲目。對未來，你不能一頭霧水，所有的危機意識都要與你目前的工作狀況和職業規劃有關，你可以思考這樣的一些問題：你給自己的升遷騰出時間和空間了嗎？你有沒有參加一個以上的進修班？設想一年、兩年或者三年以後你的職場位置？

總結提示：

如果你在同一個工作職位上工作了五年以上，成了沒有神經、沒有痛感、沒有效率、沒有反應，不接受新的事物和意見，對於批評和表揚都覺得無所謂的「橡皮人」，非常容易走到職業生涯的邊緣，說不定下一刻，就會被掃地出門。測試一下，你是否屬於橡皮人？

一、上司分派一項工作後，你總覺得工作簡單，沒必要這麼著急，經常會等一段時間再去實施。

二、無論大會小會，恍神是你的必修課。

三、一年之內，你沒有受過任何表揚或批評，不過你不在乎。

四、對於公司裡發生的人事安排和變動，你「以為」你知道其中的「原因」。

五、有時候想不通，為什麼上司看上去會有些「錯誤」的安排。

六、公司改變管理或者工作制度，在你看來只是走個過場而已。

七、你覺得現在的新職員好像都異想天開，其實什麼都不懂。

八、出了問題不會想辦法解決，而是認為反正有人會處理。

九、工作「混混」就可以，反正也得不到與自己能力相符的職位。

十、和同事在工作場所之外的地方交際時，你總是滔滔不絕的講公司的事情，而且總能得到某些人的回應。

符合其中一到三項：目前你還不是「橡皮人」，不過已出現「橡皮化」端倪。如果繼續這樣下去，會改變上司、同事對你的好感，降低對你的期望。

符合其中四到六項：你進入「半橡皮化」狀態。個人的「品牌價值」已經下降不少，但因為有一些經驗或者能力，雖然不至於被掃地出門，可是升遷無望，只能混混日子。

符合其中七到十項：你已經是頑固的「橡皮人」，提到你，大家的反應大概是聳聳肩膀，或者給個無奈的表情。你成了下一批被新陳代謝出去的預備役，而且你可能會由於過度橡皮化，而被其他企業拒之門外。

第三節　幫你擺脫失業恐慌

世界已經不再是「地球村」，而是「地球巷」，每個人時時都面臨著失業威脅，金融風暴也會隨時會刮到我們身邊。有的人因為害怕失去現有職業而產生惶恐的心態，雖然有時明知這種恐懼沒有必要，可是一想到要失業或者要重新開始時，就控制不住的產生不安、焦慮、煩惱、沮喪、恐懼等情緒。這不僅產生了心理危害，還給身體健康造成了一定的影響。

沒有野心和抱負是錯嗎？

巧蘭工作已經九年了，當初進公司的時候是大學學歷，由於她年紀輕、肯吃苦，一門心思都在工作上，所以頗受老闆賞識，兩年後便從普通職員升到了副經理的位置。在這個浮躁的社會，巧蘭算是其中的異類，當年和她一起進入公司的同事，差不多都已經跳槽。而巧蘭在公司一待就是九年。有時候，朋友開玩笑說：「我都從甲公司到乙公司，再從乙公司到丙公司了。怎麼回過頭一看，妳還在堅守陣地呀！」其實，巧蘭沒有什麼野心和抱負，在她看來，有著穩定的工作和「比上不足，比下有餘」的收入，能平平安安的過日子就可以了。巧蘭購買了一套二十多坪的房子，以現在的薪資應付房貸綽綽有餘，也沒有感覺到什麼壓力。有的時候，朋友們嚷嚷著「壓力大」的時候，巧蘭完全沒有概念，她覺得這些人純粹是庸人自擾。

二〇〇八年底，電視、報紙、網路上……處處充滿了有關金融危機的負面資訊。巧蘭所在的公司也是人心惶惶，每個人私下都在議論。巧蘭越聽同

事議論，越相信厄運就要降臨在自己頭上。每天早上一睜開眼睛，巧蘭就莫名的害怕會突然有人來通知自己被「解僱」了。巧蘭知道她這樣的狀況不好找工作，薪水低、福利差、過於辛苦的工作自己看不上；但那些薪水高、福利好、又輕鬆的工作，又看不上自己。她每天都處於恍恍惚惚的狀態，無時無刻不在思考，如果自己失業了，房貸怎麼付，沒有經濟來源怎麼辦。這些問題越想越心煩，越想越覺得看不到希望。胡思亂想到後來，任何一個人事部的同事從自己身邊走過，巧蘭都會莫名的心跳加快。這幾個月來，巧蘭吃不下睡不香，越來越憔悴。

在激烈的社會競爭中，沒有一個人是完全安全的。失業恐慌表面上是社會發展現象，實際上卻透視出職場人士的懶惰和心理健康問題。

為什麼會有失業恐慌

隨著市場經濟的發展，職位所需要的人才與就業人員的素養，差距越來越明顯。隨著全球經濟危機的出現，職場人士的失業恐慌演變成普遍的社會現象。為什麼我們會有失業恐慌呢？究其根本就是人對於自己的能力不自信。一個有能力的人，即使面對失業，也不會有任何恐慌。因為在這些人看來，自己只是暫時休息，下一站將朝更好的地方出發。而那些對失業恐慌的人，因為沒有知識和能力，不知道失業後自己該怎樣生存，又怎麼能不恐慌呢？

「大學生畢業等於失業」這句話不無道理，在未畢業的時候，若不提前想辦法應對未來有可能面臨的失業窘境，就算工作以後也會飽嘗失業焦慮的困擾。看上去風光無限的職場人士，因為身處於暫時安定、舒適的環境中，常常忽視危機意識。以致於危機來臨時，他們會驚慌失措，不知如何應對。要走出失業恐慌的陰影，一方面要調整好自己的心態，另一方面需提高自己的職業競爭力。

自我預防失業恐慌

為企業創造價值。誰都知道，一個能為企業創造價值的人是所有老闆所賞識的。在經濟不佳的環境下，如果你能為企業創造更多的價值，試想老闆又怎麼可能捨得放棄你這樣的人才呢？

勤奮學習，提升實力。時刻保持危機意識，除了學習與自己工作有關的專業技能，還要累積一些可以軟實力，如溝通能力、協調能力、管理能力等，這些能力是許多職業所必備的能力。

保持資訊通暢。盡可能多了解一些資訊，如國家最新推出的政策、行業發展趨勢、公司發展決策等等，多關注與自己生存和職業相關的資訊，以便及時做好應對。

專注於如何解決問題。停止任何負面的、責備自己的想法，專注於如何解決問題。在電話或者電腦旁貼一個禁止標誌，可以提醒自己不要陷入負面的思考中。

尋找智慧幫助。關注自己的職業生涯發展，並視其為一項重要投資。透過尋找職業生涯管理專家的幫助，能夠妥善處理職場上遇到的諸多問題。

適當傾訴。把自己內心的各種不良情緒，如苦悶、壓抑、不安、憤怒、憂愁等抒發出來，有助於擺脫失業恐慌。你可以找自己的家人、知心朋友談談心，一吐心中的痛苦。登錄網路，進入聊天室、論壇，可以和志同道合的朋友傾訴。寫日記是一個很好的理清自己的思緒的方式，在寫的過程中，自己的情緒也會漸漸穩定下來。

適當鍛鍊。在面臨心理危機的時候，進行體育訓練是行之有效的疏解方法。鍛鍊並不一定要選擇特定的時間或者地點，走樓梯、深呼吸、十分鐘的室外散步都可以提升自信心，消除恐慌、煩惱。

總結提示：

今天的競爭力，來自於昨天的學習力；明天的競爭力，來自於今天的學習力。大學教育，只是教育的開始。大學畢業，只是學習的開始。老闆和職員在心態上有一個本質上的區別：老闆是為了改變命運，而絕大多數的職員卻僅僅是為了改變生活。像老闆那樣學習、工作，把現有工作當作自己的事業，才不會有失業恐慌。

第四節　你就是自己的伯樂

即使再普通，你仍然有別人羨慕的優勢。對於每個人來說，缺少的不是才能，而是對自己才能的發現，對自己人生價值的開發利用。與其等待別人來發現自己，還不如自己發現自己。當你被別人忽視的時候，請記住：你就是自己的伯樂。

別找錯了方向

向薇是一位研究所學生，畢業時她找到一份工作，一家公司的臨時設計師，薪資待遇還不錯。不過向薇想：我可是研究所畢業的，又有才華，怎麼可能去一個小公司當臨時職員？所以向薇最後回絕了，她決定重新找工作。向薇帶著一疊論文，去一家赫赫有名的設計公司面試。驕傲的向薇不理會面試官，直接去找總經理，長篇大論的「吹噓」了自己的實力和才華。向薇的一言一行在總經理看來太浮躁，於是告訴向薇，公司沒有適合的職務。向薇憤憤的走出大樓，心想：不怕找不到工作，你們等著瞧！

找了一個星期，向薇也沒找到合適的工作，不是嫌薪水低，就是嫌工作不好。這個時候，向薇遇到了一家面臨倒閉的企業，正在找承包人。向薇找到了負責人：「我可以讓企業『起死回生』，不過需要給予相應的酬勞。」負責人以為有了希望，就聽了向薇的計劃。但是向薇的計劃風險太大，有些細

節沒有考慮到，因此負責人就拒絕了。一次次的失敗終於讓向薇察覺到自己的好高騖遠了。

向薇選定了一家公司，一心一意的在公司做設計。在一次全世界作品展覽會上，向薇的作品受到了熱烈歡迎，獲了一等獎。在採訪中，向薇說了自己從前求職的過程，她說：「其實，每個人最好的伯樂就是自己，也只有依靠自己才能使自己的優勢更好的發揮出來！」

等待伯樂事難成，等來等去一場空。在市場經濟的環境下，企業要想生存不是憑藉口，而是必須遵循「結果生存」的基本商業原則。同樣，一個人不重視結果，就沒有機會。用結果說話，個人才有立足之地。

成果檢驗你是不是伯樂

商場講究商業人格：用原則做事、用成果交換價值。成果是一種商品，是用來交換的，是可以滿足客戶需求的一種價值。無論你多辛苦，如果客戶不認可，你所創造出來的成果就是一文不值。你只有創造出別人認可的價值，才能在職場上立足，只有在職場上立足才能夠生存。你只有提供企業所需的成果才能被認可，只有被認可才能夠提升自己，使自己得到成長。說到底都是為了自己。

企業裡的事情總得有人來做，老闆聘用職員，是來做事情的，他手中的機會，總是要給出去的。老闆給誰機會，肯定有她的判斷，而不是隨便給。老闆不重用你，原因不在老闆身上，而在你身上，要麼你根本就沒本事，無法勝任任務，老闆不敢把機會給你。給你這樣的「機會」會害了企業、害了別人，也會害了你，因為將會使你無法在社會上生存。不然就是你雖然有本事，可是你沒有展示出來，因此老闆對你沒有信心。這怎麼能怪老闆呢？

人需要自我欣賞，需要自信，可是在職場中你必須是一名職業選手。即使默默無聞，也要一步一個腳印的澆灌出累累成果。就像向薇一樣，發揮自

己目前的優勢和能力，用成果證明你就是自己的伯樂。

在現實生活中，不少人抱怨沒有伯樂發現自己的才華，這是錯誤的認知。當有這種錯誤想法時，不如認真的看看自己。如今社會不缺少機會，缺少的是人才，只是你自己還不是一匹千里馬而已。無論你目前從事哪一項工作，只有透過刻苦學習、努力工作，做出非常出色的工作成績時，將自己這顆砂礫磨礪成一顆珍珠，自然被人一眼認出來。

第五節　職場中也要「丟芝麻撿西瓜」

生命短暫，時間有限，人的一生會面臨很多選擇，沉溺於一些不值得的瑣碎事情之中，只會白白浪費了許多寶貴時間。只要醒著，我們就會被大量的資訊包圍，因此可以做到專心致志的時間太少。人在每個階段都要勇於和敢於拋棄，找出人生的重點，懂得將自己的心靈力量和時間專注於最重要的事情。在職場上，有著「丟芝麻撿西瓜」的智慧，才能將每一項資源用在你的目標和成就上。

關注自己的西瓜

三月，當企業職位調整之際，元秋得到了調職，元秋原來的職位 —— 芝麻，來了一位新人。當元秋到新職位報導時，副總讓元秋帶新人一段時間。和同事互通消息的時候，元秋得知新人是別家企業的某個老闆介紹來的，而且那個新人一進來的試用期薪水就是她現在的薪水。一時間，元秋覺得自己是被排擠出去的，自己的芝麻被別人偷了。元秋甚至考慮到，她調職後，科長和同一辦公室裡的同事怎麼辦？因為自己與科長、同事間溝通順暢，而新人有背景，在錯綜複雜的企業裡，科長和同事必然會顧慮到新人是被介紹來的緣故，而不好溝通。

簡單的工作調整問題，在元秋看來卻是那麼的不正常。新同事的到來，讓元秋認為自己是被替代的犧牲品，但如果不是因為代替她的職位同事是靠關係而被介紹來的，或許元秋會覺得這次的調職很完美。有同事告訴元秋：「以前的芝麻職位，永遠也沒辦法變成西瓜。妳獲得西瓜，新同事獲得妳的芝麻，只不過是妳的芝麻變成了新同事的西瓜而已，對妳來說，並沒有損失，沒有必要去考慮以前的芝麻會怎麼樣。職場本來就順勢而為，不要損害自己的利益就行了。反過來想，如果沒有關係戶的及時到來，或許妳也沒有這麼快就會被調職而獲得西瓜。至於關係好的科長和同事，沒有必要放不下。天下沒有不散的宴席，沒有永久的同事關係，科長、同事和妳溝通順暢，也只是在工作中各取所需罷了。對妳來說，只需專注自己的職業發展就可以了。職場就是如此，拿到了西瓜，關注自己的西瓜就是了，何必再去在意自己原來的芝麻被誰撿了呢！」

宇宙是無限的，人的思考範圍也是無限的。在社會分工越來越細的今天，要想在當今社會中有所建樹，必須專注於一行一職。

取得成就的時間模式

生活環境的複雜，讓人眼花繚亂，常常忘了自己到底追求的是什麼。面臨選擇時，往往分不清到底孰是孰非。造成這種局面的根本原因，就是可供選擇的東西太豐富了。一生只做一件事，圍繞著這件事，訂定新的小目標，一系列的小目標聯繫起來，那麼整個人生路線就清晰了。

在你的職業發展中常有多種矛盾，其中有一種是主要的，那會起決定性的作用，其他矛盾則處於次要和服從的地位。不管生活發生如何變化，你要全力去找出自己的主要矛盾 —— 職業理想。同一個矛盾中，矛盾雙方有主次之分，其地位和作用是不平衡的，其中有一方處於支配地位、對事物發展起決定作用的矛盾，這就是主要矛盾。主要矛盾一般適用於在發展過程中怎樣

集中力量找出問題的關鍵，抓住重點，推動事物的發展。次要矛盾適用於認識事物，即在事物存在的利與弊、優與劣等方面，做出評價與判斷。例如，政府在構建和諧社會過程中，存在經濟發展、環境保護、民主法制、公平正義等諸多矛盾，其中經濟發展是主要矛盾，其他問題是次要矛盾。而在國民經濟計劃中，會有全國性的重大建設專案、生產力分布和國民經濟重要比例關係等做出規劃，為國民經濟發展遠景制定目標和方向。

越來越多的企業的經營已經明白選擇和專注的重要。很多企業專注於一個領域，當累積的市場資源、銷售資源、研發生產資源、人力資源、公關資源、財務資源、各方面的知識經驗等達到一定程度時，就能不斷產生能量、發現市場機會，經營起來越來越容易。

人的一生是一個不斷追求與放棄的過程，放棄是一種智慧的選擇，許多時候我們必須學會選擇和放棄，才能將自己的時間和智慧凝聚當前的事情中，從而最大限度的發揮積極性、主動性和創造性，努力朝自己的目標一步步前進。

形成自己的判定標準

生活和工作中處處出現的問題，其蘊含的基本道理，早在古人的論述中就有了。你有了自己的思想體系，就會按照自己的理論思想來評價、判斷事物。不管是錯誤的，還是那些表面很好實際卻是有害的思想，你也不會輕易接受。你到中藥房取藥時，藥師會按照你的方子，不停的打開一個個抽屜取藥，很少看到藥師用眼睛「找」藥的。原因就是中藥房的藥物都是按照一定的規律擺放，藥師因為經常取藥，早已將每種中藥的位置牢牢記在心裡，所以，隨取隨拿，一點也不會搞混。同樣的，建構自己的思想體系，就得在腦子裡建立「小抽屜」。將你學習的各種知識按照類別歸類。

第一步，尋找關注的內容。即將你關心的事情、需要學習的內容、成長

的重點分類，把不同的事情放到不同的小抽屜。有些無法歸類的，就按照自己的思維方式，另外建立小抽屜，這就像在電腦裡建立新資料夾。

第二步，不斷添加內容。不論是讀書、看資料、聊天、上網、實踐，還是胡思亂想都會得到一些結論或者感悟，你不要想過了就忘了，而是要考慮把他們放到哪個小抽屜裡。

第三步，經常檢索。在你等車、等人的時候，可以把小抽屜的內容拿出來回憶一下。當你得出新的結論時，就要與原來的內容比較，看哪一個更好，把好的存起來，把壞的忘掉。在比較優劣好壞的時候，要知道哪些是高效率、高品質的，哪些是低效率、低品質的，或者按照你的本心去篩選，如果你是個善良的人，那你就要把更符合你善良的心的事情和觀點儲存起來，把那些偏離善良的事情和觀點忘掉。

第四步，在你經常「翻看」這些小抽屜裡的內容時，可以把這些內容聯繫起來，看看會產生什麼新的想法和結論，如果得到新的想法，要了解新想法、新結論是從哪些內容推理出來的，然後存放起來。

第五步，當你遇到一件事，不知該如何處理的時候，你就要搜索小抽屜裡的知識，看眼前的事情是否與其中某些內容相似，如果類似，你就可以用小抽屜裡的知識去處理，這樣一來效率又高，而且不容易出錯。

總結提示：

你可以給自己定一個五年的階段計劃。包括職位變動、個人品德修養、身體鍛鍊、技術領域、人際溝通協調能力、創造性思維力、組織管理能力等方面。在工作和生活中，你需有自己的價值評判標準，清楚什麼事情重要，什麼事情不重要；什麼人值得溝通，什麼人要小心對待；什麼是好，什麼是壞等等。

第六節　不升遷也要加薪

　　升遷不僅是對一個人以往工作業績的肯定，也是對其未來工作的期許和激勵。可是，職務方面的升遷畢竟機會有限，如果你很久沒有得到升遷，依舊拿著現在的那點薪水，簡直就是對自己不負責任。在自己的能力得到認可的情況下，需要認識到，你付出多少就應該得到多少相應的報償。

三次加薪的結果和教訓

　　天湛已經三次向老闆提出加薪了，結果不同，得到的教訓也不同。在公司工作快三年了，天湛對這份工作熟悉到近乎麻木的地步，但老闆一直沒給他升遷，也沒有加薪。天湛以熟悉業務為談判條件，向老闆提出加薪，老闆沒有同意。此後，天湛和老闆的關係變得大不如前，沒多久，天湛就辭職了。

　　跳槽後，天湛繼續當銷售部祕書，負責協調處理業務部門的工作。天湛依舊努力工作，但工作一年後，在公司的一次升遷中，天湛又失敗了，總結原因，天湛發現並不是工作能力不夠，而是公司人才濟濟。天湛自認能力和目前的工作內容都足以加薪，便走進了老闆的辦公室，開門見山的要求加薪。不出所料，老闆對天湛的要求非常吃驚，他明確的告訴天湛，按照公司規定，他這個職位只能拿這麼多薪水。於是天湛提出要調到銷售第一線，老闆的態度從驚訝轉為驚喜，說公司本來就希望能從公司內部選拔人才到第一線團隊。以天湛的能力，到銷售部門就是為自己加了薪。

　　天湛第三次提出加薪，是為了一個下屬。有個職員在辦公室工作了兩年，他告訴天湛，加薪不成就離職。天湛向老闆彙報，老闆起先不同意，說這樣的職位隨時可以再找一個人。天湛告訴老闆，這個職員的工作是兩萬六千元，市場上可招聘的有工作經驗的人起薪就是三萬元，如果在兩萬六千

元的基礎上給加一千到二千元，他就能安心的工作下去，公司也免去了招聘新職員所帶來的招聘費用和培訓費用。老闆聽後，什麼話也沒說就同意了加薪方案。

從天湛的提出加薪經驗看來，向老闆提出加薪，一定要有理有節有據。只要你有真才實學，相信自己的價值，老闆就會根據你的貢獻加薪。若你覺得「是不是自己要求得太多」或者就是庸才，莫說加薪，就連保住飯碗也難。

企業衡量人才有理有據

企業衡量人才，有多種標準，其中職業能力是重中之重，除此之外，還有其他一些標準，比如職員業績、職位的重要程度、職位與其他部門的關聯度都等都決定著薪資。作為企業中的一員，要求加薪時要有理有據，給出加薪的理由，這樣才能爭取自己應得的利益。

一般的情況是，職員先對白己的工作業績和表現有一個基本的自我評判，這個評判的標準是基於職員對自身能力、與他人比較、或者透過上司、周圍同事對自己認可度等因素而得出來的一種判斷，根據這種判斷職員可以思考目前的薪資是否與自身價值符合。由於職員的直屬上司對下屬的整體工作情況，會有著全面的了解和比較，對評價職員的業績和調薪最有發言權。所以，直屬上司能否全面、詳實、客觀的匯報職員的工作業績表現，體現職員的「人有所值」，是說服老闆的關鍵。人力資源部會依據公司的績效評量制度與調薪制度，結合職員的業績評量，並判斷職員的直屬上司是否按照績效評量規範對下屬進行評量，評量結果是否客觀，是否符合公司的調薪制度。這樣一來，得出的結論就不會讓老闆產生困惑。

加薪招數

目的明確。你的目的是加薪，不是走人，所以談加薪時，含蓄的表達出

你對企業的忠誠和貢獻。提加薪的時機尤為重要，選擇你有優秀表現、老闆心情極佳的時候，明確舉出自己出色的業績、勤勉的工作態度、成果和近期接受的專業培訓等，成功的可能較大。如果你對自己的評價含糊其辭的話，自然沒有說服效果。

讓老闆知道應該給你加薪。如果你不提，老闆會忽略了你的加薪想法。老闆可能會這樣認為：依萍上次沒有加薪，這次應該給她加；舒陽業績突出，人人都稱讚，應該加薪；至於如筠，工作業績不錯，在公司也三年多了，她的薪水還可以，下次再給她加薪吧……沒有理由的話，你就是「下次」了。你得讓老闆知道，這次升遷沒有成功，但你的工作責任並沒有減輕。同時，你需要說明你目前的薪水的橫向比較結果：和你同時間進公司的人員、業績不如你但是薪水卻比你高的同級別的人員。

迂迴戰術。你可以巧妙的將獵頭公司，現在正以雙倍薪水挖角你的消息傳到老闆那裡，讓老闆有這樣的印象：你對企業的價值，雖然沒有得到升遷，可是你希望得到應有的報酬。如果老闆不採取行動的話，顯然說明你在他心中不值那麼多。

總結提示：

有的企業都採用薪資保密的方式，因此與老闆提加薪時，不要與周圍的同事比較。一方面刺探他人的收入違反企業的規定，仗未開打你便已經輸了。另一方面老闆會覺得你是出於嫉妒他人，心理不平衡才來談加薪，反而會忽視你的真正實力。正確的做法是，你得表現的自信，陳述自己為企業所做出的成果，用事實說服老闆。

第七節　不安分的心靈切勿盲目跳槽

如今自由選擇工作的機會多了，每個人難免都要換幾份工作是很正常的事。但也有不少人因為盲目跳槽，不得不面臨職業得不到很好發展的問題。

因為每次跳槽都是要冒風險的，一次好的跳槽，可使你的職業生涯柳暗花明又一村，不過一次失敗的跳槽也會讓你鬱悶許久。為此，職場人士不可盲目跳槽。

每一塊跳板都晃晃悠悠

四年來綺雯跳了七次槽。第一次面試的時候，綺雯給面試官留下了很好的印象，當時綺雯就覺得自己一定能得到這份工作。果不其然，綺雯順利開始了她的第一份工作。上司也特別照顧剛畢業的綺雯，推薦了好幾本業務方面的書，讓綺雯學習。初出茅廬的綺雯，發現自己要學的東西實在太多，她決心把上司推薦的書看完，好好做出一番成績。可綺雯的決心，並沒有帶給她想像中的成功。幾個月過去了，那些書綺雯只是草草翻了幾頁；對於上司交待的工作，綺雯也完成得不那麼理想。一開始，上司還可以容忍作為新人的綺雯，可時間長了，上司和同事就開始對綺雯的工作成效不滿。綺雯忐忑不安，在工作中更放不開手了，以至於拖延了工作時間。不到半年，綺雯再也受不了強烈的自卑感和膽戰心驚的工作狀態，決定辭職。綺雯安慰自己：也許我並不適合這家公司。

找第二份工作時，綺雯的自信又得到了別人的賞識，這讓綺雯很開心，心想：上一份工作做的不完美、不成功，這次有機會彌補了。可是這份工作，也不是綺雯想像的那樣順利，反而和上次一樣，沒過多久，綺雯就覺得壓力太大，想辭職走人。就這樣，四年時間裡，綺雯竟換了七份工作，時間最長的工作也只堅持了整整一年。每次辭職，綺雯都會給自己一個「合理的解釋」：公司的管理理念和我想的不同、和同事與上司相處得不是很好、想找個適合自己的行業……每次面對新的工作，綺雯都告訴自己：要從頭開始，多多學習。可最後還是會陷入和過去一樣的「怪圈」：雖然小心翼翼，反而弄巧成拙，凡事表現不盡人意。綺雯越來越煩，只想躲在家裡不去上班。

一份工作對於你來說好還是不好，都是相對的，也不是一成不變的。一跳槽了之只是治標不治本，讓人心變得浮躁，跳槽的次數太多，就反應了我們的心理狀態不成熟、不穩重。

跳槽僅僅是「換個跑道」嗎？

有這樣一個故事，一位老師讓學生穿過一片果樹林，只能向前走，不能回頭，每人從中選擇一個果實，但只能摘一次。有的人一進果林就看到一個很好的果實，於是立刻摘下了。有的人剛進果林也看到認為較好的果實，可她覺得後面應該有比這更好的果實，於是繼續向前走。當她快走到果林另一邊時，卻沒找到比剛才更好的，最後將就的摘了一個。綺雯的情況也是如此，總以為最好的機會還在後面，卻忘了珍惜眼前的。

一般來說，初入社會的人，完全可以有更多的嘗試，以便找到適合自己發展的方向。但如果頻繁跳槽，不僅會對自己的心理健康產生影響，而且會不利於職業發展。不管是為了逃避還是為了追求高薪而跳槽，都是內心不安穩的體現。市場上行業數以千計，新行業又層出不窮，自己究竟適合在什麼行業？其實，一個人的成就感和滿足感，源自其對工作的掌控能力。跳槽並不是目的，只是我們接近個人職業目標的方法之一。沒有明確目的的跳來跳去，只會讓你在今後的職業生涯中增加更多阻礙。很多能力出眾的職場人士，都希望透過跳槽解決目前的困擾，結果往往都是事與願違。有的人越跳越「低」，有的人越跳越沒自信。跳槽不僅僅是「換個跑道」，而是為事業尋找更好的發展平臺。目前的工作也是你曾經期待的，認真分析自己的現狀，想清楚自己為什麼要跳槽？

跳槽前請多思多問

確定跳槽的動機。大致來說，一個人跳槽的動機一般有以下兩種：一是

被動的跳槽，即個人對自己目前的工作不滿意，不得不跳槽，這裡又包括對人際關係（如上下級關係）、工作內容、工作職位、工作待遇、工作環境或者工作條件、發展機會的不滿意等方面，比如與上司關係不融洽，覺得得不到發展，或者感覺無法適應目前的環境。二是主動的跳槽，即跳槽之後會有更好的工作條件，如工作環境、發展機會。或者為了尋求更高的挑戰與薪資待遇，如發現自己的能力應付目前的工作綽綽有餘，或者發現了自己真正感興趣的工作。

跳槽需要回答的問題。當你有了跳槽動機時，不妨先問自己下面的問題，根據回答的結果，看看你是否需要跳槽。

一、你是為了生活而工作，還是為了工作而生活？

二、是什麼讓你不滿意現在的工作？你希望得到什麼？

三、你不滿意的部分你現在公司可以幫助你解決嗎？要是現在的公司無法解決，那麼其他公司就可以解決嗎？

四、是因為一時的情緒而跳槽嗎？嘗試進行自我調整了嗎？

五、你有職業目標嗎？你找的新工作是不是可以為你提供一個清晰的職涯方向？

六、跳槽之後的得失，你看重什麼？

七、有沒有諮詢過職業顧問？

八、你在目前的公司裡工作有多久？

九、你實事求是的評估自己的能力了嗎？

十、適應新的工作或環境、建立新的人際關係需要你付出一定的時間和資源，你有信心嗎？

總結提示：

你的跳槽原因和想法，對企業以後制定選用人才制度有一定幫助。跳槽理由眾多，概括起來，看看你的理由是什麼。

一、創業式跳槽。有目的的到有關企業走一圈，了解行業情況，熟悉

行規、制度、技術、成本等各項指標，為自己的創業打基礎。

二、發展式跳槽。個人的發展空間受影響，為個人的發展前程而跳槽。

三、被動式跳槽。與上司、同事出現矛盾，或者工作出了差錯，只好換工作。

四、挑戰式跳槽。喜歡向新的領域、新的職位、新的高度挑戰。

五、「錢」途式跳槽。以金錢為目標，哪裡薪水多去哪裡。

六、習慣式跳槽。環境熟了，沒有新鮮感，就想換個工作。

七、「順其自然」跳槽。跟著感覺走，感覺現狀不錯就繼續工作，感覺不好就走人。

八、選擇式跳槽。在一些特定領域選擇不定，如公務員，或者是企業中的國企、外企、民企、合資企業而頻頻跳槽。

第八節　面對裁員有備而戰

裁員並不可怕，可怕的是面對裁員，視而不見。每個人完全有能力掌握自己的未來。當有裁員的跡象發生時，那些對局勢有著清醒的認識的人，都會做好預防措施，那就是未雨綢繆。

不要把頭埋在沙子裡

故事一：沛容在一家企業的分公司客服部已經工作了五年，在業務上得心應手。隨著資歷的增長，沛容的薪水也一點點的在提高，每年的收入都有所增加。本來沛容對工作感到滿意，然而金融危機的突然降臨，令她所在的企業無法承受風暴，準備採取裁員和降薪的措施。得知這一情況後，沛容就預感到自己所在部門將是裁撤重點，自己將難逃厄運，因為公司去年就開始著手整頓。但沛容並沒有「坐以待斃」，她決定將命運掌握在自己手中，並且開始約見其他部門的經理，向他們表達自己想轉部門。沒過多久，沛容被調至企業的市場部。幾個月之後，分公司的客戶服務部被裁撤，幾十名客戶代表都「被裁員」了。

故事二：剛進資訊科技公司時，雅青就發現公司缺少一位負載均衡專家。於是，雅青用花了一週的時間在學習相關知識上，不久公司在這方面出了問題，雅青就趁機展現了自己的能力。為了更好為公司創造價值，也為自己創造價值，雅青不斷的擴展自己的技術知識能力。後來公司面臨重組，將要裁員兩百人，大家都在猜測自己是不是被裁者。雅青很快調整了自己的心態，深思熟慮後，她建議公司制訂一項過渡計劃，以幫助職員在公司重組後盡快適應新角色。雅青敏銳的判斷力和主動積極的工作態度，給管理層留下了深刻的印象。一批和她年齡相仿的同事都被裁掉了，而雅青不僅保住了自己的工作，還在公司重組後被升遷為人力資源部主管。經過此次的裁員風波，雅青認識到：裁員隨時會發生，有計劃並努力做事，不斷的提升自己的能力，讓公司和自己都受益，公司才會考慮將你留下來。

「我是會走開，還是可以留下來」，這是每個職場人士面臨選擇與被選擇時，要問自己的一個問題。不管怎樣，「我對企業有價值」是任何一位管理者都願意聽到的話。

企業會裁什麼樣的人？

答案就是企業會裁掉那些不是不可替代的人。企業在發展過程中，存在一個企業價值鏈、業務流的關係，其中的固定職位是處於企業業務發展鏈條中的主鏈條，包括研發、銷售、售後等職位。而相對邊緣的一些職位，如行政部、人力資源部、財務部、策略規劃部、企劃部等，都相對危險。會被企業裁員的員工分為兩類：一類是確實沒能力，至少裁員之前沒有多努力工作。另一類人就是公司還在猶豫的人，公司認為這類人還有一定的價值，但面對目前這樣的經濟形勢，又不得不考慮降低企業成本。

如果你沒在企業的主鏈條中，自己的知識儲備和能力又沒有能夠勝出他人的條件，被裁的機率相對就會較高。面對裁員，一方面你應該考慮如何進

入企業主鏈條中，使自己的職位有競爭力。培養自己不可替代的位置，要讓自己在企業中變得不可替代，這樣如果你離開的話，企業會不適應，或者得有個彌補期過渡，企業就不會輕易裁你。

備戰裁員

判斷最有可能裁員的部門和區域。如果你身處其中，也不一定意味著你一定會被裁。只要你注意兩個方面，裁員就不一定會「裁」到你頭上。第一，工作成績。完成工作，透過業績來證明自己的能力，此時不要偷懶，不要耍「小聰明」。老闆在裁員之前通常都會先進行談話，在談話中，職員會有爭取的機會。在這樣的談話中，當你為自己去爭取時，主要要從工作成績著手。核心是「我為公司做過什麼？」、「這件事給公司帶來的收益是什麼？」也就是說「我做了什麼？」、「我做成了什麼？」和「我所做的為公司帶來了哪些效益？」。拿出真刀真槍真本事來證明自己，在談這些問題時，要堅決、明確、自信，將自己的價值表達清楚

重視團隊合作。一個有團隊合作精神的人，不論在任何時候都會為企業所信任和重用。如果一個位置有兩個候選人，這兩位候選人的能力、資質大致相同，對於企業來講，所能做的唯一一件事，就是判別二人之中哪一個有更好的團隊合作能力。能證明你的團隊合作能力的途徑之一，就是與其他部門的相關人員進行溝通，讓他們知曉你的能力以及你所感興趣的工作領域。

成為業務、技術「通」才。有技術和業務多方面的知識，必然會為保住工作增加不少的優勢。想要保住自己的工作或者升遷，就需要成為企業所需的「通」才。「通」才不僅懂得如何處理問題，而且需要了解相關的業務知識。如果公司有十個人管理網路，其中有一個人懂得維護伺服器，公司首先考慮裁掉的肯定是其他的九個人。沒有廣泛的知識面，也會導致自己失去機會。對於高科技工作者或者是專業領域深奧的職員而言，能夠不使用技術術

246

語就可以和業務人員溝通的人，相較於那些不能將技術問題或者專業術語，「翻譯」為業務人員熟知的語言的人來說，必然會獲得更多的機會。

總結提示：

遠離職場鬧劇，不要去參與議論與猜測，不要做「烏合之眾」，尤其是到年底時，不要跟同事一起一窩蜂的找老闆要求加薪水。企業內部有時可能會有一些議論，不要參與這些議論。職場中最令人厭惡的行為是背後傳閒話、傳小道消息，比如「某某公司漲薪水了，咱們公司沒漲」、「聽說某某要被裁員了」......不要製造和傳播一些不好的資訊。你需要展現的是：你是一個對工作兢兢業業的人。同時，最好不要對同事發表什麼負面評價。

第九節　學會走正確的辭職之路

辭職，可能令人興奮，可能令人痛苦萬分，可能使人患得患失，也可能讓人一蹶不振。如今，辭職已經是一個時代話題，但辭職也能體現一個人的道德和責任，也是人格魅力的展示。每個身在職場的人，只有學會走正確的辭職之路，才能利人利己。

辭職，準備好了嗎？

用年少輕狂來形容即將畢業時的自己一點也不為過，那個時候婷娟覺得自己各方面都很優秀。當每一次的校園面試都能順利通過時，婷娟就更加狂妄了。似乎越是容易找到的工作，對自己的吸引力越小，於是，婷娟堅決要去臺北找份自己覺得較為滿意的工作。來到臺北以後，在求才會現場，人山人海，婷娟發現好多名企業都在徵人，有些寫明「有臺北工作經驗」者優先。還有許多職位都要求有工作經驗，不過婷娟覺得這些要求都不算什麼。

正當婷娟埋頭填寫履歷時，有一位女士和她打招呼，問她：「你是來應徵

的？」婷娟說是的。她說：「你看著像學生啊，畢業了嗎？」婷娟說還沒呢，不過只剩兩個月了。她說：「那你來我們公司工作吧。工作很簡單，而且時間靈活，不會影響你的學業。」說實話，吸引婷娟的並不是這份工作，而是對方禮貌的態度，因為參加校園求才的時侯，許多時候感受到的，是面試者高高在上的樣子。而且在這裡工作，還可以給同學帶去許多的最新職場資訊。所以沒有太多的猶豫，婷娟就答應了。

上班以後，婷娟才知道這位女士是公司的老闆。每天的工作沒什麼挑戰，只需記錄好應徵者的基本資訊，核對每天的報名費用，負責錄音等工作。慢慢的，婷娟發現自己的工作態度和思想發生了變化，覺得工作很枯燥，覺得自己是大材小用了。工作三個月以後，由於婷娟對求職者漫不經心的態度，老同事在招聘現場嚴屬批評了婷娟。婷娟又氣憤又「委屈」，隨即就提出了辭職。當時婷娟覺得自己理直氣壯，加上要準備畢業的事宜，就把找工作的事兒擱置了。

當婷娟信心十足的投入到找工作的大軍時，婷娟才發現，自己以前真的是井底之蛙。經歷了幾次挫敗之後，婷娟才真正清醒，後悔當初辭職的衝動，且認真的總結了自己的不足。也正是這樣使婷娟特別珍惜以後的工作機會，當遇到問題時，懂得及時溝通，而不是由著自己任性的去處理。

工作中總有那麼一個時刻，因為身處困境、久久不能解脫，或者因為追求自己的夢想、尋求更寬廣的平臺而辭職。不過，人在社會上，不可能只有自己。當你決定辭職時，不僅對你自己有影響，對同事、對上司，對部門甚至對企業都會有影響。因此，你需採取妥善的方式處理辭職。

保護自己，不給企業造成損失

做出辭職決定後，需要先了解企業的辭職制度，熟悉企業關於辭職的規定以及辭職時需要辦理的各種手續。然後按照相應的程序辭職，這樣才不會

給企業留下藉口來處罰你，使自己的權益受損。辭職前要認真研究企業章程中關於辭職的條款，企業章程裡一般都對辭職的手續有相應規定。留下辭職信或者領了薪水後，第二天就「消失」的行為是沒有道德和責任的體現。根據企業辭職制度來辭職，一方面可以保護自己，降低自己的辭職成本；另一方面可減少企業的損失。

希望自己可以順利辭職，就應該選擇在合適的時機，以合適的理由，選擇合理的辭職方式。這樣自己的辭職才會得到企業的理解，個人的相關權益業可以得到最大程度的保護。合適的時機是指你辭職的時候，不會給企業造成損失，同時也不會讓自己的利益受損。如果你是一個經理，企業交待給你的專案剛剛開始運行，在這個時候辭職顯然難度較高。退一步來說，即使企業無法阻止你辭職，在辭職後的賠償方面你也會蒙受到損失。如果你在十一月份提出辭職，那麼，你就會失去一個年度的年終獎金，其中利弊你需要認真的權衡。

合適的理由是指讓企業可以接受的理由，這樣你也會減少辦理辭職手續的壓力。一般企業願意接受這些理由：進修、出國深造，照顧家人，身體不適，個人原因，想要面對更大挑戰等等。一些對企業不滿的辭職理由應該避免提出，如不適應企業管理、薪資太低、人際關係太複雜等等。合理的辭職方式是指按照企業規定的辭職方式提出辭職，如寫辭職信，電子郵件辭職，如果與負責人關係不錯，可以直接說出來。

辭職注意事項

關於辭職信。辭職信不要長篇大論，結構清晰、簡明扼要的將所有重要資訊描述清楚即可。

首先在辭職信的開頭，直接說明你辭職的原因。

其次，說明你打算離開的時間，一般應提前二到四個星期，或是根據企

業規定的時間提出辭職。

然後，對於你所接受的培訓、取得的經驗或者建立的關係，向公司表示感謝。

最後，辭職信應該標明提出辭職的明確時間。

辭職信只是一種通知，告訴企業你將在哪一天解除工作合約，離開企業，這不需要企業批准，當然，如果企業同意你提前離開就另當別論了。

做好最後的工作。在企業同意你辭職，但還沒找到合適的新人之前，你應該一如既往的努力做好本職工作，做好最後的工作。即使在接替你的人來了之後，你也必須將手裡的工作交接完畢才能離開公司，盡到自己的責任。如果在新人知識、經驗方面欠缺，你可以把自己的工作職位說明以及工作經驗以文件的形式留給新人，使她能以最少的時間熟悉業務，少走彎路，新人也會感激你的。你在職期間，累積了一定的工作資源和經驗，如果你全部帶走，，可能會造成新人無法開展工作，也會讓企業的上司失望。如果你主動把工作資源留下 —— 即使只是一小部分，也可以為你留下好名聲。同時，任何要帶走的資料，應先確認是否有智慧財產權問題。

總結提示：

離職需遵循「三不」。第一，不要試圖在最後幾週內消除與某些同事不和，希望能保留好印象。這樣往往徒勞無功，或許默默接受既成事實更自然。第二，不要主動提建議。離開時，你也許會好心的向上司提些建議，既然你辭了職，在上司看來就不再是真正的下屬，你的建議或者評論很可能會引起誤解。第三，不挖屬於公司的客戶，不做有損公司名譽、利益的事。

第十節　新的起點如何立足

走在人生和職場的十字路口，我們經常會迷失方向，甚至不知道自己真

正想做些什麼？對以後的職業發展方向充滿惶恐。其實，個人的職業發展應該是多方向的，無論過去的成就怎樣，未來都無法複製。當你重新開始的時候，就要重啟思維。

合適的路在哪裡？

故事一：舒諾在國際金融系畢業後，就進入了一家生活日用品公司從事專案評審的工作。五年來，舒諾平步青雲，如今，更是穩坐部門經理這一職位。按理說，應該是春風得意，可舒諾卻陷入了困惑中。以舒諾的能力，自認為可以勝任更有挑戰的工作，可現在做的這些事，自己閉著眼睛都能做到不出一點差錯。但事實是，在公司內部，舒諾的資質能坐到這個位置已屬不易，想要向上升遷基本無門了。想跳槽吧，也不是沒有其他公司找過舒諾，但給她的職位，不是打醬油性質的，就是自己沒有相關專業背景，舒諾也不敢冒險跳槽。想想自己的工作經歷，可選擇性似乎太小，發展空間也有限；想橫向向相關的市場方面發展吧，又沒有實際工作經驗，舒諾害怕一腳踏空，再也收不回來，真是左右為難。

故事二：席媛是有著十多年英語教學培訓經驗的老師，由於不滿足於枯燥的培訓工作，她用自己多年的英語培訓經驗和人脈資源。在北部開了家提供英語培訓、戲劇拍攝、聚會、展覽等服務的英語私人會館。席媛的理念是，要想學好英語，必須經歷「學、練、用、玩」四個境界。在他的會館裡，沒有「非靜態而不能說英語」的習慣，來培訓的人必須「坐著接受培訓，站著訓練」。拍英語話劇、電影，會館不是拿個小數位錄影機拍，而是請來了專業的導演和攝影師；組織聚會，有外國企業主管和學員聊天；舉辦展覽會、古董鑒賞會，來的都是外國人，學員自然就成了現場解說，不開口還不行。如果學累了，會館就是咖啡館和茶館，學員一下午坐那裡發呆都沒問題。

人生有兩齣悲劇，一是萬念俱灰，另一個是躊躇滿志。站在新起點的時

候，我們首先應該問一聲自己：你願意做哪些工作？你能夠做哪些工作？

重啟思維

在你周圍經常能聽到這樣的話，「真羨慕你啊，能做和自己專業相關的職業。」、「你可以做自己想做的事情，多好啊！」生活中，多數人對別人能做自己想做的事情豔羨不已。上學的時候，能夠選擇自己喜歡的科系；工作後，又能做著自己喜歡的工作，開開心心的為自己的事業奉獻著青春，敢問，世界上又會有多少如此幸運的人呢？有相當多的人，雖然看起來很認真、很投入、很開心，或許內心也藏有許多不滿和無奈，想另謀高就的人也不在少數。

剛開始工作的時候，明確找出自己想做的事情的確不容易。與其羨慕別人，不如退而結網。一個人在一生中，不可能只做自己喜歡的事情，還有許多自己不喜歡的事情不得不做。最好的方法，就多做一些自己想做的事情，這樣才能開心的工作和生活。如果你看到周圍的朋友每天都在做著自己喜歡的工作，感覺很幸福的時候，你要知道，他們肯定為了自己的事業付出了很多的努力。

有一位美國人在大學畢業後，累計求職失敗了兩千次。從二〇〇八年八月份開始，這位年輕人實施一項計劃 —— 五十週內走遍五十個州，做五十份不同工作，以幫助那些和自己一樣求職無門的年輕人累積「職場經驗」。半年過去了，年輕人走過三十個州，獲得了三十份工作。這個不可思議的計劃，正在一步步變為觸手可及的現實。年輕人將經歷總結，在過去的三十週，他獲得過這些工作：教堂服務人員、水文地質研究員、廣播員、醫藥設備製造工、玉米協會職員、商店店長、考古研究員、氣象預報員、園林設計師……工作職位五花八門，白領的、藍領的；腦力的、體力的；都市的、鄉下的。只要是工作，只要有職位，他都盡力爭取，用心嘗試。甚至包括他從沒聽說

過的職位，有些工作雖然無法完美的完成任務，可是他沒感到一點愁苦和哀怨，反而有著甜蜜的回憶。

無法想像，一個人可以在很短的時間內，找到並做好這麼多工作。要知道，這些工作截然不同，差距也較大。不過，這三十個完全不同類型的職位，有一個相同的特點，那就是 —— 他們都是職位，都是工作，都是別人正在做的，或者虛位等待著職員的工作。年輕人的計劃之所以成功，重要的原因是：他對工作從不挑剔，什麼都願意嘗試。

如果換成你，哪些是你可能做的，哪些是你願意做的，哪些又是你做得了的，哪些是你放得下「架子」去做的，哪些是你能夠吃得了那份苦的，哪些又是你想都不敢想、看都懶得看、理都不想理的？不要害怕承擔責任和嘗試新事物，轉變觀念，在你能做和想做的工作之間找到平衡，那麼你獲得的機會也就越多。

搜索立足之地

學會「橫」著走。職業發展並不是只有「職員 —— 主管 —— 部門經理 —— 副總經理 —— 總經理」，這種由低到高的升遷路線。事實上，現在的企業在這方面能提供的機會也不多，不少股份制的、國有的、民營的企業，升遷的路線更不容易。這時，你可以轉變一些價值觀，由縱向的發展更多的向橫向發展，多思考一些內在的東西，如個人品格的修養、人格的境界、職業道德，還有相關的技能、能力的拓寬等方面。只有橫著走的多了，前面的路才會越來越寬。

了解企業，選擇新職位。企業希望找到適合企業文化的人，有的企業徵的是反應力快速、有快速實施方案能力的人，有的企業注重是不是能夠主動出擊，你需要了解企業的狀況，並結合自己的追求，選擇新的工作和職位。一般而言，公司所有的職位可分為三大類：管理類、專業類和專業管理類。

如行政、人事職位等屬於管理類職位；技術、行銷職位等屬於專業類職位；開發經理、產品經理等屬於專業管理類職位。如果你只熱衷於自己專業，就按照專業類職涯方向發展；如果你同時有較強管理能力，就應該按照專業管理類的職涯方向發展。這樣一來，才有自己的發展前途。

　　憑創意和資源行走江湖。社會同質化競爭激烈，要脫穎而出，自然要有與眾不同的創意，還要有實現創意的資源，最重要的是控制資源的能力。以前人們集資建房、集資開公司，追求的是資本的共用，現在講究的是資源分享。資源分享不僅打通了資源，更是節約時間、高效生活的最佳方式。打通使用資源需挖渠引水 —— 水就是創意，渠就是資源。如果你有條件吸引、整合、運用眾多資源來創業，也就是「集資」，那你就跟上了時代的步伐。就像席媛一樣，把自己的各類資源和人脈充分打通，最大限度做到資源分享。

總結提示：

我們無法改寫過去，也無法預知未來，不過我們可以讓過去對我們的影響減低到最低程度，而不應該成為過去的「犧牲品」。過去會對現在產生影響，然而這不是一成不變的，分清過去和現在，發揮聰明才智，關注現在，生活在此時此地，生活才會真實和多彩。真正影響我們的並不是事情的本身，而是我們看待事情的態度。站在新的立足點，你需了解自己的新角色，即下一份工作的職責。

第八章　活躍的思維兼具謹慎 ——
　　　　牢記職場禁忌

　　職場就像賽場一樣，有一定的「遊戲」規則。如果你觸犯了其中的禁令，就會限制住自己的手腳，甚至會被罰出賽場。職場禁忌就是職場人士的「工作注意事項」，進入職場時，你必須仔細了解和研究，在保護自己的同時，學會避免因無知和盲目造成的失誤。

第一節　嘴太甜並非好事

　　無論是場面話、客氣話、恭維話，人人都喜歡聽。相處溝通時，說些這樣的話，別人聽了會很開心。但同時，他們也會考慮：我到底有沒有說的那麼好。簡單的幾個字或者幾句話就可以激勵別人，雖然這不是很重要，可無形中提升了自己在別人心中的位置，讓你在與別人相處時更加容易。嘴甜一點，不管是對自己還是對別人，都是不可忽略的相處方式。可是，如果嘴太甜，就容易引起別人的反感。

「投資」不要過度

　　弘雅到公司上班時，一張嘴天天像吃了蜂蜜一樣，逢人就說好話。「才學疏淺，請你多多指教！」、「你真是一個好人。」、「謝謝你，真對不起，不該這點小事也麻煩你，真讓我過意不去，實在太感謝了」……一開始，同事覺得弘雅很有禮貌，可時間久了，多數人就覺得弘雅有些迂腐、有些虛偽，甚至不願和她共同工作。弘雅不知道怎麼辦，到書店買來幾本書，細細研究之後，才發現與同事相處時，由於自己沒有分寸，失去了獨立的人格，所以才會被看輕和忽視。弘雅也明白了，如果自己都不尊重自己，怎能獲得別人的尊重？

　　同事之間是在平等的人格基礎上互動、溝通的。當一個人的世界觀和價值觀不正確時，就會出現像弘雅一樣適得其反的現象。

情感交換的特質：平等

　　人際溝通其實是一種情感交換。人們為什麼如此看重情感？因為情感也是一種社會資本，是一個人是進入社會和存在於人際關係中的資源。情感資本分為內在的與外在的兩個方面。內在的情感資本是一個人本身就存在的資源，如財富、權力、聲望、智慧、容貌、健康等等，這些都提高了一個人獲

得情感的可能和自身的情感價值。外在的情感資本「潛藏」於社會關係中，需要透過自己有目的的情感行動去獲取。

　　人類的經濟交換是為了追求物質利益，而情感交換則是為了滿足心靈，即愉快或者榮耀。同時，情感資本是獲取經濟資本、文化資本和社會資本的重要手段。一個人如果能得到別人的情感資源，如認同、支持、尊重等，就有了情感社會資本，在社會中就有人氣、有人緣，這為事業的成功奠定了一個良好的人際基礎。情感是一種投資，透過情感的交換，我們可以從他人那裡得到有價值的，或者自己缺乏的東西。情感交換通常會引發一個人的責任、感激和信任，因而可以促進人與人之間的關係整合，促進社會團結。

　　在社會上，溝通是採用的共同符號進行資訊傳遞和理解的過程，雙方之間是平等的人格關係，因此，在情感權利和義務方面也是平等的。雙方不能斤斤計較，可這並不意味著情感交換不講成本效益。即使是父母親對子女的情感也並不是完全不圖回報的。職場中的溝通必須遵循「平等」的原則，否則，職場的人際關係就難以繼續維持。

職場人士際溝通

　　溝通應真誠。職場人際關係，一方面以利益為基礎，另一方面也依賴情感來運轉。職場溝通有三個要求。一是，說的話要遵循客觀事實；二是，提出的要求是正當的，所說的話要符合職場和社會規範；三是，對人事的評價、觀點，所說的話要真心實意。

　　有效溝通。溝通是否有效，在於是否被別人接受。有些話需要裝飾，有些觀念、意見即使是正確的，如果表達方式不對，別人不僅不會接受，反而會產生反感。為了達到有效的溝通，就需了解不同場合的各種規則，比如怎樣說話、什麼表情、相處的距離等等，這些都有場合自身的規範或者習慣的規定。

不要過了界限。情感回報與經濟和物質回報不同，溝通過程中的投入，主要期待的是情感的回報。雖然這種回報在量上不一定是對等的，可在質上一定是相同的。人們在交換物品或者知識時，並不一定要特別的把自己的情感投入到關係中，因此，物質回報和知識交換是不能取代情感回報的。同時，也不能用低層次的情感來回報高層次的情感。如用「贊同」來報答「恩情」，用「感激」來回報「友情」，因為前者是發散的情感，而後者則是珍貴的情感。在職場溝通時，投入前一種情感即可，如果過了這個界限，你的同事也會拒絕。這種溝通質和量的對等，也是情感平等的實質要求。

　　溝通需重視的內容。首先，進行溝通前，要盡量了解並掌握他人實際心理狀況和行為模式，以便在溝通過程中對其一言一行，甚至語調都能領會。其次，重視溝通過程中伴隨的反饋，使他人及時了解你所傳達給他的資訊。語言溝通的同時，輔以表情、手勢等，易於加快他人對資訊的理解與接受。最後，如果溝通的內容十分明確，或者雙方都熟悉的話，最好迅速溝通完成。

總結提示：

職場溝通的四個階段。
第一：定向階段。多使用一些禮貌用語或者職場禮儀，告知同事一些
　　　個人可以公開情況。
第二：試探階段。雖然同事不排斥新人，不過你還是要謹慎，說話內
　　　容還是要有選擇。
第三：職場人際關係階段。在工作中，同事之間能夠探討一些實質的
　　　狀況，與此同時，對企業的了解也越來越多，並認同企業文化
　　　和同事之間工作方式。
第四：穩定階段。進化為一名符合要求的職場人士。

第二節　別讓別人覺得你「閒」

閒人無樂趣，忙人無是非。好逸惡勞、好搬弄是非的往往都是閒人。閒人的存在，不僅會渙散人心、增加摩擦，而且會降低效率、造成內耗，同時還會給企業管理工作帶來一定的難度。因此，在企業裡，沒有作為、不認真工作、製造是非的閒人，是非常不受歡迎的，這樣的人也是企業「減肥計劃」的優先人選。對於職場人士來說，如何充分發揮自己的優勢，積極配合管理者和同事，按照既定目標，高標準的完成工作任務，同時又體現自身價值，就顯得尤為重要了。

不認真工作，早晚會失業

奎玉自從畢業後，就從事補習班的英文教學工作，由於是按工時算薪資，不僅收入有限而且時數不定，導致奎玉的生活費常常入不敷出。雖說奎玉堅持做著這份工作，純粹是為了追求時間自由、沒有壓力和悠閒自在的生活，可隨著年齡漸增，又看到同班同學在各行各業的發展狀況，奎玉忽然覺醒了。決定制定好生涯規劃，尋求一份有挑戰而且有意義的工作。

不久，奎玉謀得一份大眾傳播業務的基層工作。剛進公司不久，奎玉戰戰兢兢，工作效率、工作成果還算差強人意。不過，不到三個月，奎玉就開始抱怨工作過於枯燥乏味、薪資少、福利差、升遷慢等等。奎玉越抱怨，工作態度就越差，經常被上司和同事批評。不管別人怎麼說，奎玉依舊我行我素，甚至變本加厲，經常遲到早退，辦事拖拖拉拉，有時候還會借外出洽談公事之名在家睡大頭覺。

有一天，奎玉故技重施的呈報出差單，寫的是出差拜訪客戶，上司沒有懷疑就批准了。誰知道第二天快下班的時候，公司接到了警方的電話，稱奎玉和朋友到海邊玩，在返回途中，因閃避對面來車而不幸翻車，奎玉手臂被

擋風玻璃嚴重刮傷，被送到當地醫院急救。由於警方的聯絡，拆穿了奎玉去出差的謊言。在奎玉復原後，回到公司，被記過處分，同時被調到無需出差的總務部門。然而，奎玉並沒有及時覺醒，還總覺得工作任務越來越多，常常到下班的時候，連三分之一的工作任務都還沒完成。奎玉總抱怨工作太多，並且要求加薪，上司並沒有同意奎玉的要求。過了一段時間，由於奎玉不僅工作不認真，而且無法與同事和睦友善相處，公司經過商議，最終將奎玉解僱了。

對企業來說，閒人是一項「負債」，而不是有價值的「資產」。任何企業、任何地方都不需要不努力、不付出、要求多的閒人。一個對本分工作不肯盡心盡力，只是渾水摸魚的人早晚會遭淘汰或者被別人替代。

「職員」的責任是保證品質

有些企業創業時條件相似，雖然採用了幾乎相同的策略，但結果卻相去甚遠。有的企業在業界闖出知名度，有的企業卻在競爭中被淘汰，其中的奧妙與原因究竟何在？就在於職員缺乏執行力，最終導致企業因喪失競爭力而不得不退出舞臺。

執行力是決定企業成敗、構成企業核心競爭力的重要因素。同樣的制度，同樣的職員，因為執行力的不同，使企業有了不同的命運。什麼是執行力？就是四個字：保證品質。在企業裡，有制度和標準還遠遠不夠，重要的是如何讓職員遵守制度和標準，完成工作要求。

有的人不理解為什麼某同事升遷加薪，而自己卻被忽略掉？為什麼那些人肩負挑戰而且報酬高的職務，而自己卻進步遲緩？為什麼那些人又成功且有良好的人際關係，而自己卻絲毫不能夠引起別人的注意？這是因為你還沒有理解「職員」應該做什麼。

職員就是認真努力工作的人，企業希望在管理者提出工作任務和要求

後，所有的團隊成員能夠開發自己全部的潛力，努力不懈，能確保品質的完成。一個勤奮、認真，凡事全心以赴、注重細節，能保證品質完成自己任務的人，一定會贏得同事的讚許，管理者的重用和更多的升遷、獎勵機會，也是企業最值得信賴和倚重的人，這種人肯定永遠不會孤獨，更不會失業。

找點事做，人生無閒暇之時

從工作中找出價值感。人的多數時間都在工作中度過，正是透過工作，人才能體現和創造出自己的人生價值。一個期望人生有價值的人，是不會在工作中找任何藉口的。你在工作中「打折」，你的人生就會因此「打折」；你讓工作「貶值」，你的人生必然「貶值」。從你的工作中尋找自己的價值，如果你是化妝品銷售員，有每個月需要完成業績，也許會覺得很累很辛苦，不過如果換個心情想，我今天又讓多少人變得漂亮和自信了，這樣就會覺得很有成就感。

想想你的目標。一個人在工作上偷懶不認真，就是在拿自己的人品開玩笑，拿自己的前途開玩笑。試著想一想自己原先所設定的目標，為了實現目標，就終結所有的藉口，開始踏踏實實的工作，認認真真的執行。積極的生活，勤奮的工作，盡職盡責，別讓人當你是閒人，才有升遷加薪的機會。

讓工作變得多采多姿。古人說：「書中自有黃金屋，書中自有顏如玉。」如今，善用知識不僅可以創造生活，還可以實現夢想，還可以尋找到樂趣。不少人在周而復始的工作中，會漸漸失去原先的認真態度，這些都源於自己的無知和懶惰。《問說》說到：「聖人所不知，未必不為愚人所知也。愚人之所能，未必非聖人之所不能也。理無專在，而學無止境也，然則問可少耶？」我們的知識是有限的，各類知識總是相互關聯的，想要使工作變得多采多姿，就要謹記學無止境的道理。

總結提示：

成為職場閒人，多因從事不適合的職業，缺乏對自我職業的規劃。有的「閒人」自身資質平平，無法勝任職位；有的「閒人」因與上司步調不一致，被上司有意疏遠；有的「閒人」因為職責不明，缺乏組織約束力且眼高手低。所以，「閒人」應盡快讓自己忙碌起來，逐步認清自己，了解自己的潛力和資源，進行長遠規劃才是正道。

第三節　做事不能畏首畏尾

人的理念和行為動向，都是受性格影響的，性格影響著一個人的決策和落實狀況。畏首畏尾、優柔寡斷的人，經常會裝出一幅聽取他人意見的開明姿態，事實上，因為太缺乏主張、判斷和獨立，顧慮太多，不清楚孰優孰劣，孰好孰壞，往往不能將好的建議化為決策，落實到執行上。這種人是難於開創事業的，也是智力浪費的典型。

致命的缺陷

軒豪是一家培訓公司的業務員，當她到達房地產經紀人亞薇的辦公室時，發現她正在用一臺老式的電腦上寫郵件。軒豪自我介紹一番，然後向亞薇介紹他們公司的課程。亞薇雖然聽得津津有味，但聽完之後，卻遲遲不表示意見。軒豪只好問：「妳想參加這個課程對嗎？」亞薇用一種無精打采的聲音回答說：「我自己也不知道是否想參加。」亞薇說的是實話。

軒豪站起身來，準備離開，不過他又繼續說了一些刺激亞薇的話：「我準備說一些妳不喜歡聽的話，但這些話可能對妳有幫助。先看看妳工作的辦公室，地板顏色幾乎褪光了，牆壁也是灰灰的。妳現在所使用的電腦看來好像是上個世紀的。妳的衣服又舊又土，妳的臉上沒有一點色彩，妳的眼神告訴我妳已經失敗了。」軒豪繼續說道：「我希望妳知道，我並不是硬要向妳推

銷我們公司的課程，即使妳用現金預繳學費，我也不會接受的。因為，妳如果沒有進取心，我接受了妳，就有損於我們公司的品牌。現在，讓我告訴妳『妳的生活為何會這樣？』這完全是因為畏首畏尾、優柔寡斷的妳，沒有做出一項決定的能力。在妳的一生中，如果你一直保持這種逃避的習慣，總是無法做出決定。即使你想做什麼，也無法實現了。我知道，妳是因為沒錢才如此猶豫不決。但妳說了什麼理由呢？ 妳的理由是『妳自己都不知道究竟參加或者不參加。』妳這種畏首畏尾的性格，已經養成了逃避責任的習慣，影響到妳對生活中所有事情能否做出明確的決定。」

亞薇呆呆的坐在椅子上，並不想對這些尖刻的指控進行辯駁。軒豪道了聲再見，走了出去，隨後把房門關上。沒過一會，軒豪走了回來，把門打開，帶著微笑在亞薇面前坐下來：「我的批評可能傷害了妳，不過我倒是希望能夠使妳憤怒。妳很有智慧，我確信妳是有能力的。不幸的是，妳有一種令妳失敗的性格，還有一個嚴重影響事業發展的壞習慣。如果妳可以站起來，我可以幫助妳，只要你願意原諒我剛才所說的那些話。我可以介紹一個房地產商跟妳認識，妳可以到他所在的公司學習有關這一行業的經驗和注意事項，以後妳在工作中都可以運用到。」亞薇站了起來，感謝軒豪的好意，並願意接受軒豪的勸告，不過她要以自己的方式進行。亞薇向軒豪要了一張空白報名表，答應報名參加《商業管理》課程，並且湊了一些錢，繳了第一期的學費。

五年過去了，已經成為培訓師的軒豪接到一個電話，原來是亞薇打來的，亞薇告訴軒豪，自己現在和人開了一家有兩百多名職員的房地產公司，希望軒豪到她的公司發展。軒豪委婉的謝絕了亞薇的邀請，軒豪只想繼續學習，有了一定的實力後，她也打算打造出自己公司的品牌和優勢。

對於一個人來說，優柔寡斷、畏首畏尾，實在是一個致命的缺陷。像亞薇這樣難以迅速做出決定的人，在職場中有很多。

主動爭取可以轉「運」

一個從來不冒行動風險的人，有一種不現實的完美主義，總是幻想自己從來沒有失敗。由於害怕失敗，害怕失去自己已經擁有的東西，尤其害怕有損自己所幻想的「全能的自我形象」。於是，等待別人替他們做出決斷，這樣自己就可以不用承擔因選擇而導致的責任。

職場中，有些人能勝任某項工作，可是在盡力做好一件事時，卻又優柔寡斷、畏首畏尾，為了讓大家滿意，聽取大家的意見，最後自己就沒了主見，不知道怎麼辦才好。漸漸就沒了自信，事情越來越理不清，最後，連自己都不滿意了。也有些人在工作中特別謹小慎微，怕出錯，對一些困難的工作，有著「避之唯恐不及」的態度，不敢主動去嘗試。總覺得「要保住現在的工作，就應當穩妥，那些頗有難度的工作，還是躲遠一些，如果不成功，就得不償失了。」

這些給自己畫地自限的想法，無疑使自己的天賦在不斷的退縮中逐漸減弱，使原本無限的潛能化為有限的成就，限制了自己的發展機會。會爭取，敢於挑戰自己的人，才能決定自己的命運。就像軒豪一樣，不會知難而退，而是不怕失敗，主動想辦法解決問題。每個職場人士都應該訓練一種對於任何事情都不要猶豫不決，遇事果斷堅定，遇事迅速做決策的能力。

鍛鍊決策的能力

不等待。不要等到萬事俱備以後才去行動，永遠沒有絕對完美的事。如果要等所有條件都準備好以後才行動，那就只能永遠等待下去。快速制訂計劃並迅速行動是一種修養，是一個追求收穫的職場人士必備的素養。

不後悔。想改變，總要有個過程。不要害怕做錯什麼，即使錯了，也不必懊惱，不要後悔。後悔會摧毀你的自信、自尊，你應該及時從中找出經驗和教訓，反反覆覆不斷嘗試，過段時間，會發現自己煥然一新。

　　不要因別人期望你做什麼而舉棋不定。我們雖要關心別人怎樣看待自己的決定，也應該聽取別人的建議。不過，如果你覺得做法是正確的，是應該做的，那麼就你不要太注意周圍人的看法，因為是你的人生，不是別人的。

　　敢於冒險。有時候，我們遲疑不決，是因為自己太在意那些潛在的問題。遲疑的思想總是會與做此決定帶來的壞處聯繫起來。機會來了，就將你的思想聚焦於可能會產生的情景，這會使你更加果斷出擊。

　　與人為善。無論是為人處事，你都需要有自己的原則，你的行為應該遵循這個原則，並根據生活和工作狀況不斷的修正。當無法選擇時，不妨考慮一下自己的動機是什麼。當你想用一個自私的方式處理問題時，僅僅依照自身喜好，將會容易感到後悔。始終保持與人為善的動機，是不會後悔的。

總結提示：

　　一位年輕人第一次參加馬拉松比賽就獲得了冠軍，並且打破了世界紀錄。記者向她提問：「你是如何取得這樣好的成績的？」他回答說：「因為我的身後有一隻『狼』。」記者聽了，感到很意外。他解釋說：三年前，我開始長跑訓練。訓練地的四周是原始森林，每天凌晨兩三點鐘，教練就讓我起床，在山嶺間訓練。雖然我盡了自己最大的努力，可成績依然平平，進步很小。有一天清晨，在山路中，我忽然聽見身後傳來狼的叫聲，開始是零星的幾聲，似乎很遙遠，但很快就越來越清楚，而且就在我身後。我知道自己被一隻狼盯上了，我不敢回頭，只是拚命的跑著。那天訓練，我的成績非常好。教練問我原因，我說我聽見了狼的叫聲。教練意味深長的說：「原來不是你不行，而是你的身後缺少一隻『狼』。」從那以後，在訓練時我總會想像著身後有一隻「狼」。在你畏首畏尾的時候，不妨想像：你的身後還有另一隻「狼」在奔跑，那就是你的競爭者。及時的警告自己，才能迅速的行動。

第四節　切勿做「爛好人」

適當的謙虛和勤快是必須的，但如果你總是有求必應，漸漸的，你將發現情分變成了本分，自己的工作時間被偷走了。雖然你總是笑臉迎人，可藏在你的笑臉背後是一張正迷惘、憂愁、傷心的臉……這叫自取其咎。好人要當，可是「爛好人」堅絕不能當。你要擺正自己的位置，正視自身的價值，也要讓別人正確的認識到你的價值。

不當職場「爛好人」

開始上班前很多人都交代芝菁：做事一定要勤快，對同事要熱情，對前輩要尊重。芝菁對這個來之不易的工作機會非常珍惜，決心要努力做好。初來乍到的芝菁，對一切都充滿好奇，同時也牢記前輩們的叮嚀。本來就好脾氣的芝菁，面對同事提出的要求，是有求必應。平時做事謹慎小心，每逢節假日，別人不願意加班，芝菁都會主動提出來上班。芝菁覺得作為新人，當然應該有所「犧牲」。久而久之，芝菁就變成了公司的加班固定班底。雖然芝菁屬於公司的正式職員，可在工作中卻「享受」著實習生的待遇：影印和列印檔案、找資料、買飲料、叫快遞……每天芝菁就在這樣的雜事堆裡忙碌著。

芝菁被同事認為是「好人」，但是這樣的好人，芝菁做得很辛苦。糟糕的是時間一長，大家都習慣了芝菁的「做雜工」角色，其他的「正事」根本就想不到讓芝菁做。這樣的處境，讓芝菁很鬱悶，便開始嘗試拒絕同事的差遣。可芝菁的正當拒絕後，卻遭到有些人的埋怨，更有人說芝菁心機重，與剛來的時候不一樣了，讓她做點事也叫不動。這樣的狀況讓芝菁非常鬱悶，只想找機會改變別人已形成的看法，給自己一個轉變的空間。

有個客戶的宣傳單要設計，主管讓芝菁參與這項工作。芝菁聽了消息非

常興奮，覺得這無疑是個很好的表現機會，能讓大家對自己的能力有所了解。可是，在正式進入工作階段後，芝菁發現自己依然是被別人呼來喚去的「雜工」，根本無法插手設計工作，甚至連電腦排版的工作也輪不到他。看著別人忙忙碌碌，芝菁心裡著急，卻不敢貿然的給前輩提意見。

就這樣，芝菁忍了幾天，眼看這項工作就要接近尾聲了，自己連電腦也沒碰到一下。芝菁心想：「這項工作是主管指名要我參加的，到最後，連工作流程和內容都不清楚，那不是白白毀了來之不易的機會嗎？若不好好表現，以後就只能一直做跑腿的，事業還有什麼發展前途可言？」思考再三，芝菁開始利用業餘時間構思自己的設計圖。在徵得主管同意後，在設計稿定稿的會議上，芝菁第一次在同事面前拿出了自己的作品。

主管評價芝菁的構思雖然還有點幼稚，不過有新意，跳脫了公司舊的設計方式。主管囑咐芝菁要進一步做好完善工作，並且調了兩位資深設計師幫助他一起完成。從此以後，芝菁連續接到設計任務，儘管並不是每次都能獲得好評，不過很明顯，芝菁能參與媒體宣傳、製作和客服工作的機會越來越多了。

有著較好的職場人際關係，較廣的交際範圍的人，對職業發展會很有幫助。構建自己的職場人際關係網，也是無可厚非的。不過你也應該清楚的認識到，你的價值如何體現？

真正的人際關係觀

平等友愛，互助互利，這既是職場人際交往的原則，也是人際關係協調的標誌。在企業內部，職員不僅要以極大的熱情和主動，做好本職工作，而且要透過利益上的互動和協調，同事之間相互提供幫助，創造條件，互相滿足各自的需要。只講索取不談奉獻，或者只奉獻不索取的方式，都是扭曲的人際關係觀。

「爛好人」無法拒絕別人，原因就是這些人是以人際為導向的，覺得一個愉悅的環境比完成工作任務更重要。許多時刻，你覺得「沒有辦法」拒絕，真正的原因在於你缺乏面對自己拒絕別人請求可能會產生的「罪惡感」。這種「罪惡感」讓人覺得自己是一個很糟糕、很「無情」的人。要知道，如果你只是勉強的答應別人的請求，不僅令自己感到難受，還會破壞既有的人際關係。建立起真正的人際關係觀是當務之急。在工作和生活中，為人處事要有兩個原則：一是「量力而行」，二是「盡力而為」。

幫助人要量力而行，盡力而為

量力而行。「量」的過程，就是認識事物、分析問題、提出對策的過程。認識事物要全面客觀，分析問題要實事求是。人各有所能，也各有所不能。在幫助別人時，要從實際出發，對自己已有的條件和時間有著清醒的認識，既看到有利的一面，又看到不利的一面。只有自己的力「量」準了，才能顯出「實效」。這樣幫助別人既不會使自己陷入困境，也能產生最大的效益和成果。

盡力而為。「盡」力就是把力用好、用在刀口上，調動一切主動、積極因素努力完成工作任務。「為」的方向不同、對象不同、目的不同，結果也就不同，彰顯的境界和價值追求固然也不一樣。在積極快樂的幫助別人時，需要細細思量和權衡「為了誰？怎麼為？為什麼？不為什麼？」

關於「量力」與「盡力」的辯證關係。量力而行是基礎，盡力而為是保障，兩者相輔相成、缺一不可。只有力量準了，盡力才有依據；只有「盡力」用好了，「量力」的意義和價值才能得以實現。

一個人的「力」是可以變化的。我們在工作和生活中都會不斷的成長，能力和知識會越來越豐富，今日之力不等同於昔日之力。如果思想上受到禁錮，手腳就會受到束縛，因此，需要注意總結方法。

總結提示：

爛好人說「不」的偏方：遇到沒有人做的事情，如果你等待別人分配給你，你肯定就陷入了說「好」還是說「不」的選擇裡面，如果你主動發現這樣的事情，那麼，你就擁有了讓別人「陷入說 YES 還是說不的選擇」的權利！

第五節　警惕職場「無間道」

老闆對於企業商業機密的保護是不遺餘力的，但企業中並不是每個職員都有「企業人」意識或者警惕意識。在商場如戰場的今天，商業「無間道」無所不在。如何防範商業機密的洩露，警惕和防範職場「無間道」，對於企業來說，是一個重要課題。

防人之心不可無

隨著公司在幾年內的不斷成長，原先的創業夥伴都在公司內擔任了各重要職位，核心的人才資源已經嚴重短缺，必須向外招募中高級管理人員。得知一位業界的前輩即將於原企業離職，延華誠懇邀請他到公司出仕工程部門的主管一職，管理整個技術與客服。同時，也聘任另一位業界資深的前輩，管理整個業務部門。

這位工程部主管確實也想有一番作為，延華徵詢過創業夥伴們的意見後，獲得全力支持，並且打算遇到適當的機會再邀兩人成為合夥人。工程部門其中一個重點專案是穩定人事，另一個的目標則是重新制定部門內部的新制度，修改有瑕疵舊制度，以使部門運作更有效率，制定良好的監督與獎懲以及客戶滿意度追蹤制度等等。可是半年過去了，人事依舊，改革制度依然未建立。公司董事會雖有所不滿，但延華想，既然已經找他來公司，並交付給人家權利與義務，就應該尊重。每個人有其獨特的方式，既然要用一個

人，就應該給一定的時間與空間，公司只要看成果即可。因此，雖然延華背負極大的壓力與責任，但他始終給這位主管更多的機會。

讓延華沒有料到的是，工程部主管突然來到他的辦公室，告訴延華他即將離職，並已寫好辭呈。延華百思不得其解，便聽了他的想法。這位主管說他對於政務的推行感到無奈，公司的政策不能讓他接受等等理由。延華心想：這不正是你該做的事情嗎？當初，公司也完全授權給他，每次的主管彙報，他都沒有提出太多問題，那不就應該照他所說的，一切順利才是？這位主管委婉的說，是因為延華的邀請才來幫忙，設定期限為一年，接下來他希望往其他領域發展。經過長時間的溝通，看他心意已決，延華只好尊重他的決定。不過延華心裡隱約的認為，他並沒有將實情講出，事情並不單純。

創業夥伴得知此事，紛紛對這種不負責任的行為感到憤怒，這個人不僅沒有處理問題，反而留下一個更爛的攤子。但公司的問題還是要解決的，不得已，研發部副總經理臨危受命，兼任工程部主管。接手後，研發部副總經理才發現問題根本沒有解決，之前不過一直是粉飾太平。後來，同仁告訴延華，前工程部主管在離職後曾來公司幾次，並找一些人外出聊天，剛好都選擇他不在公司的時間，延華基於天底下沒有不散的宴席以及好聚好散的心理，並不在意。誰料到，沒過三個月，業務部一位業績表現突出的同仁，突然向業務部主管提出辭呈，堅持當月底離職。又過了一個月，工程部門一位資深的工程師也辭職。同時，業務部職員反映有許多案子，正面臨被搶單的危機，而且競爭對手非常了解公司的運作制度，向客戶做出對公司不真實和不利的進言。延華還接到客戶的資訊，說那幾位離職的前工程部主管，正是在這家競爭企業的業務與工程部門工作。這時，延華才明白，原來是一宗惡意竊密、挖角事件。

延華召開公司主管緊急會議，經過多方努力，終於將大部分案子順利救回，算是暫時化解了危機。之後，他正式對這群離職職員寄出存證信函，要

求其不得再從事跟本公司業務性質相同的業務，否則進行法律訴訟。延華知道，事件還沒落幕，只能說暫時告一段落。

外賊易守，家賊難防。當企業安全防護措施針對外部嚴格設防的時候，往往忽略了內部最難防的漏洞。企業獨有的策略、規劃、流程等如果被洩露出去，且被競爭對手抄襲的話，那對企業的打擊是不言而喻。這也給職場人士敲響警鐘，防護企業資訊安全，對於保持企業核心競爭力是非常重要。

忠誠不可或缺

隨著企業資訊化建設的日益發展，越來越多的企業更重視資訊的價值了，致力於建設企業內部的防止資訊洩密體系。而企業本身開放的特點給資訊保密工作帶來眾多的矛盾點，企業如何結合自身的業務特點和應用方式，提供切實可行的資訊體系解決方案成了企業保密建設的重要任務。很多企業對於資訊保密一事處於非常尷尬的位置，尤其是對於嚴重依賴智慧財產權的企業，老闆對於中高層管理人員心態很矛盾：是把機密分配給多一些的中層管理人員知道，還是只讓個別高層管理人員知道？只讓個別高層管理人員知道的話，如果這些人跳槽，企業業務和整體運行就會癱瘓；如果讓盡可能多的中層管理人員知道，又不知道最後究竟是誰洩露了公司的機密。對於某些握有重權的中高層管理者來說，商業機密甚至是這些人挾持老闆的一種手段。若老闆不能滿足一些人對升遷或者薪資的要求，這些人很有可能做出對企業不利的事。這令商家對用人慎之又慎，注重徵人、任用和辭退等各個環節中對企業商業機密的保護。

由此可知，忠誠也是企業重用人才的衡量標準。忠誠有兩種類型：一是主動忠誠，另一是被動忠誠。主動忠誠指的是職員在主觀上有強烈的忠誠於企業的願望，這種願望往往是由於企業與職員目標的高度一致。被動忠誠是指職員本身並不願長期在某個企業工作，由於一些客觀上的約束因素，不得

271

不繼續留在該企業，這些因素大多數是一些物質方面的因素，如合理的薪水、良好的福利、優越的工作環境、工作管理知識等等。當這些因素消失，職員可能就不再保持忠誠了。若職員對企業維持在主動忠誠的狀態中，那麼，這個企業的人力資源就會維持在一個相對穩定的水準上。如果職員處於被動忠誠狀態中，就會使企業潛藏著巨大的危機。因為，這樣被動忠誠的職員非常容易在物質原因變動下倒戈相向。

如今的社會不缺乏有能力有智慧的人，缺的是既有能力又忠誠的人。企業裁員，裁的是被動忠誠的職員；職員跳槽，顯示了自己對職業的忠誠，對企業的「叛逆」。職業忠誠與企業忠誠之間，究竟有沒有對話的空間？當然有。

職業忠誠與企業忠誠

企業希望職員忠誠於職業，不斷在專業領域累積知識和經驗，提高工作能力；同時，也希望職員忠誠企業、認同企業，穩定的為本企業工作，達到企業忠誠與職業忠誠的一致。企業還希望外界有「職業忠誠」的人才能夠加盟本企業，將職業忠誠轉化為企業忠誠，為企業創造價值。企業實行專業技能序列與行政管理序列相對應的薪資福利等人力資源政策，可以激發職員忠誠於職業。比如使高級專業技術人員享受與總經理一樣的學習機會和待遇。除了物質的回報和發展的回報之外，企業文化和環境在促進職員對企業忠誠的方面也起著很大作用。如果一個企業無法給職員提供一個健康和滿意的工作環境，僅強調職員如何對企業忠誠，就會本末倒置，使忠誠度失去了學習和成長的沃土。這樣會影響企業和職員之間能否達成真正意義上的相互忠誠。因此，企業要關注職員的工作滿意度。

作為職員，主要需求之一就是不斷提升自己的能力，不斷累積自己知識和經驗，以在人才市場競爭中立於不敗之地。職員在企業中，有兩條發展之

路可走：行政管理序列和專業技能序列。多數職員的想法是「升官發財」，認為升官是發財的基礎。企業的職位是有限的，職場人士不妨根據自己的職涯規劃，充分利用企業所提供的學習和培訓機會，打造自己的品牌。這樣對企業和職員來講是個雙贏的結果。

總結提示：

預防職場「無間道」有三招。

第一，建立公司的保密制度。對資訊進行分級，確保資訊許可權與各級業務部門負責人進行密切配合。對資訊進行分類，確保從產品設計圖、產品配方、製作及流程，到客戶資料、貨源情報、產銷策略、定價方案、招投標書、財會報表等各方面資訊都有負責人把關。

第二，與職員簽訂保密合約。與涉及企業保密範圍的職員簽訂保密合約，約定職員離開企業後的競業限制罰款，以及職員不遵守競業限制所應承擔的責任和罰款。

第三，限制行動存放裝置的使用。在企業中限制職員使用個人行動硬碟、筆記型電腦，不准安裝光碟機、燒錄機等，同時限制某些電腦連接外網等。

第六節　嘴巴為何長在最下面

為什麼人有兩個耳朵，兩個眼睛，卻只有一個嘴巴？就是因為一個人需要多聽、多看、少說。現代職場猶如店鋪，人來人往，進進出出，即使平時同事相處非常融洽，在聊天的時候也要管好自己的嘴巴，說什麼、怎麼說，什麼話能說，什麼話不能說，都應有「講究」。

言者無心，聽者有意

故事一：宸汐是從事媒體宣傳的，因原公司不景氣而跳槽到另一家公司，

273

卻發現沒有想像中那麼好。由於兩家媒體公司的發展方向和工作內容截然不同，宸汐總會莫名其妙的將「前塵往事」和現公司做比較。比如隨口說說「新公司的待遇平常，以前的公司福利特別好，逢年過節必發獎金，哪像現在啊！」、「以前的公司經常組織大家出去玩，同事關係親如一家。就算我離開了，以前同事的聚會還經常叫上我，大家感情還是很好。真懷念那種溫馨的人際氛圍！」、「以前的公司人才濟濟，企業管理碩士、博士啊，遍地都是，團隊的人都特別厲害，為了完成一個專案，大家兩天兩夜沒合眼……」沒想到，宸汐以前的公司推出一個專案，恰巧與現在公司正在策劃的專案思路一模一樣。這下子，從老闆到同事都認為是宸汐告的密，認為宸汐是以前公司派來的「臥底」。最後，宸汐成為了公司的邊緣人，不得不開始準備下一站的旅程了。

故事二：映真是一名編輯，她性格較為內向，不太愛說話。有一天，玲玲穿著新買的衣服走進辦公室，其他同事打招呼道：「今天穿新衣服哦！」，也有稱讚「漂亮」、「合適」之類的話。映真只是說：「妳的身材太胖，不適合。」玲玲燦爛的笑容立刻凍結，映真甚至又說：「這顏色妳穿有點豔，妳不合適這個顏色。」這話一出口，不僅玲玲一幅好心情完全沒了，周圍大讚過衣服好看的同事也很尷尬。

言語上不注意的人，說話常常不經過考慮，只顧著自己一時嘴快，而忽略了「聽話的人」的感受，結果無意中得罪了別人，自己還不知道。很多時候，你說的話，恰恰是上司或者同事，最不想聽到的。說話一定要經過思考，視時、視人、視事、視場合而說。

管好自己的嘴巴

講話首先要注意到「為什麼？」，即你為什麼要說這話？說這話會不會達到效果，還是會發生相反的效果，如果會給你帶來反面效果，就別說了。

　　話不在多，點到就行；話不在好，時機對就行。不管一個人說話的內容有多麼好，如果時機掌握不好，也就無法達到有效說話的目的。時機對了，那就是力量；時機不對，那就成了阻礙。如果你發現聽者皺著眉頭，請立刻閉上嘴巴。

　　看清楚所在的環境，再選擇說什麼話，也是一種保護自我的方式。正式場合說話應該嚴肅認真，事先要有所準備，不能毫無章法；非正式場合，可以像聊家常一樣，以便於感情的溝通。喜慶場合當然就要說些吉祥話；悲痛場合，如果你還哼哼小調，和小孩玩鬧，就太不懂事了。適宜多說的場合可以多說、細說；別人很忙，時間很有限的話，說話就要簡明扼要，如果再談笑風生，天馬行空講個沒完，一定會引起別人的反感，甚至讓別人對你下逐客令。

　　開口說話之前，你一定要認清自己是什麼角色，是什麼身分在對誰講話，是對上司、對同事，還是對下屬說話。上司發言的時候，下屬應當好聽眾。一件事情，即使你很有主張也不可先亮出來，要等到輪到你說話的時候再表現。輪到你說話的時候，少了你不行，不該你出現的時候你卻突然表現的話，多少會讓人覺得你不識趣。就像頒獎典禮，本來名單裡該誰講話，大家都翹首以盼，這時，突然跑上臺 一個無名小卒，估計每個人都恨不得把他轟下去。

成為職場說話高手

　　成事不說。成事不說是指公司或者上司已經決定的事情就不要評價，不要給出自己的想法和建議，無論你認為這些建議和想法對公司有多大好處，都要堅持不說的原則。在沒決定以前，一定要把自己的想法說出來，這是你的職責。而決定事情是公司和上司的職責，你要認識清楚自己的職位和存在價值，不要給出超越職權的建議和想法。已經發生的事情不要去追究。有些小事情，過分的追究，可能傷害別人的面子和積極行動性，以後的工作上的

事情就不好處理了。過去的事,再追究還有什麼意思呢?你假裝不知道,別人也知道自己錯了並改過,雙方都心知肚明即可。對於沒有自知之明的人,要經常鞭策一下,甚至要追究責任,否則這樣的人不會得到進步。

不同的事情,不同的說法。好事情,用「播新聞」的方式。企業裡發東西、領獎金等,你若先知道了,或者已經領了,卻一聲不響像沒事人似的,從不向大家通報一下。有些東西可以代領的,也從不幫人領一下。幾次下來,同事之間自然會有意見,覺得你不合群。以後如果有類似的事請,同事也不可能通知你。不好的事情,先講結果,這樣就有了溝通的底線,剩下的時間,就可以用來討論怎樣解決問題。

總結提示:

職場必須說的話。同事之間遇到問題,互相請教的情況時有發生。若是你知道解決辦法卻不肯為同事出謀劃策,反而推說不知,那麼,就會為你的人際關係造成嚴重的壁壘。以後同事即使有事,也不會再向你請教,因為大家都知道你不會幫忙。當你有什麼難題需要同事支援的話,恐怕也不會很順利。其實,同事向你請教問題,表示她在這個方面很看重你的能力,也會非常尊重你的意見。你有事情要外出一會兒或者請假,雖然上司批准了,你最好要與工作聯繫較多的同事說一聲。即使你只是臨時出去半個小時,也要與同事打個招呼。如果你什麼也不願說,無影無蹤的進出的話,此時倘若正好有上司、客戶來找,或者有要事,同事心中沒有數,就沒辦法幫你回話了。互相告知,也是共同工作的需要,表明雙方互有的尊重與信任。

第七節　同事不是你的親密朋友

人在職場,要接觸的人很多,包括同事、客戶、合作夥伴等等,大家透過工作機會相互認識、相處,久而久之,彼此產生信任,進而成為非常熟悉的人。有的人往往會將從早到晚共處的同事,發展成私人朋友關係並當成自

己的知己好友，推心置腹，無所不談。實際上，職場中的人際關係，利益關係首當其衝。同事不是你的親密朋友，無論何事，你都應注意利益關係這條底線。

講和諧也講利益

雖然已經工作一年多了，麗婭的人際關係還是不好。在公司的時間都成了煎熬，每天，麗婭總是想趕快完成工作，逃出那個令人窒息的地方。她報名了一個瑜伽班，在那裡，麗婭遇到了同事嘉寧。相處時間久了之後，麗婭發現，她們很談得來，麗婭把心中的不愉快通通告訴了嘉寧。平時，兩人一起上下班、一起逛街購物、外出旅遊，逢年過節也都相互關照著。幾個月下來，嘉寧對麗婭的家務事非常清楚，連她媽媽在電話裡怎麼嘮叨她都一清二楚。這一切讓麗婭覺能有這麼貼心的朋友真好。

麗婭是談判高手，嘉寧是布料識別的專家，公司讓她們一起出差去和兩家不同的布料供應商談判，兩人不僅順利的說服了第一家供應商，還簽了一個低於行業均價的合約。接下來，她們要見的第二家供應商，是公司為了開發特色產品而尋找的新客戶。在來之前，老闆千叮嚀萬囑咐要她們把好品質關卡。嘉寧是專家，加上自己這幾年累積的辨別貨品的經驗，麗婭也敢於放手一搏。看過樣品後，麗婭覺得這家公司所出的布料質地一般，並不能滿足自己公司開發特色產品的定位，可嘉寧卻覺得這家公司的布料相對來說品質價格都不錯。出於對嘉寧的信任，麗婭聽取了嘉寧的建議，簽下了合約。

結果，第二家供應商的布料出現了問題，新出的產品在經過一段時間後，縮水、變形、褪色得非常厲害，代理商紛紛要求退貨，導致公司損失不小。令麗婭沒想到的是，在老闆還沒說要追究責任時，嘉寧就連忙撇清了責任，說在簽第二家公司時，她只是給出參考意見，這次的事故和她無關。麗婭也沒辦法做出解釋，因當時老闆並沒有分配誰去簽哪個供應商，而在出問

題的供應商那裡簽的是自己名字。最終，麗婭因為個人失誤導致公司利益受損，被扣除年終獎金並丟失了升遷機會。

職場上，人與人之間都會存在某種利益關係。大家會朝著同一個目標努力工作，互相之間需要團結協作，所以要維持良好的人際關係。可是如果將這種工作上的親密無間，發展到個人關係上，一旦發生利益衝突，就會迅速決裂。職場上沒有知己朋友，只有戰友。

職場上只有戰友

職場中所有關係的背後，都是按照價值鏈穿插其中的利益關係。職場關係需要情感維繫，這裡的「情感」，是在互相了解性格、習慣、行為方式、能力範圍等基礎上，建立起來的有利於完成工作的合作關係。如果沒有這樣的關係，企業無法實現一加一大於二的團隊合作效果。同時，從企業角度來說，如果企業內部有些人關係過於親密，形成「小圈子」，管理層也會非常在意。適當的存在「小圈子」，對於企業內部人際關係的平衡、建立多條資訊管道有益處，但是過於密切的小圈子，特別是身居企業重要部門和關鍵職位的人組成的小圈子，有可能會對企業利益構成威脅。所以，職場中只允許戰友關係的存在。聯想集團在招聘大學生的時候，就規定了同班同學都不可超過五個。

同時，職場裡面還有一個競爭的環境。為了實現個人理想和抱負，每個人都要為了自己的利益和企業的利益而努力奮鬥，這個奮鬥的過程就是競爭的過程。為企業爭取利益，就是外部競爭；也為自己爭取利益，就形成了內部競爭。

有的人和同事相處沒有底線，就會犯類似麗婭一樣的錯誤，遭到所謂「知己」的「背叛」、「出賣」。事實上，是麗婭自己的認知模式不正確。麗婭應及時調整人際關係模式，在真誠對待每位同事的同時，與任何人都保持

「人際距離」，維持自己的獨立，這才是最佳的職場人際關係。

職場距離

平等、禮貌的夥伴關係。愛人者，人恆愛之；敬人者，人恆敬之。人與人之間的交往本質上是一種社會交換，這種交換與市場上的商品交換所遵循的原則是一樣的，即人都希望在交往中所得到的不少於所付出的。其實不僅是得到的不能少於付出的，得到的大於付出的，也會令人心理失去平衡。任何人都不會無緣無故的接納、喜歡我們。要讓別人覺得值得與你共事，而且想和別人維持長久的關係，應該注意的是要不怕吃虧、不要急於獲得回報。同時，你也不要付出太多，這也是為了使關係平衡。因為過度投資，或者好事一次做盡，使人感到無法回報或者沒有機會回報的時候，就會讓別人的心靈窒息，甚至有愧疚感，而使受惠的人會 選擇疏遠。適當的給別人一個機會，留有餘地，讓別人有所回報，大家才能自由暢快的呼吸。同事之間保持一種平等、禮貌的夥伴關係，彼此心照不宣的遵守同一種「遊戲規則」，才能一起把「遊戲」進行到底。

密切同事關係不需隱私。大家都是普通人，有著平常的善良與心計。雖然很少有人刻意去害別人，但如果同事之間知道得太多，無心的傷害就不可避免了。有些東西是不方便與同事分享的，所以你不要探視別人的內心世界，同時，你也不要用談論私事的方式來拉近和同事的關係。要清楚有些話是不該說的，有些事情是不該讓別人知道的。

是非分明、公私分明。職場競爭法則是優勝劣汰。同事之間相處，就要是非分明、公私分明，一是一、二是二。站在理智的角度去看問題，把同事當成戰友，明確的了解為了達成使命你需要做什麼，懂得正確的取捨和抉擇。即使是在相對寬鬆的工作環境裡，你也要以工作為重，以大局為重，不能把私人領域的事情帶到工作中來。有些較為個性化的東西，如果不是體現

在工作的創意中，最好別表現得太淋漓盡致。因為個性是私人的，而工作是大家的。在工作場合，還是多一點合群性，隱藏一點個性為好。

總結提示：

不要用職場關係達到個人目的。無論是和上司、同事相處，還是和客戶的聯絡，有一項基本原則，就是不要想著利用這種關係達到個人在職場的目的，也不要被這種關係所利用。有一位職員，因為工作能力優異，非常受上司的賞識，關係也比其他同事要近許多，時間久了，他就認為自己理所當然的會成為上司的接班人。結果上司為了顯示自己的公平而升遷了別的職員。

第八節　別急著做帶頭者

生活在社會上，應該一切以大局為重，一切從社會的角度出發，一切為了謀求社會整體的和諧穩定，以及社會整體健康有序、持久的發展為重。一味的自以為是、為了個人利益的言行，都有可能釀成惡果，並且讓自己後悔莫及。企業需要帶頭者，要成為一名成功的帶頭者就需小心翼翼，根據形勢採取策略。

一份加班「諫言」

商場由於非常繁忙，職員經常會加班，特別是每逢重要節假日來臨期間，幾乎全體職員都必須上陣，以應對顧客驟增的銷售旺季。國慶日結束後上班的第一天，人力資源部發布通知，指出商場決定這次職員在國慶期間的加班，將按照正常薪水的半天計算。此通知在職員中引來強烈反彈，有的職員說國家已規定法定節假日加班，薪水應是按平時的雙倍計算，按此半天計算違反勞基法。也有職員提出，商場是否可以考慮採取補休制度進行替換。在短短的一天中，提出意見的職員超過數十人，不過措詞語氣基本上都很緩

和，希望上級對商場加班制度進行重新修改。

培年是一名主管，在市場部工作已經有好幾年。在此次「抗議」中，培年認為自己是老職員，應該對此事發表更多意見，一方面可以在新職員中樹立自己「為民請命」的威信，另一方面也可以讓上司關注到自己的存在。於是，培年寫了一份建議書，闡述了行業以及一些其他商場的加班制度，暗指自己所在的商場制度不合理，並用調侃的語氣說商場職員是新時代的「廉價勞工」，同時也提出一些確實的改進措施。

培年認為自己的建議書「有理有據」，而且論述詳細，加上他熟知商場許多「內幕」，所以此建議書一被看到，立即傳遍了全商場，成為所有職員談論的焦點。「加班」抗議事件迅速升溫，甚至驚動了當地媒體。然而，培年的諫言並沒有如他所願 —— 在新職員中樹立威信，引起上司重視。相反的，群情洶湧的反對意見令商場管理高層坐立不安，上司很快的將培年嚴厲訓責一頓，三個月後，商場就編了一個藉口將培年解僱了。

每個企業在管理體系上都有自己的特點，不可能做到盡善盡美。帶頭者是為企業解決問題的，與企業作對，反對企業政策，只會給自己帶來麻煩。

帶頭者的職責

企業對於帶頭者的態度是矛盾的，一方面企業期待在某些特殊時刻，企業能有帶頭者主動走出來，協助企業解決某些問題。另一方面，企業又很痛恨在一些企業問題上，某些帶頭者大聲喧囂，使得本來平常的問題變得尖銳或者激烈化，甚至引起人心動搖的現象。在這種情況下，企業為了平息輿論，穩定軍心，必定會先處分一個人，借此警告其他人。

想當帶頭者的人，無非出於兩個目的，一是希望自己利益訴求得到優先解決。二是不甘心在企業中默默無聞不受重視，希望借機表達觀點、展現才能，從而一鳴驚人。職場人士做任何事，都應該站在社會、企業的立場來

看，本著相互尊重、協調協商的原則，從而達到企業利益和個人利益共贏的結果。若為了一己私利，使得勞資雙方處於消極、對抗的情勢，那麼，就不利於企業的發展，個人也不會有所發展和升遷。盲目的當帶頭者，只會令自己敗走職場。想當帶頭者，不僅需要氣魄，更需要策略以及時機。

衡量你是否適合當帶頭者

帶頭者需有戰術。因為帶頭者站在隊伍的最前方，帶頭者的工作能力、行為方式、思維方法甚至喜好，都會對企業職員產生莫大的影響。一名帶頭者應該能給其他職員以榜樣與力量，使得整個團隊能昂首闊步的向前。如果帶頭者不能對企業的整體績效產生積極的推動作用，就會給自己的事業增加阻礙。

帶頭者需有策略思維。站出來當帶頭者時，需根據問題制定策略，策略分為策略管理和策略規劃。策略管理分三部分：一是按照一定的程序和方法制定策略。二是將策略付諸行動。三是在行動中的每一步，減少出錯率，使策略始終保持正確的方向。策略規劃也分為三個階段：第一階段，認識在未來的發展過程中，所要達到的目標。第二階段，目標確定後，使用何種措施和方法來達到所定下的目標。第三階段，將策略規劃形成文書報告，以備管理層評估、審批。如果規劃未能透過管理層的審批，應考慮如何修正或者暫時丟在一旁。向上司提建議要按照程序走，一步步透過部門彙報。

注重績效和態度。帶頭者往往不像領導人那樣，需要對整個事情的結果負責、對最終的效益負責。因此，帶頭者往往會忘記績效目標，反而會偏移到其他方面，如透過職員關係、職員態度等方面來判斷。績效是圍繞著企業目標所要進行的產出，帶頭者容易犯下「只見樹木不見森林」的錯誤。所以帶頭者需要時刻明確：這件事的績效是什麼？同時，帶頭者常常仍是「雇員思想」，較少把企業看成是自己的事業，不像企業領導者那樣的看待成本、利

潤、發展，也往往也沒有領導者那樣有責任心。作為帶頭者，盡職盡責的工作，才能取得各方面的支持，才能不斷向前發展。如果僅僅是「雇員思想」，最好別急著做帶頭者。

總結提示：

帶頭者的角色不可錯位。有的人認為，帶頭者是要把基層的想法反映給領導者，這種初衷是對的，不過要注意的是你不是「民意代表」也不是「群眾領袖」，其他人之所以抱怨，其實是在抱怨企業。這個時候帶頭者需要領悟企業的整體策略、主管的策略思路等等，從企業角度出發，從全局的利益考慮問題，進而解決職員的抱怨和問題。當帶頭者以前，一定要先弄清楚是否與企業的策略目標一致，清楚的了解領導者的思路，然後以此為目標來決定做事的方向。

第九節　辦公室不該有你的私人「空間」

進入了辦公室，就等於進入了工作場合，不要利用上班的時間做私人的事情，從穿衣打扮到言行舉止都應該符合職業要求，這是起碼的職業道德。辦公室是個講求效益的地方，處理任何事務，都應該圍繞著產出來進行，每位職場人士都不可在辦公室打造「私人空間」。

別在辦公室「辦私事」

故事一：在開始上班後的一個月裡，工作的新鮮感和挑戰性給緻安帶來了無盡的樂趣。身著職業套裝讓緻安覺得自己已經是一個白領麗人，走起路來都有些飄飄然。但沒過多久，緻安就覺得職業套裝和校服一樣，穿久了會感到乏味。雖說入職培訓時已明確被告知，如無特殊原因，職員在公司應著職業套裝。但是緻安還是做了一個決定：週五不穿職業套裝，只穿牛仔褲、運動鞋。藉口緻安也找好了，部門主管問起來，就說清晨趕回家，怕遲到沒

有時間換衣服。當緻安忐忑不安的來到公司，同事的表情雖然各異，但多數還是羨慕並誇緻安漂亮，也有幾個同事提醒她，小心挨主管的罵。上午，部門主管到緻安的辦公桌附近走動了兩次，不過都只是看了她一眼就走了。就在緻安暗自感到慶幸的時候，部門主管把她叫到了辦公室進行了批評。經過協商，部門主管同意緻安在午休時間回家換衣服，不過不能耽誤下午的工作，還說這次是給緻安留面子，不在整個部門進行批評了。急匆匆回家換好職業套裝的緻安回到辦公室還沒坐穩，部門主管就宣布，必須嚴格遵守公司的著裝制度。

　　故事二：雖說工作很緊張，可是以錦宜的工作能力，處理起來總是得心應手。錦宜有一個習慣，總是會從繁忙的事務中找出點時間，給朋友打電話，「忙什麼呢？告訴你呀，商場正在打折呢，週末我們去逛街啊！」、「好久不見了，週末聚一聚呀！」……錦宜只顧著自己狂聊，絲毫沒注意到同事正帶著異樣的神情看著她。她這個行為引起同事的不滿，錦宜占著電話不放，其他同事沒辦法用電話，於是經常提醒她，別人要打業務電話，讓她快一點。由於錦宜經常占著電話，公司客戶的電話有時候打進不來，以致於公司失去了一筆不小的業務。經理調查原因後，了解到是電話占線的事情，於是嚴厲的責罵了錦宜，並且罰了三個月的薪水。

　　在辦公室裡「辦私事」，是公私不分的行為，雖然職場中，不可能每個人都是大公無私、先公後私的人，我們雖然達不到偉人、君子之境，但也不能與小人之伍。每天面對金錢、利益和各種各樣的人，我們除了要堅定自己的立場，堅持原則，還要知榮辱、明是非，樹立正確的人生價值觀。

公私分明是職場人士最基本的職業道德

　　道德是代表社會正面價值取向的一種行為，同時道德也是人們需要遵守的最基本的規則。職業道德則是人們在工作中必須遵循的最基本的職場規

則。古人云：在其位，謀其職。每個人在自己的職位上，都應該為本職工作盡心盡力，這也是人們最早對職業道德的定義。雖然社會在不斷進步，管理理念在不斷更新，然而「公私分明」，這種最基本的職業道德，始終維繫著社會的榮辱與進步。只要每個人遵守了這個最基本的職業道德，無論是企業的發展與繁榮，還是個人的成就，也都只是時間問題。

勿以善小而不為，勿以惡小而為之。明是非，辯榮辱，嚴格自律，從小事做起，培養良好的言行習慣，才能符合職業道德的要求。當積累了優秀的美德，就形成了自己的思維模式，就能逐步建立自己正確的人生觀、價值觀。

榮和辱有時只隔一步之遙。知錯能改，善莫大焉。一個人做錯了事情並不可怕，可怕的是錯了之後，還沒有可恥之心，不知道悔改。因此，職場人士心中必須有條明確的榮辱、是非界限，這是人由無知懵懂的狀態過渡到社會人的基礎。

因此，在職場上，既要堅決維護企業的利益，對得起職位和待遇，但個人利益也不容忽視，只要不越界，你就不會失去自己，就看你怎麼做。

因事制宜，因時而變

辦公室裡保護隱私。作為一個職業人士，要部分公開個人的資料，如年齡、學歷、經歷等，要明確哪些需設防，而哪些是應該讓別人知道的。隱私也是一個相對而言的概念，同一件事情在一些環境中是無傷大雅的小事，但換一個環境則有可能變成非常敏感的事情，要懂得保護自己處於安全地帶。

辦公室不要處理與工作無關的私事。職場人士應該明白，因私事占用工作時間，是在浪費企業的資源和時間，因為你每一分鐘的工作時間，企業都是要付出薪水的。有很多小事，包括上班打私人電話、聊天、兼職、玩遊戲、流覽不相關的網頁、看閒書……這些看似小事，卻會影響你的工作形

象。因為管理者可不認為是「小」事，而是會認為你不夠忠誠和敬業。

　　辦公室裡的電話僅用於工作，不可隨意聊天或者處理私人事務，尤其不能打電話聊天。必要的時候可告訴你的親戚朋友，盡量不要在上班時間打私人電話到辦公室。有朋友來訪，最好不要領入工作區域，可請他們到專門的接待室或者會議室，並且最好在休息時間接待，時間要盡可能的短。完成自己的本分工作後，不要認為「反正閒著也是閒著，何不利用時間做點自己的私人事務或者幫別人做點什麼。」處理私事肯定不對，幫別的同事工作也沒必要，大家都有分工，每個人的工作都有自己的特點，你最好不要去干預。你可以利用閒置時間，整理一下自己的工作思路或者進行總結，為下一步的工作打基礎。

> **總結提示：**
>
> 職場禮儀是職場人士在職業場所時，應當遵循的　系列禮儀規範。這些禮儀規範，會有利於塑造並維護自我職業形象。職場禮儀包括著裝禮儀、職業儀態、禮儀用語、常用禮節、溝通禮節、商務禮儀等。

第十節　不要奢望獲得所有人的認同

　　認同是互相的，想要獲得別人的認同，先要明確自己的社會角色。世界上沒有十全十美的人，只是一個人發現別人的缺點往往比發現自己的缺點容易，錯怪別人也比檢討自己容易。做人和學習沒有終點，人只有不斷的完善自我，尋找明確的自我角色形象以符合自己在社會中的角色期待，才能獲得越來越多人的認同。

人人都在演戲

　　琇芬開始工作後，發現自己的處境不妙，上面有一群中年同事，下面有

一幫剛出校門的同事。琇芬努力融入這個團隊，但沒多久就發現不是所有的人都認同她。總有一些老同事批評她，也有一些年輕的同事不配合工作。覺得無法忍受的琇芬，向經理遞了份辭呈。經理勸她試著與同事多溝通，多站在同事的角度看待和解決問題，多想想為什麼會出現這樣的現象，逃避不是辦法，即使要走，也應該清清楚楚的離開，過一個月再決定是否辭職。琇芬細想經理的話，覺得有道理，調整好心態後，她開始站在同事的角度想問題，與同事好好的溝通。工作中，琇芬就事論事，既尊重每位同事的看法，又盡量保持自我個性。很快，琇芬發現雖然大家生活方式和生活態度不同，但在工作中都是非常認真的。在相處中，同事也看到了琇芬的工作能力，對於她有欠缺的地方，也委婉的提醒她及時改正。一個月後，琇芬就把那份辭呈撕了。

　　每一個人在群體中都會扮演一定的角色，就像演員一樣，在不同的電視劇中出演不同的角色。當一個人進入職場時，就要了解自己的角色的職責，因為職場對每位職員都有一定的角色期待。角色期待的目的是使角色扮演者明白自己的權利與義務。要在職場上獲得別人對你的認同，你必須符合角色期待。

認同就是符合角色期待

　　社會角色是指個人在特定的社會環境中相應的社會身分和社會地位，並按照一定的社會期望，運用一定權利和義務來履行相應社會職責的行為。職場如同社會一樣，它詳盡規定著處於某一職位上的角色，以及在不同職場情境中應有的行為方式，這就是職場對角色的期望，可稱之為角色期待。職場上的角色期待，是在企業發展過程中形成的，它規範和約束了角色扮演者的行為方式，以保證企業朝預期的方向發展。職場人士只有按角色期待行事，才能保證對職場的適應，其言行才會得到其他人的認可和稱讚。

一個人能否獲得其他人的認可，取決於這個人對職場角色期待的理解，以及扮演得成功與否。對於一個人來說，角色期待雖然是他人提出的希望，不過只有當自己領會並按照這種希望去行動時，才能產生一定的期待效果。如果一個人的行為與角色的期待、要求不一致，就會使自己處於角色衝突中。可以說，符合角色期待的過程，就是逐漸把職場行為規範轉化為個人素養的道德行為。人在錯綜複雜的社會關係中，經常會改變角色，因而角色的學習也是無止境的。尤其是在變化較快的現代職場中，不同企業有不同的文化，同樣的工作在不同企業其判斷標準也存在差異，學會轉化好自己的角色，扮演好職場角色，才能適應職場角色期待。

扮演好職場角色

　　搞清楚角色期待。角色期待包括對角色的道德期待和能力期待，即從才與德兩方面，許多人在追逐角色變化的過程中，更多的關注角色的權利，即自己可以做什麼，而忽略了角色的義務，即在享有權利的同時，自己必須做什麼，不能做什麼。職場人士需從兩個角度搞清楚角色期待。一是了解企業對你的角色期待。如透過角色所被賦予權利、職責、規範，使工作達到什麼樣的目標，取得怎樣的效果。站在什麼樣的立場，做該做的事，說該說的話。二是了解同事對你的角色期待。同事之間往往都希望能夠互相配合、理解、尊重，共同完成工作任務和目標，而不是互相指責、埋怨，甚至互相拆臺。

　　角色學習過程。最初的角色學習是思維上的模仿，從模仿過渡到對角色的認知，然後在實踐中扮演角色，最後到符合角色期待的要求。作為職場人士，剛開始是在職場環境的影響和規範下學習的，經過一個逐漸強化和發展的過程，才會自覺的學習。角色學習需遵循從整體到部分的過程。一個人對角色的認知是從整體輪廓開始的，隨著學習的深入，開始學習角色各個部分

的應有的規範、權利、義務、知識和技能等，進而才能把學習得的各部份內容的結合起來，完成角色學習的任務。同時，心理學研究表明，在一段時期內把自己當成另外一個人，並按照這個人的態度和習慣來生活，那麼，角色扮演者就會形成和這個人一樣的態度和行為模式，從而最終實現角色轉變。

總結提示：

任何人都不是只有一種角色，而是會同時扮演多種社會角色，不同的角色各有其角色期待，而不同的角色期待有時候會產生不一致甚至是對立的現象。這就使得職場人士在角色實踐中常出現困惑，容易產生角色衝突。尤其是中層管理人員，既是管理者又是下屬，若身處角色衝突中往往不容易兼顧，常出現「錯位」問題。因此，職場人士需進一步提高自己協調角色衝突的能力，不斷學習合理的實踐不同的角色期待，及時糾正角色實踐中的偏差，從而適應多樣化社會對現代職場人士的要求。

學校沒教，
但你必須學的八堂職場先修課

作　　者：張雪松，蔡賢隆

發 行 人：黃振庭

出 版 者：崧燁文化事業有限公司

發 行 者：崧燁文化事業有限公司

E-mail：sonbookservice@gmail.com

粉 絲 頁：https://www.facebook.com/
　　　　　sonbookss/

網　　址：https://sonbook.net/

地　　址：台北市中正區重慶南路一段六十一號八
　　　　　樓 815 室

Rm. 815, 8F., No.61, Sec. 1, Chongqing S. Rd.,
Zhongzheng Dist., Taipei City 100, Taiwan (R.O.C)

電　　話：(02)2370-3310

傳　　真：(02) 2388-1990

印　　刷：京峯彩色印刷有限公司（京峰數位）

國家圖書館出版品預行編目資料

學校沒教，但你必須學的八堂職場
先修課 / 張雪松，蔡賢隆著 . -- 第
一版 . -- 臺北市：崧燁文化事業有
限公司 , 2021.11
　　面；　公分
POD 版
ISBN 978-986-516-900-8(平裝)
1. 職場 2. 職場成功法
494.35　 110017301

定　　價：375 元

發行日期：2021 年 11 月第一版

◎本書以 POD 印製

電子書購買

臉書